“互联网+”与京津冀现代农业协同创新研究

◎李 瑾 冯 献/主编

中国农业科学技术出版社

图书在版编目（CIP）数据

“互联网+”与京津冀现代农业协同创新研究 / 李瑾，冯献主编 .—北京：中国农业科学技术出版社，2017. 5

ISBN 978-7-5116-3007-0

Ⅰ. ①互… Ⅱ. ①李…②冯… Ⅲ. ①农业技术-技术革新-研究-华北地区 Ⅳ. ①F327. 2

中国版本图书馆 CIP 数据核字（2017）第 048041 号

责任编辑 闫庆健 鲁卫泉
责任校对 贾海霞

出 版 者 中国农业科学技术出版社
北京市中关村南大街 12 号 邮编：100081
电　　话 (010)82106632(编辑室) (010)82109702(发行部)
(010)82109709(读者服务部)
传　　真 (010)82106625
网　　址 http://www.castp.cn
经 销 者 各地新华书店
印 刷 者 北京富泰印刷有限责任公司
开　　本 710mm×1 000mm 1/16
印　　张 15. 75
字　　数 301 千字
版　　次 2017 年 5 月第 1 版 2017 年 5 月第 1 次印刷
定　　价 40. 00 元

《“互联网+”与京津冀现代农业协同创新研究》

编委会

主　编　李　瑾　冯　献

副主编　孙留萍　马　晨　郭美荣　刘丽红

参编人员　高亮亮　顾戈琦　刘学馨　郑姗姗

贾　娜　李　慧

序

京津冀协同发展，是党中央、国务院做出的重大战略部署。这一战略的实施，为京津冀地区农业的区域合作与协调发展提供了新的契机和条件。《京津冀现代农业协同发展规划（2016—2020）》提出，通过推进产业协同、市场协同、科技协同、生态建设协同、体制机制协同和城乡协同，力争到2020年，京津冀三地农业协同发展在产业融合水平、协同创新能力、基础设施建设、农业资源利用效率、协同发展效益五方面取得显著进展。

当今世界，信息技术创新日新月异，以数字化、网络化、智能化为特征的信息化浪潮蓬勃兴起。其中，“互联网+”以其跨界融合的技术特征逐渐成为打造农业科技协同创新平台、配置科技创新资源、构建科技创新分工协作体系的重要途径。伴随大数据、物联网、空间信息、移动互联网、云计算、智能装备等新一代信息技术与农业全产业链跨界融合，“互联网+”在推进区域农业科技、人才、资金、信息、服务、市场等方面发挥的协同作用越发明显，成为区域现代农业协同发展的关键创新领域和农村创新创业的重要载体，成为加快推进农业供给侧结构性改革、提高区域农业全要素利用效率、实现区域农产品产销有效对接、提升区域农业综合服务能力、促进区域间农民共同分享发展成果的有力推手。

京津冀现代农业协同发展是一条与时俱进、改革创新、可循环、可持续的发展之路，在新一轮科技革命和产业变革带动下如何利用“互联网+”实时化、在线化、数据化、智能化、平台化特点实现三地科技、人才、市场、土地、资金等资源共享，推进三地产业、市场、科技、生态、体制、城乡等现代农业协同格局的形成，是一个值得思考和研究的关键科学问题。呈现在读者面前的这本《“互联网+”与京津冀现代农业协同创新研究》，系统分析了新时期京津冀现代农业发展的历史背景和合作条件；比较了三地农业发展现状、协同水平与发展差距；清晰地介绍了新常态下京津冀“互联网+”现代农业科技成果协同创新与转化应用的丰富实践及实现路径。当中的一些典型成功案例，我本人也多次参与调研，较为熟悉，可以说这些典型案例不仅为本书的撰写提供了翔实的材料支撑，更可启迪有兴趣的读者按照书中线索探幽发微，挖掘其成功与创新之处，拓展丰富科学视野。

本书作者熟悉京津冀现代农业发展现状，具有丰富的“互联网+”技术手段在区域农业协同创新中的实践经验，且有较高理论素养。本书不仅在广泛深入调研基础上总结现状、分析需求、精选典型、凝练模式，点面结合地展现了基于“互联网+”的京津冀现代农业协同创新发展的生动实践，还对“互联网+”区域农业协同创新发展的理论进行了有益的探索，探究了“互联网+”促进京津冀现代农业协同发展的作用机理，并提出了京津冀现代农业协同创新发展水平评价指标体系，评估了近年来京津冀现代农业协同发展水平及发展差距，构建了基于“互联网+”的京津冀农业协同创新体系，科学客观地设计了基于“互联网+生产”“互联网+流通”“互联网+服务”“互联网+数据”的京津冀现代农业协同创新路径。本书所做的研究探索对于农业协同创新实践具有重要的指导意义，希望对广大读者和相关从业者有所裨益。

全国政协委员、北京市农林科学院院长

李成贵

2017年3月

前　言

自2004年京津冀三地达成“廊坊共识”以来，京津冀的农业协同发展开始起步。2016年3月底，农业部等八部委联合发布的《京津冀现代农业协同发展规划（2016—2020年）》，提出要在“产业协同、市场协同、科技协同、生态建设协同、体制机制协同、城乡协同”六大方面实现协同，这标志着京津冀现代农业协同进入实质推进阶段，京津冀农业协同发展面临良好的政策机遇。“互联网+”是打造农业科技协同创新平台、配置科技创新资源、构建科技创新分工协作体系的重要途径，“互联网+”区域现代农业协同发展是京津冀农业协同创新的黏合剂与催化剂，具有推进农产品供给侧与需求侧结构改革，提高区域农业全要素利用效率，实现区域农产品产销有效对接，提升区域农业综合服务能力，促进三地农民共同分享发展成果等功能。“十三五”时期是我国全面建成小康社会的关键时期，也是京津冀协同发展取得决定性成果的攻坚时期。伴随“互联网+”跨界融合效应的逐渐显现，如何基于“互联网+”背景下，探讨并推动京津冀现代农业的协同创新发展，是一项必要和前沿的研究课题。对于面向未来，打造新型首都经济圈、全面建设全国科技创新中心，实现京津冀协同发展国家战略具有重要意义。

《“互联网+”与京津冀现代农业协同创新研究》一书正是在充分认识京津冀现代协同发展工作的复杂性、艰巨性和紧迫性基础上，结合“互联网+”时代特征，通过理论与实证相结合的方法，在明晰相关概念基础上，通过构建基于“互联网+”的现代农业协同创新理论体系，采用实证调研和问卷调查的方法，利用翔实的一手数据，从“互联网+”生产协同、“互联网+”流通协同、“互联网+”数据协同、“互联网+”服务协同等四个维度对“互联网+”京津冀现代农业协同创新发展的现状、问题及需求进行了细致、系统、深入的研究，并提出了相关的实施路径与解决方案，改变了一般意义上对问题研究的泛泛论述，为区域农业协同创新与可持续发展理论体系和实践探索做出积极贡献。

本书得到了北京市农林科学院创新能力建设专项的经费支持，共分为10章。主要包括三大方面内容：①基于"互联网+"的京津冀现代农业协同创新的理论研究，包括第一章、第二章内容，旨在提出本书研究的关键概念、核心范畴与理论框架。重点在相关基础理论及研究进展基础上，从理论层面揭示了"互联网+"促进京津冀农业协同创新发展的作用机理及运行机制。②基于"互联网+"的京津冀现代农业协同创新的实证研究，包括第三章到第九章的内容，旨在通过实证研究解决京津冀现代农业协同创新中存在的关键科学问题，是本书研究的核心与重点。研究重点在于基于现状及需求的实地调查，通过构建京津冀现代农业协同创新发展水平评价指标体系，找出三地现代农业协同创新发展的关键需求，分析"互联网+"在解决农业协同创新中的逻辑，进一步构建"互联网+"的京津冀现代农业协同创新体系，并提出了基于"互联网+"生产、"互联网+"流通、"互联网+"数据、"互联网+"服务的京津冀现代农业协同创新的实施路径。③基于"互联网+"的京津冀现代农业协同创新发展对策研究，为第十章内容，旨在结合理论与实证研究的结论，结合"十三五"时期京津冀现代农业协同创新发展战略需求，从"互联网+"层面提出"十三五"时期京津冀"互联网+"现代农业协同创新的发展思路、重点及相关对策措施。

与国内外已出版的同类书籍相比，本书的创新性主要表现在两大方面：①目前我国在区域现代农业协同发展方面主要侧重产学研方面的协同创新，对于区域之间协同创新的产业领域研究较少，同时对于"互联网+"的协同创新的主要模式的凝练仍不足。针对该问题，本研究以"互联网+"区域农业协同创新为主题，立足京津冀协同创新战略背景，从"互联网+"京津冀现代农业协同创新的内涵、需求、机理、路径及对策等方面深化区域农业协同创新领域研究，在理论和研究思路上有所创新，所提出的基于"互联网+"的京津冀现代农业协同创新机理与体系，可为本领域相关学者提供理论借鉴。②针对京津冀现代农业协同创新存在的问题，不少学者、政府、机构等均提出了相关政策建议，并出台了系列文件、规划，但总体看仍缺少可操作性的解决方案，政策的针对性仍不够。有鉴于此，基于京津冀区域现代农业发展实践，搭建基于"互联网+"京津冀现代农业协同创新体系框架，分别从"互联网+生产""互联网+数据""互联网+服务""互联网+流通"四方面提出京津冀现代农业协同发展具体实施路径，提出的工程方案具体翔实、可操作性强，为对接落地提供了科学依据与规划支撑，可为政府制定相关政策提供理论支撑和参考，在实际应用中具有较大创新。

本书在写作和出版过程中，国家农业信息化工程技术研究中心赵春江主任、陈立平副主任、杨信廷副主任给予大力支持和帮助，提出了许多宝贵意见。在基地调研中，得到天津市农委、北京市城乡信息中心、河北省农委等相关领导的大力支持。课题组成员冯献、郭美荣、马晨、孙留萍、刘丽红、高亮亮、顾戈琦在本课题的实施过程中做了大量实地调研和研究工作，国家农业信息化工程技术研究中心科研管理部和北京市农林科学院科研处对课题的实施和管理做了大量工作，在此一并表示感谢。

最后需要指出的是，本研究内容只反映课题组的学术观点，不代表官方或非官方机构的看法。书中遗漏或不妥之处难免，欢迎提出宝贵意见。

编　者

2017 年 2 月于北京

要　点

加快推进京津冀协同创新，是党中央、国务院提出的一项重大战略，对于面向未来打造新的首都经济圈、全面推进区域发展体制机制创新，加快培育区域经济增长新动能具有十分重要的战略意义。现代农业是京津冀协同发展的共同依托，农业协同创新是京津冀协同发展的重要内容和必然进程。"互联网+"具有实时化、在线化、数据化、平台化特征，是加快促进京津冀现代农业资源最佳配置、创新京津冀现代农业协同发展模式、培育京津冀区域现代农业新业态的重要手段和最佳路径。根据京津冀三地农业发展现状及需求，加快推进京津冀现代农业协同创新格局的形成，"互联网+"为之提供了可能。

本研究围绕京津冀"互联网+"现代农业协同创新这一主线展开，将"互联网+"与京津冀现代农业协同创新有机结合，对基于"互联网+"京津冀现代农业协同创新发展的实施路径进行了深入、全面、系统的研究，探索了"互联网+"促进京津冀现代农业协同创新的理论和实践，揭示了"互联网+"促进京津冀现代农业协同创新的理论机理，分层次、分指标测算了京津冀现代农业协同发展水平，提出了以"互联网+"为手段加快京津冀现代农业协同创新的逻辑框架、具体实施路径及若干政策建议。主要结论如下。

（1）"互联网+"通过技术渗透、资源整合、功能拓展、思维导向推进京津冀农业协同创新。"互联网+"现代农业充分利用移动互联网、大数据、云计算、物联网等新一代信息技术与农业的跨界融合，创新基于互联网平台的现代农业新产品、新模式与新业态。互联网能够通过技术渗透加速农业这一传统产业在三个地区间的资源整合，促进创新载体在不同区域间的转变，不断深化互联网技术与传统农业的融合，与现有的农业市场、农业经济进行进一步的功能拓展，有助于打破原有的社会结构、关系结构，帮助农户、合作社、农业企业加快"互联网思维"导向，提高其对于现代农业建设的参与度，最终实现“互联网+”与现代农业 1+1>2 的协同创新绩效。

（2）京津冀现代农业发展具备产业、市场、要素等协同基础，但产业间和区域间存在较大差异是协同发展的瓶颈问题，迫切要求利用“互联网+”实现科技资源与成果共享、跨区域产业生态链价值提升以及农产品市场互联互通。基于宏观统计数据及实地调研结果，本研究对京津冀现代农业发展环境进行了全面、系统、深入地研究，通过测算比较优势指数，发现京津在传统农业产业发展上存在比较劣势，但在现代种业、休闲农业、农产品加工业等产业具有比较优势，而河北相对来说其比较优势在于传统大田种植，都市农业发展处于劣势地位，迫切需要利用科技手段提升现代农业发展水平。研究表明，制约三地现代农业协同的关键因素在于：区域产业优势尚未发挥，科技、人才、资金等资源配置不均衡，区域生态补偿机制不完善和协同发展的体制机制不健全等方面，未来三地在农业协同发展上需要加快科技资源及成果的共享、跨区域现代农业产业链合作以及现代农产品流通体系互联互通建设。

（3）京津冀现代农业协同发展水平呈增长趋势，目前正步入中等协同发展阶段。依照科学合理的原则，本研究通过搭建包含城乡协同、产业协同、科技协同、生态协同 4 个二级指标、22 个三级指标的京津冀现代农业协同发展水平评价指标体系，采用几何平均数的方法测算可知，京津冀产业协同、生态协同两个方面的协同水平处于低水平的优等协同，分别达到 0. 8792、0. 8851；城乡协同处于较高水平的中等协同，平均发展水平为 0. 7543，区域协同发展水平达到 0. 7877；而京津冀区域科技协同则处于低水平的初等协同阶段。从区域现代农业协同发展水平看，2010—2014 年京津冀区域现代农业协同度平均为 0. 7486，年均增长 2. 04%，处于中等协同阶段，实现了先增加后减少再增加的过程，区域现代农业合作的长效发展机制正不断形成。

（4）基于“互联网+”的京津冀现代农业协同创新体系。该体系应包含协同目标、协同主体、协同基础、协同领域、协同路径 5 个层面，其中协同的领域主要包括生产、流通、服务和数据 4 个方面。本研究从必要性、可行性、顶层设计等方面提出了基于“互联网+”的京津冀现代农业协同创新体系的构建逻辑，构建了包括协同目标、协同主体、协同基础、协同领域、协同路径 5 个层面的“互联网+”京津冀现代农业协同创新体系总体框架。结合京津冀现实基础，本研究凝练了政府推动型、涉农企业主导型、高校主导型、农业科研院所主导型等 4 类基于“互联网+”的京津冀现代农业协同创新模式及其实际存在形态。这一研究成果是本研究的一项理论研究创新，进一步丰富了相关基础理论体系，为后续拓展研究提供了重要基础理论支撑。

（5）基于“互联网+”农业生产的京津冀农业协同创新是转变农业生产方式，促进京津冀产业协同、生态协同与资源协同的重要途径，未来重点在农业物联网应用示范、智能农机具产学研推以及京津冀生态安全监管平台建设等三方面开展相关工作。基于大田、设施、畜牧、水产和种业五大农业产业，本研究深入分析了互联网在北京、天津和河北五大产业全产业链中的应用现状，发现存在生产规模化程度低、信息产品精确度和稳定性差、产业间信息化应用不平衡以及市场化不成熟等问题。针对这些问题，研究从产业协同、资源协同、生态协同的角度提出了基于区域优势开展农业物联网示范、京津冀智能农机具产学研推一体化以及京津冀生态安全监管平台建设等重点工作，为三地统一规划和制定标准、同步监测评估和信息共享、联合宣传和联动执法提供了思路与方向。

（6）基于“互联网+”服务的京津冀农业协同创新是推进形成京津冀城乡协同发展格局、破解协同发展体制机制障碍的重要路径，未来重点通过组建京津冀区域农村流动人口信息服务中心、搭建京津冀区域农业灾害预测预警平台、农村金融保险平台、建立京津冀农产品质量追溯监管平台等方面开展工作。本研究在总结京津冀农业信息服务网络建设、信息进村入户、土地流转、农资监管、农机调度、作物病虫害防治、质量追溯等“互联网+”农业生产服务，以及农业金融保险、农村政务、远程教育培训、农村社保服务等“互联网+”农村生活服务等现状、问题基础上，针对信息服务平台功能、信息供需对接、农村信用评价体系、京津冀公共服务以及农产品质量安全等存在的问题，提出了组建京津冀区域农村流动人口信息服务中心、搭建京津冀区域农业灾害预测预警平台、实施农村金融保险平台工程、建立京津冀农产品质量追溯监管平台，为协同组织京津冀农业资源、加快京津冀区域发展农业农村信息化、缩短京津冀区域农村差距提供实施路径。

（7）基于“互联网+”数据的京津冀农业协同创新是实现京津冀现代农业科技协同、构建农业科技协同共同体的重要路径，未来实施重点在于农业大数据研发中心建设、存储基地建设以及综合平台建设等方面。立足京津冀“互联网+”在农业数据方面的建设和利用情况，本研究根据三地“互联网+”数据的发展现状，认为“十三五”期间，京津冀在基于“互联网+”数据的农业协同创新中应当分工明确，具体是结合北京软件产业优势，建立农业大数据技术研发中心、应用推广中心；天津结合硬件发展优势，建立设备生产基地、农业生产大数据平台；河北利用资源优势，建立农业大数据存储基地；京津冀三地通过采集农产品流通、交易数据，建立农产品价格监测预警平台。

（8）基于“互联网+”流通的京津冀农业协同创新是健全京津冀现代农产品流通体系，实现京津冀农产品市场协同发展的重要路径，未来实施重点在于京津冀农产品批发市场信息化基础设施改造、农产品电子商务模式创新以及透明化、精准化农产品供应链建设。在梳理内涵特点和实地调研的基础上，本研究深入分析了京津冀农产品流通现状以及流通信息化建设情况，分别从基础设施、电子商务、全程冷链三个方向出发，揭示了京津冀在农产品流通方面存在的主要问题，并提出了借助互联网、大数据、云计算等信息手段，加快农产品批发市场转型升级，建设具有京津冀地域特色的透明化、精准化、智能化农产品供应链以及创新农产品电子商务发展模式等具体实施路径，为京津冀农业市场协同发展提供了重要思路。

（9）基于“互联网+”技术，以“科技研发—平台建设—试点示范”为发展重点，从宏观战略部署、科技创新体系建设、财政合作机制一体、都市农业人才协同等方面加快京津冀现代农业协同创新发展，是“十三五”时期三地加快形成现代农业合作长效机制的重点与方向。结合相关研究章节结论及“十三五”时期京津冀现代农业协同发展面临的关键问题，本研究提出了利用“互联网+”构建“信息化支撑、一二三产业融合，科技协同创新、农业可持续发展”的区域现代农业协同创新发展模式。针对协同发展面临的技术难点、产业瓶颈、应用困境，本研究认为“十三五”时期发展重点在于关键技术研发、重要平台建设及试点示范三个方面，而重要推进策略在于建设京津冀“互联网+”现代农业协同创新发展宏观战略部署、搭建京津冀“互联网+”现代农业科技创新体系、创新区域农业协同发展财政合作机制以及推进京津冀都市农业人才协同发展四个方面。该研究结论与对策建议对京津冀现代农业协同创新发展的推进具有一定的理论指导和实践意义。

目　　录

第一章　导论 …………………………………………………………… (1)
第一节　研究背景 …………………………………………………… (1)
第二节　研究目的与意义 ………………………………………… (17)
第三节　研究综述 ………………………………………………… (19)
第四节　主要研究内容与方法 …………………………………… (24)
第五节　创新点 …………………………………………………… (29)
第六节　本章小结 ………………………………………………… (29)
第二章　区域协同创新理论机理研究 …………………………… (30)
第一节　概念及内涵 ……………………………………………… (30)
第二节　相关理论基础 …………………………………………… (33)
第三节　“互联网+”与京津冀农业协同创新发展间的作用机理…… (37)
第四节　本章小结 ………………………………………………… (42)
第三章　京津冀现代农业发展现状及需求分析 ………………… (44)
第一节　京津冀现代农业发展基础 ……………………………… (44)
第二节　京津冀现代农业产业结构 ……………………………… (68)
第三节　京津冀农业主导产业发展 ……………………………… (73)
第四节　京津冀现代农业协同发展问题分析 …………………… (81)
第五节　协同创新需求分析 ……………………………………… (87)
第六节　本章小结 ………………………………………………… (89)
第四章　京津冀现代农业创新发展协同度测算与评价 ………… (92)
第一节　协同度评价体系构建 …………………………………… (92)
第二节　协同度评价方法与区间划分 …………………………… (100)
第三节　京津冀现代农业创新发展协同度测算结果 …………… (102)
第四节　本章小结 ………………………………………………… (111)
第五章　基于“互联网+”的京津冀现代农业协同创新体系构建…… (113)
第一节　基于“互联网+”的京津冀现代农业协同创新体系的
构建逻辑 ………………………………………………… (113)

第二节 "互联网+"京津冀现代农业协同创新体系建设 …………（118）
第三节 基于"互联网+"的京津冀现代农业协同创新模式………（123）
第四节 本章小结 ………………………………………………（127）
第六章 基于"互联网+生产"的京津冀现代农业协同创新发展路径 ……………………………………………………（129）
第一节 "互联网+生产"的含义及特点 ……………………（129）
第二节 基于"互联网+生产"的京津冀现代农业发展现状 ………………………………………………（130）
第三节 基于"互联网+生产"的京津冀现代农业发展存在的问题和需求 ……………………………………（143）
第四节 基于"互联网+生产"的京津冀现代农业协同创新发展的路径选择 ………………………………（146）
第五节 本章小结 ………………………………………………（149）
第七章 基于"互联网+服务"的京津冀现代农业协同创新发展路径 ……………………………………………………（151）
第一节 "互联网+服务"的内涵及特点 ……………………（151）
第二节 基于"互联网+服务"的京津冀现代农业发展现状………（153）
第三节 基于"互联网+服务"的京津冀现代农业发展存在的问题和需求 ……………………………………（166）
第四节 基于"互联网+服务"的京津冀现代农业协同创新发展的路径选择 ……………………………………（170）
第五节 本章小结 ………………………………………………（173）
第八章 基于"互联网+数据"的京津冀现代农业协同创新发展路径 ……………………………………………………（174）
第一节 "互联网+数据"的内涵及特点 ……………………（174）
第二节 京津冀农业大数据发展现状 ………………………（175）
第三节 基于"互联网+数据"的京津冀现代农业发展存在的问题和需求 ……………………………………（189）
第四节 基于"互联网+数据"的京津冀现代农业发展的路径选择 ……………………………………………（192）
第五节 本章小结 ………………………………………………（194）
第九章 基于"互联网+流通"的京津冀现代农业协同创新发展路径 …（196）
第一节 内涵与特点 ……………………………………………（196）

第二节　基于“互联网+流通”的京津冀现代农业协同创新发展现状 …… (198)
第三节　基于“互联网+流通”的京津冀现代农业协同创新发展存在的问题与需求 …… (207)
第四节　基于“互联网+流通”的京津冀现代农业协同创新发展路径选择 …… (210)
第五节　本章小结 …… (213)
第十章　基于“互联网+”的京津冀现代农业协同创新发展的思路与对策 …… (215)
第一节　发展思路 …… (215)
第二节　“十三五”发展重点 …… (216)
第三节　基于“互联网+”的京津冀现代农业协同创新发展的对策 …… (220)
第四节　本章小结 …… (224)
参考文献 …… (226)

表目录

表 1-1　近十年来京津冀协同发展相关政策梳理 …………………… (3)
表 1-2　2004 年以来京津冀农业合作情况 ………………………………… (14)
表 2-1　互联网巨头公司对“互联网+”概念的描述 ………………… (31)
表 3-1　2009—2014 年京津冀三地耕地面积 ……………………………… (44)
表 3-2　2014 年京津冀一产从业人员及三产从业人员结构 ………… (48)
表 3-3　京津冀三地农业劳动力资源对比 ………………………………… (49)
表 3-4　京津冀地区财政支农资金及占地方财政一般预算支出比 …… (50)
表 3-5　2005—2014 年京津冀农林牧渔业总产值 ……………………… (50)
表 3-6　2005 年和 2010—2014 年京津冀主要农产品产量 …………… (51)
表 3-7　2005 年和 2010—2014 年京津冀人均主要农产品产量 ……… (52)
表 3-8　京津冀农林牧渔业产业结构 ……………………………………… (53)
表 3-9　2005—2013 年京津冀地区农业受灾面积 ……………………… (58)
表 3-10　2006—2015 年京津冀城乡居民人均纯收入 ………………… (59)
表 3-11　2003—2012 年京津冀农村居民人均消费支出 ……………… (61)
表 3-12　京津冀地区农业园区 ……………………………………………… (65)
表 3-13　2005 年和 2010—2014 年京津冀农村居民平均每百户主要
　　　　耐用消费品拥有量和互联网普及率 …………………………… (66)
表 3-14　2010—2014 年京津冀农业机械拥有量 ……………………… (67)
表 3-15　2014 年京津冀农作物种植面积优势指数 …………………… (70)
表 3-16　2005—2014 年京津冀人均粮食产量 ………………………… (70)
表 3-17　2014 年京津冀畜产品产量优势指数 ………………………… (71)
表 3-18　2014 年京津冀水产品产量优势指数 ………………………… (72)
表 4-1　京津冀现代农业发展水平评价指标体系 ……………………… (95)
表 4-2　协同度等级划分及标准 ………………………………………… (102)

表 4-3　2010—2014 年京津冀三地现代农业创新子系统发展水平测算结果 …………………………………………………………………（103）
表 4-4　2010—2014 年京津冀现代农业协同发展水平 ………………（109）
表 7-1　京津冀主要农业信息服务平台 ……………………………（164）

图目录

图 1-1　技术路线图 ……………………………………………………（28）
图 2-1　“互联网+”推进京津冀农业协同创新生态圈 ………………（40）
图 3-1　2005—2014 年京津冀三地人均水资源变化情况 ………………（45）
图 3-2　2005—2014 年京津冀三地农业用水占总用水量的占比变化情况 ……………………………………………………………（46）
图 3-3　2005—2014 年京津冀有效灌溉面积占耕地面积比变化图 ……（47）
图 3-4　京津冀地区单位耕地面积化肥投入量变化图 …………………（48）
图 3-5　2005—2015 年京津冀三次产业结构变动图 ……………………（54）
图 3-6　京津冀农产品加工业产值与农业产值比 ………………………（55）
图 3-7　2006—2014 年京津冀地区农业劳动生产率变化情况 …………（56）
图 3-8　2005—2014 年京津冀地区土地产出率变化情况 ………………（57）
图 3-9　2005—2014 年累计自来水受益人口占农村人口比重 …………（58）
图 3-10　2005—2014 年京津冀卫生厕所普及率的年际变化 …………（59）
图 3-11　2006—2015 年京津冀城乡收入绝对差距 ……………………（60）
图 3-12　2006—2015 年京津冀地区农村居民消费水平 ………………（60）
图 3-13　2006—2015 年京津冀农村居民恩格尔系数 …………………（61）
图 3-14　2003 年和 2012 年京津冀地区农村居民人均消费支出结构 ………………………………………………………………（62）
图 3-15　2010—2014 年京津冀耕种收机械化水平 ……………………（68）
图 3-16　2010—2015 年京津冀研究与试验发展经费支出占生产总值的比重 ……………………………………………………………（84）
图 4-1　2010—2014 年京津冀三地城乡协同创新与系统发展水平 …（104）
图 4-2　2010—2014 年京津冀三地产业协同创新与系统发展水平 …（105）
图 4-3　2010—2014 年京津冀三地科技协同创新与系统发展水平 …（106）
图 4-4　2010—2014 年京津冀三地生态协同创新与系统有序度 ……（106）

图 4-5　2010—2014 年京津冀城乡协同发展水平 ……………………（107）
图 4-6　2010—2014 年京津冀产业协同发展水平 ……………………（107）
图 4-7　2010—2014 年京津冀科技协同发展水平 ……………………（108）
图 4-8　2010—2014 年京津冀生态协同发展水平 ……………………（109）
图 4-9　2010—2014 年京津冀现代农业发展水平 ……………………（110）
图 4-10　2010—2014 年京津冀三地区域现代农业协同度 ……………（110）
图 5-1　“互联网+”京津冀现代农业协同创新体系总体框架 ………（119）
图 5-2　京津冀现代农业协同创新主体架构 …………………………（120）
图 8-1　北京市农业局京承农产品产销信息平台 ……………………（185）
图 9-1　爱孚瑞冷链配送模式 …………………………………………（207）

第一章　导　论

第一节　研究背景

一、京津冀农业协同发展面临良好的政策机遇

自2004年京津冀三地达成“廊坊共识”以来，京津冀的农业协同发展开始起步。2013年，习近平总书记先后到天津、河北调研，强调要推动京津冀协同发展。2014年2月26日，习近平总书记在北京考察工作时发表了重要讲话，全面深刻阐述了京津冀协同发展战略的重大意义、推进思路和重点任务，这标志着京津冀协同发展驶入快车道，协同发展成为三地共识，促协同、谋发展的社会氛围初步形成。此后，习近平总书记又多次发表重要讲话、作出重要指示，强调京津冀协同发展是个大思路、大战略。李克强总理也多次作出重要指示批示，明确提出实现京津冀协同发展是区域发展总体战略的重要一环，并将京津冀协同发展作为2015年政府工作报告的重点任务。2015年4月30日，中共中央政治局审议通过了《京津冀协同发展规划纲要》后，京津冀三地针对各地实际情况相继通过落实《京津冀协同发展规划纲要》意见，这标志着《京津冀协同发展规划纲要》进入一个全面贯彻落实的新阶段。2016年10月国务院印发的《全国农业现代化规划（2016—2020年）》（国发〔2016〕58号）提出“促进区域农业统筹发展，华北地区要推动京津冀现代农业协同发展”，这将京津冀现代农业协同发展提到了国家农业现代化发展的高度。

在国家出台相关政策的同时，各部委、京津冀三地也积极响应，出台了一系列具体政策和实施方案。2015年9月，北京市科委研究制定了《北京市科学技术委员会关于建设京津冀协同创新共同体的工作方案（2015—

2017年)》,提出“通过建设京津冀协同创新共同体,积极打造国家自主创新重要源头,促进高端创新资源集聚,完善区域协同创新机制,推动区域创新资源整合共享”。2015年河北省委一号文件提出“面向京津市场开展全方位合作,扩大京张、京承及各地与京津农业合作的领域和范围,通过产销联姻,建立我省农产品进入京津市场的便捷通道,发展一二三产业融合的都市农业”。2015年10月,天津市制定了《促进京津冀农业科技协同发展方案》,提出在现代种业、农业高新技术产业、农业科技创新合作、与“四院一校”科技合作、智慧农业和农技人才等方面,采取有力措施,推动构筑京津冀农业科技创新高地。2016年3月底,农业部等八部委联合发布的《京津冀现代农业协同发展规划(2016—2020年)》,提出要在“产业协同、市场协同、科技协同、生态建设协同、体制机制协同、城乡协同”六大方面实现农业协同发展,这标志着京津冀现代农业协同进入实质推进阶段。同年5月农业部召开《京津冀现代农业协同发展规划(2016—2020年)》部署推进会,审议通过了《京津冀现代农业协同发展工作推进机制》,提出“深入推进农业供给侧结构性改革”“稳定京津周边常年菜地保有量和重要蔬菜产品的自给率”“大力发展节水农业”“建设‘中央厨房’,构建电子商务交易平台,打造环京津1小时鲜活农产品物流圈”“构建区域性的农村产权交易服务平台”等推进措施,并落实了农产品物流便利化、科技协同创新等工程任务。2016年7月国家发改委、农业部等六部委印发的《京津冀农产品流通体系创新行动方案》,提出“大力发展全程冷链,探索建设京津冀农产品公共信息平台,经过三年左右的努力,基本建立畅通高效的京津冀农产品流通网络体系”。随后在2016年9月北京市人民政府出台的《北京市“十三五”时期加强全国科技创新中心建设规划》中提出“加强全国科技创新中心建设要有力支撑京津冀协同发展等国家战略,建设京津冀创新共同体,形成区域协同创新中心,依托‘互联网+’,推动现代服务业高端化发展”。其中在农业生产经营服务领域,提出“构建京津冀食品安全协同防控科技服务体系,打造农业高端产业链,着力构建与首都功能定位相一致、与二三产业发展相融合、与京津冀协同发展相衔接的农业产业结构”。2016年6月工信部和北京、天津、河北等部门下发《京津冀产业转移指南》提出“以北京中关村、天津滨海新区、唐山曹妃甸区、沧州沿海地区、张承(张家口、承德)五个地区为依托,重点发展汽车、新能源装备、智能终端、大数据和现代农业五大产业链”。此外,三地就其功能定位,将京津冀都市现代农业协同发展摆上了三地农业部门的重要议事日程,并出台了“当前—近期—中期—远期”的一揽子推进体系，京津冀现代农业协同发展战略正在向全面铺开、纵深推进的阶段迈进，京津冀现代农业协同创新发展面临良好的政策机遇（表1-1）。

表1-1 近十年来京津冀协同发展相关政策梳理

年月日	部门	政策名称	内容
2004-2-12~13	国家发改委、京津冀等9省市发改委	廊坊共识	提出了京津冀区域协调发展的工作方案、区域布局、区域政策和重大措施等，重点针对三地生态环境建设，提出协调区域内重大生态建设和环境保护等问题，联合开展水资源的保护与合理作用
2011-11-23	河北省政府	《河北省城镇化发展十二五规划》	廊坊市要发挥临近京津的区位和信息产业优势，构建中心城区与固安、永清三角城市区域，建设京津冀电子信息走廊、环渤海休闲商务中心城市
2014-6-16	北京市农业局	《关于2014年“菜篮子”工程生产建设工作的实施意见》	深化区域合作，提高“菜篮子”产品控制率。围绕北京农业结构调整和京津冀一体化发展目标，着力推动京津冀农业产业协同发展。拓展外埠农业合作广度和深度，建设一批“菜篮子”产品外埠生产基地，稳步提高蔬菜、肉类、禽蛋、鲜牛奶、水产品的控制能力
2015-2-5	河北省委	《2015年河北省委一号文件》	面向京津市场开展全方位合作，扩大京张、京承及各地与京津农业合作的领域和范围，通过产销联姻，建立河北省农产品进入京津市场的便捷通道，发展一二三产业融合的都市农业
2015-3-5	国务院总理李克强	《2015年国务院政府工作报告》	推进京津冀协同发展，在交通一体化、生态环保、产业升级转移等方面率先取得实质性突破
2015-3-14	京津冀三方政府部门	《推进现代农业协同发展框架协议》	京津冀三地将突出大城市农业功能定位，重点在籽种、会展、观光休闲、沟域经济等方面开展交流与合作，共同开发农业生产、生活、生态等功能；重点在农业新技术、新品种、新设施推广及动植物疫病联防联控和节水、循环、低碳农业发展等方面开展科研合作
2015-4-30	中共中央政治局	《京津冀协同发展规划纲要》	京津冀三省市定位分别为，北京市：“全国政治中心、文化中心、国际交往中心、科技创新中心”。天津市：“全国先进制造研发基地、北方国际航运核心区、金融创新运营示范区、改革开放先行区”。河北省：“全国现代商贸物流重要基地、产业转型升级试验区、新型城镇化与城乡统筹示范区、京津冀生态环境支撑区”

（续表）

年月日	部　门	政策名称	内　容
2015-7-10	北京市人民政府	《中共北京市委北京市人民政府关于贯彻〈京津冀协同发展规划纲要〉的意见》	聚焦加强生态环境保护、推进交通一体化发展、推动产业升级转移等重点领域，力争率先取得突破。要更加重视发挥好辐射带动作用，推动首都的科技、产业、文化及公共服务资源延伸到周边地区，实现优势互补、良性互动。要全面深化各个领域的改革，促进区域内各种要素按照市场规律自由流动和优化配置，破除制约协同发展的体制机制障碍
2015-8-30	国家发改委	《关于加快实施现代物流重大工程的通知》	推动京津冀物流协同发展。落实京津冀协同发展整体战略和产业布局调整优化的要求，推动建立跨区域物流合作机制，促进京津冀地区物流基础设施互联互通和信息资源共享，实现京津冀物流一体化协同发展
2015-9-10	北京市科委	《关于建设京津冀协同创新共同体的工作方案（2015—2017年）》	通过建设京津冀协同创新共同体，积极打造国家自主创新重要源头，促进高端创新资源集聚，完善区域协同创新机制，推动区域创新资源整合共享
2015-10-8	天津市农委	《促进京津冀农业科技协同发展方案》	在现代种业、农业高新技术产业、农业科技创新合作、与“四院一校”科技合作、智慧农业和农技人才等方面，采取有力措施，推动构筑京津冀农业科技创新高地
2016-2-8	国家发展和改革委员会	《“十三五”时期京津冀国民经济和社会发展规划》	到2020年，京津冀地区的整体实力将进一步提升，经济保持中高速增长，结构调整取得重要进展；协同发展取得阶段性成效，首都“大城市病”问题得到缓解，区域一体化交通网络基本形成；生态环境质量明显改善，生产方式和生活方式绿色，低碳水平上升；人民生活水平和质量普遍提高，城乡居民收入较快增长，基本公共服务均等化水平稳步提高
2016-3-9	天津市政府	《天津市国民经济和社会发展第十三个五年规划纲要》	积极对接北京创新资源和优质产业，主动向河北省延伸产业链条，实现产业一体、联动发展。农业，共建“菜篮子”产品生产基地、农业高新技术产业示范基地和环京津1小时鲜活农产品物流圈
2016-3-31	农业部、国家发改委、工信部等8部委	《京津冀现代农业协同发展规划（2016—2020年）》	要在“产业协同、市场协同、科技协同、生态建设协同、体制机制协同、城乡协同”六大方面实现协同，这标志着京津冀现代农业协同进入实质推进阶段

（续表）

年月日	部 门	政策名称	内 容
2016-5-4	农业部、国家发改委、工信部等8部委	《京津冀现代农业协同发展工作推进机制》	深入推进农业供给侧结构性改革，稳定京津周边常年菜地保有量和重要蔬菜产品的自给率，大力发展节水农业，建设“中央厨房”、构建电子商务交易平台、打造环京津1小时鲜活农产品物流圈，构建区域性的农村产权交易服务平台
2016-6-13	工信部、北京市、天津市、河北省人民政府	《京津冀产业转移指南》	以北京中关村、天津滨海新区、唐山曹妃甸区、沧州沿海地区、张承（张家口、承德）五个地区为依托，重点发展汽车、新能源装备、智能终端、大数据和现代农业五大产业链
2016-7-4	国家发改委、农业部、商务部、交通部、海关总署以及质检总局	《京津冀农产品流通体系创新行动方案》	大力发展全程冷链，探索建设京津冀农产品公共信息平台，经过三年左右的努力，基本建立畅通高效的京津冀农产品流通网络体系
2016-7-4	国务院	《国务院关于京津冀系统推进全面创新改革试验方案的批复》	充分发挥北京全国科技创新中心的辐射带动作用，依托中关村国家自主创新示范区、北京市服务业扩大开放综合试点、天津国家自主创新示范区、中国（天津）自由贸易试验区和石（家庄）保（定）廊（坊）地区的国家级高新技术产业开发区及国家级经济技术开发区发展基础和政策先行先试经验，进一步促进京津冀三地创新链、产业链、资金链、政策链深度融合，建立健全区域创新体系，推动形成京津冀协同创新共同体，打造中国经济发展新的支撑带
2016-7-8	北京市人民政府	《北京市“十三五”时期城乡一体化发展规划》	建设环京津鲜活农产品基地，鼓励北京种植养殖企业与津冀开展有效对接；推进三地统一标准化体系和检测结果互认，完善区域农产品质量安全监管体系，建立农产品质量安全信息共享平台；推动京津冀“互联网+”协同发展，建设农业协同平台和农业资源平台，促进三地农业信息化协同发展；构建京津冀农业协同创新链，健全京津冀协作联合攻关机制，加大北京农业高新技术向津冀的推广辐射力度，加快农业科技成果转化

（续表）

年月日	部　门	政策名称	内　容
2016-7-29	京津冀三地民政部门	《共同推动京津冀社会组织协同发展合作框架意向书》	建立京津冀社会组织登记管理机关联席会议制度；明确支持社会组织参与三地重大活动项目；共同编制扶持社会组织协同发展项目目录；探索建立三地社会组织资源配置平台；支持行业协会、科技类社会组织建立区域对接、行业合作和优势嫁接活动；建立京津冀社会组织协同发展论坛机制
2016-8-11	北京市经济和信息化委员会	《北京市“十三五”时期软件和信息服务业发展规划》	以大数据的思维、技术、模式、产品、服务等突破行政藩篱和区域界线，打造京津冀大数据综合试验区，将京津冀区域打造成为国家大数据产业创新中心、国家大数据应用先行区、国家大数据创新改革综合试验区、全球大数据产业创新高地。立足三地各自特色和比较优势，北京强化创新和引导，天津强化带动和支撑，河北强化承接和转化，打造协同发展功能格局。强化数据资源的统筹管理和利用，建立京津冀政府数据资源目录体系；进行公共数据开放共享试验探索，推进公共基础信息共建共享，建立统一的公共数据共享和开放平台体系
2016-8-11	河北省农业厅	关于贯彻落实《京津冀现代农业协同发展规划（2016—2020年）》的实施意见	供京“菜篮子”产品占比提高10个百分点以上，肉蛋奶占比提高15个百分点以上；农产品加工业与农业产值之比达到2.5：1。区域农业增加值年均增长4%，农民人均可支配收入达到18 000元以上，年均增长达到8%以上，与京津农民人均可支配收入差距缩小到1.7：1，区域城乡居民人均可支配收入差距比缩小到2.6：1
2016-8-12	北京市政府	《北京市国资委国有经济“十三五”发展规划》	用好京津冀协同发展投资基金，支持京津冀产业对接合作。引导疏解资源向承接地集聚，支持配合津冀加快承接平台的基础设施和公共服务配套建设，推进区域交通一体化发展。加强在科技创新、环保、能源、农业、旅游、物流等重点领域的合作
2016-9-30	北京市人民政府	北京市“十三五”时期加强全国科技创新中心建设规划	加强全国科技创新中心建设要有力支撑京津冀协同发展等国家战略，引领创新驱动发展新方向。到2020年，初步建成京津冀协同创新共同体，形成区域协同创新中心。构建京津冀食品安全协同防控科技服务体系；着力构建与首都功能定位相一致、与二三产业发展相融合、与京津冀协同发展相衔接的农业产业结构

二、京津冀现代农业合作取得重要进展

当前，推动京津冀都市现代农业协同发展已成为促进三地现代农业融合互动、协调发展的重要战略。京津冀三地在推进现代农业协同发展中，重点在农业科技合作机制建设、农业产业协同发展、农产品产销对接等方面开展合作，并取得了重要进展。

1. 搭建了多个农业科技协同创新平台

自京津冀协同创新战略提出以来，三地围绕区域现代农业发展实践，纷纷开展协同创新平台建设。如 2014 年 6 月由三地农业大学与科研机构牵头建立的"京津冀农业与水安全协同创新战略联盟"旨在协同解决当前三地面临的农业和水安全等紧迫问题，实现都市现代农业的"以水定产，以水定量"；2014 年 8 月北京市农林科学院与北京市科委牵头成立的"首都食用菌产业科技创新服务联盟"旨在促进京津冀食用菌产业协同发展；2015 年 5 月由三地农科院共同签署的"京津冀农业科技协同创新中心"旨在合作推进三地农业产业结构调整、优化升级和协同发展；2015 年 7 月京津冀三省市土壤肥料系统共同组建"京津冀土肥水事业协同发展创新联盟"旨在围绕三地土壤肥料和节水农业，协同促进京津冀土肥水科技研发推广服务事业发展和创新；2015 年 8 月，作为科技部认定的第一批国家现代农业科技示范区之一的河北省环首都现代农业科技示范带开始启动建设，示范带将集现代生态农业、都市农业、智慧农业、高效农业为一体，打造成为京冀农业协同创新样板区、农业科技体制机制改革先行区、一二三产融合发展试验区、环首都扶贫攻坚与现代农业联动发展示范区，这标志着河北省搭建了第一个国家级京津冀农业协同创新战略平台；2015 年 12 月由河北农业大学等 9 所高校共同成立的"京津冀农林高校协同创新联盟"，旨在充分发挥三地农业高等院所在农业和水安全及相关领域的人才、科技、信息和区位等方面的综合优势；2016 年 5 月 7 日，由中国农业大学牵头的"京津冀现代农业协同创新研究院"，旨在围绕生物种业创新、模式动物表型与遗传重大设施、循环农业创新、设施园艺创新、智慧农业装备创新、现代食品加工创新、农业大数据创新、未来农业科技园区 8 大研究领域开展协同创新。

2. 共同推进都市型现代农业深度合作

为突出都市型现代农业发展"高精尖"产业的目标定位，京津冀三地重点在菜篮子供给保障、籽种农业、会展农业、观光休闲农业等方面开展交

流与合作，共同开发农业的生产、生活和生态功能。在“菜篮子”供给保障方面，三地启动的多个合作项目为京津冀菜篮子供给保障奠定了基础。其中2015年10月，京津冀共建蔬菜绿色防控基地的建设工作启动，计划到2016年三地将协同建设“绿控基地”80个。在会展农业方面，为推进京津冀地区会展农业的协同发展，2014年12月10日，京津冀三地贸促会共同签署了《京津冀贸易促进协同发展合作备忘录》，重点从整合扶持政策、争取会展资源、制定议事制度三个方面完善三地会展农业协同发展机制。在籽种产业方面，为推动京津冀种业协同发展，促进三地优良品种的推广应用，2015年5月北京市农业局、天津市农村工作委员会、河北省农业厅共同印发的《关于建立京津冀一体化农作物品种审定机制的意见》，明确了三地在保留独立品种审定的基础上，对水稻、小麦、玉米、棉花与大豆等主要农作物实行统一审定，通过审定的品种可在京津冀区域内推广应用，开创了相邻省市一体化品种审定的先河。在休闲农业与乡村旅游方面，京津冀三地重视休闲观光农业方面的优势互补，三地联合推出了“京津冀休闲农业与乡村旅游”精品线路，促进了休闲观光农业资源和产品整合开发、优势互补、共赢发展。此外，由天津市牵头，京津冀三地正共同研究制定《京津冀休闲农业协同发展产业规划》，实现市场、信息、资源、线路共享，打造京津冀休闲农业旅游圈，开创京津冀休闲农业一体化发展新格局。

3. 积极推进三地农产品产销对接

京津冀围绕特大型城市消费市场特点，积极推进三地农产品产销对接，重点在环京津农产品生产加工基地建设、农产品物流标准化区域合作、农产品市场相互延伸等方面开展合作。在环京津农产品生产加工基地建设方面，三地结合优势农产品发展规划，河北支持本省企业在北京、天津周边建设蔬菜、畜禽和水产品生产基地，北京、天津两市则支持本市农产品加工流通企业在河北省建设生产基地，河北为相关企业提供便利和帮助。根据课题组与河北省农委座谈记录整理所得，截至目前，河北省廊坊、滦平、平泉、唐山、张家口等地通过开展农超对接、农企对接、农校对接，共为京津提供了超过35%的蔬菜和30%的肉蛋奶。其中廊坊市瓜菜年商品量的60%、肉类年产量的40%以上、禽蛋年产量的30%以上销往京津。如固安顺斋合作社与北京京客隆大型连锁超市开展对接，日供应蔬菜80~120t；永清清源合作社已成功进入京客隆、易初莲花、华润万家、物美、华联、西单商场等京津20家大型超市，在北京建立了47家蔬菜直营店，日销售蔬菜80t。从批发市场建设与物流标准化区域合作看，2014年京津冀商贸部门正式签订了

“关于落实京津冀共同推进市场一体化进程合作框架协议商务行动方案”，为三地的农业优势企业和特色品牌发展创造条件；2015 年 10 月新发地在河北省高碑店建立了预计年交易量达千万吨分市场，成为首都农产品供应保障的重要市场载体，加快了京津冀农产品产销一体化进程。2016 年 7 月北京市政府发布的《北京市“十三五”时期城乡一体化发展规划》明确提出，北京市将建设环京津鲜活农产品基地，鼓励本市种植养殖企业与津冀开展有效对接。从三地产销合作模式看，目前三地在产销对接方面形成了“科研院校+基地示范”“企业+企业”“企业+外埠生产基地”等模式，如中国农业大学与明慧养猪集团、文安瑞丰禽业合作形成了“科研院校+养殖基地”模式；北京金星鸭业有限公司在河北省建设了北京填鸭养殖基地；廊坊市康达畜禽养殖有限公司与北京二商局大红门肉类食品有限公司合作，将肉鸡产品销往北京市场，形成了“京内企业+外埠基地”模式。此外，京津冀三地商务部门主要负责人还建立了定期会晤、举报投诉优先处理和合作处理机制，以统筹部署三地市场一体化的阶段性任务。

4. 三地官学研之间开展紧密合作

一是三地科研机构与政府合作。如北京市农林科学院同河北省科技厅、河北承德市隆化县政府、唐山曹妃甸区政府、迁安市政府等多家单位就加强高效实用技术推广促进地方产业发展等方面已达成了合作共识。二是三地涉农部门合作。如 2015 年 3 月，北京农委、天津市农委、河北省农业厅签署《推进现代农业协同发展框架协议》，提出京津冀三地将突出大城市农业功能定位，重点在籽种、会展、观光休闲、沟域经济等方面开展交流与合作，共同开发农业生产、生活、生态等功能；重点在农业新技术、新品种、新设施推广及动植物疫病联防联控和节水、循环、低碳农业发展等方面开展科研合作。三是三地科研机构开展项目联合攻关。为推进农业科技协同创新，三地瞄准农业产业的多个领域组织开展科技交流与合作，共同确定了京津冀协同发展区域农业规划研究、生态环境保护与区域可持续发展、种业科技创新、全产业链可控型精品农业、城郊型多功能休闲农业、农业物联网技术研究与示范和农村与农业信息化等 7 大合作领域。2015 年，北京市农林科学院利用专项自有资金 500 万元，联合津冀区域科技资源，联合开展项目攻关 20 余项，启动实施了“京津冀精品蔬菜安全生产与供应科技攻关与示范”“京津冀菜篮子安全物联网管理系统研发”“京津冀草莓产业提升与科技示范”“京津冀优质鸡健康养殖关键技术研究与示范”“重金属污染农田修复技术研发与示范”等一批项目，涵盖节水、生态农业及西甜瓜、草莓等产业，涉及天津、河北中部和北部主要城市，为三地的农产品质量安全、特色产业发展、农业物联网技术、农田修复以及农作物新品种的推广起到了重要的科技支撑。

三、京津冀现代农业协同发展机遇与挑战并存

1. 三地现代农业发展步伐加快，京津冀农业协同发展格局初步形成

京津冀地区同属京畿重地，濒临渤海，背靠太岳，携揽“三北”，战略地位十分重要，是我国经济最具活力、开放程度最高、创新能力最强、吸纳人口最多的地区之一，也是拉动我国经济发展的重要引擎，在现代农业发展方面逐步趋向协同。

河北省：京津冀协同背景下河北省都市型现代农业初步规划形成了“一核一圈一群”的发展布局，生鲜农产品生产和休闲观光产业得到快速发展，已建成各类现代农业园区 893 个，共有 300 个乡镇开展休闲农业与乡村旅游，涉及村落达到 1 400多个。围绕粮油、畜牧、水产品、蔬菜、果品等资源优势，河北省初步建成了京津农副产品保障和应急基地，其中 2013 年供京、津总量分别超过 600 万 t 与 400 万 t，在两地市场占有率各达到 55% 与 45%；2014 年全省肉、蛋、奶和饲料产量分别达到 500 万 t、410 万 t、650 万 t 和 1 338万 t，每年供给北京市场的猪肉、禽肉和禽蛋约占北京消费总量的 20%、10%和 20%。根据河北省贯彻落实《京津冀现代农业协同发展规划（2014—2020 年）》提出，“到 2020 年，要面向京津培育打造 100 个直供直销基地、100 个休闲农业园、100 个知名品牌、100 个加工冷链物流园、100 个产业化龙头企业”。

天津市：天津市以“绿色化、集约化、功能化”为方向，明确了“优质菜篮子产品供给区、农业高新技术产业示范区、农产品物流中心区”的功能定位，基本形成布局科学合理、产业特色明显、科技水平先进、管理高效集约、综合效益突出、功能丰富多元的现代都市型农业体系。根据天津市农委统计，“十二五”期间，已建成 4 万 hm^2 高标准设施农业，蔬菜设施化率达到 70%；建成 23 个现代农业园区、155 个畜牧水产养殖园区，水产工厂化养殖规模占全国总量的 1/6，形成了工厂化、标准化农业生产体系，在京津冀都市圈以及北方地区位居前列，形成了杂交粳稻、小麦、黄瓜、花椰菜、生猪、肉羊等优势品种，科技对农业增长的贡献率达到 64%，高于全国近 10 个百分点。2015 年，天津市蔬菜、水果、肉、蛋、奶、水产品产量

分别达到441.54、32.71、45.7、20.2、68、41万t，农产品人均占有量和自给率均位于京津沪之首，其中蔬菜、牛奶和水产品自给率超过100%。天津农业信息化建设水平位居全国前列，根据课题组赴天津实地调研数据，目前天津市已建成国内首家省级农业物联网平台，构建了农业生产环境信息监测与采集、农业生产智能化控制与管理、生产基地电商化等三类技术应用模式，农业生产经营物联网智能化控制与管理应用面积达1 000hm²。在产品溯源方面，年产放心菜120万t，年出栏放心肉鸡1 900万只，基地内蔬菜和肉鸡检测合格率达到99.99%。在农业电子商务方面，有150家农业企业、合作社，以及1 100家休闲农业村实现网上营销，为市民购买放心农产品和选择农业休闲旅游目的地带来了便利。

北京市：自2003年以来，北京市加快了都市现代农业发展的步伐，初步构建了具有首都特色的都市现代农业产业体系，形成了科技支撑型园区经济模式、生态优先型沟域经济模式、示范带动型会展经济模式、创新驱动型现代种业模式、品牌引领型加工农业模式等多种模式。在城市"菜篮子"产品供应方面，2014年土地适度规模经营比重达42.6%，全市肉、禽、蛋、奶自给率处于较高水平，控制率超过60%。全市种养业主导产品的标准覆盖率达90%以上，"菜篮子"三品认证覆盖率达到36.3%。根据农业部2013年全年农产品质量安全例行监测，北京上市蔬菜、畜禽、水产品检测合格率分别达到97.8%、99.8%、100%，排在全国主要城市前列。农业生产效率不断提高，农业土地、水、劳动力、化肥等传统生产要素投入总量下降，单位产出不断提升，化肥施用量从2006年的14.8万t下降至2014年的11.6万t，平均每一从业人员创造的农、林、牧、渔业产值从2006年的3.66万元上升至8.02万元。在科技支撑方面，通过"国家现代农业科技城"和"种业之都"建设，北京市农业科技进步贡献率已经达到70%，远超全国56%的平均水平。在主导产业与农业功能拓展方面，北京市农业坚持"生产性绿色空间"的定位，不断强化都市农业生态功能，大力发展现代种业、休闲农业、会展农业、创意农业、沟域经济，初步建立了从田间到餐桌、从原料到成品、从生产加工到消费休闲的经营一体化、产品多元化、文化内涵丰富的特色产业体系，"北京最美乡村"、星级"观光农业示范园"等一批休闲农业品牌，世界草莓大会、国际食用菌大会等国际高端农业会展，农业嘉年华、"小麦收割节""草莓季"等多个创意农业节庆活动得到较快发展，不断丰富北京都市现代农业的内涵与外延。其中2014年世界种子大会意向成交金额超过30亿美元，2013年，北京市休闲农业、设施农业、种业共实现收入119.1亿元，占全部农业总收入的28.2%。在信息化建设方面，北京市"十二五"期间，以物联网、移动互联网为代表的新一代信息技术陆续在13个郊区县200多个农业生产基地开展应用示范，在设施农业、节水灌溉、农机作业、环境监测等方面取得显著成效。顺义都市型现代农业万亩示范区，已将物联网、北斗导航、4G通信等现代信息技术全面融入生产领域，亩均节水、节肥、节药、节能达30%以上，为推进全市农业产业结构调整、转型发展探索路径经验。

2. 人口、环境、资源、技术仍是制约三地农业协同发展的重要问题

尽管三地近年来正不断加强合作，但同时仍存在一些问题。

(1) 京津农业发展受到资源环境发展空间的制约，迫切需要与河北创新"菜篮子"供给保障合作机制。京津地区人多地少，水资源、耕地资源严重贫乏，生态环境较脆弱，京津冀人均耕地面积0.9亩（15亩=1hm^2，全书同），京津人均耕地仅0.25亩，远低于全国平均水平。作为全国特大城市，京津两地城市建设和生活生态发展的用地用水需求与农业发展之间的矛盾日益加剧。生态环境的恶化对区域都市现代农业的可持续发展构成了挑战，但同时也为区域协同治理生态环境提供了倒逼机制。

(2) 河北农业发展面临的突出问题是尚未充分适应京津多元化、高端化的市场需求。河北农产品大众化产品多，优质绿色无公害产品产量较小，特色产品不突出，品牌农产品更少，农产品加工相对滞后、产业链较短，不能满足京津市场多样化、高端化需求，如河北通过无公害认证的蔬菜面积比重不到30%。农产品物流园区没能根据京津市场结构性需求正确定位。

(3) 区域内呈现典型的"中心—外围"结构，三地农产品产销一体化受到明显制约。主要体现在：一是京津对外地车辆采取限行管控导致河北蔬菜供京津运输、配送效率低下；二是蔬菜的质检结果尚未实现三地共同认证导致三地蔬菜产销对接及质量监管效能低下；三是因缺乏区域性产销信息共享平台导致三地在农产品产销对接方面难以实现互联互通，均衡化的京津冀农产品供需市场尚未健全。

四、"互联网+"为京津冀现代农业协同创新提供重要手段

当前，全球新一轮科技革命正在兴起并加速着农业技术变革与升级，世界农业科技创新进入新的活跃期，以大数据、云计算、移动互联网等为代表的颠覆性技术正引领农业步入信息化主导、智能化技术推进、可持续发展的

"农业4.0"时代，现代农业正进入以系统化、链式化、工业化、工程化、一二三产融合等为特征的发展阶段。党的"十八大"做出新型工业化、信息化、城镇化、农业现代化"四化同步"发展的战略部署，将信息化上升为国家战略。党的十八届五中全会明确提出，"十三五"期间要大力实施网络强国战略，实施"互联网+"行动计划，发展分享经济，强调推进农业信息化。

近年来国务院、农业部、工信部等部委陆续印发的"大众创业万众创新"、电子商务、"互联网+"、大数据等重要政策文件均将农业摆在突出重要位置。如2015年7月，国务院出台了《国务院关于积极推进"互联网+"行动的指导意见》（国发〔2015〕40号），作为11个重要战略行动之一，"互联网+"农业是互联网理念、技术和方法在农业领域的实践。《国务院办公厅关于加快转变农业发展方式的意见》（国办发〔2015〕59号）提出，"开展'互联网+'现代农业行动，推进农业科技协同创新联盟建设"。《国务院关于印发促进大数据发展行动纲要的通知》（国发〔2015〕50号）提出，"推动跨领域、跨行业的数据融合和协同创新，探索形成协同发展的新业态、新模式，培育新的经济增长点"。《国务院办公厅关于推进农村一二三产业融合发展的指导意见》（国办发〔2015〕93号）提出，"实施'互联网+现代农业'行动，推进现代信息技术应用于农业生产、经营、管理和服务，完善多渠道农村产业融合服务，搭建农村综合性信息化服务平台和区域性电子商务平台"。《农业部关于推进农业农村大数据发展的实施意见》（农市发〔2015〕6号）提出，"深化大数据在农业生产、经营、管理和服务等方面的创新应用"。《"互联网+"现代农业三年行动实施方案》（农市发〔2016〕2号），"切实发挥互联网在农业生产要素配置中的优化和集成作用，推动互联网创新成果与农业生产、经营、管理、服务和农村经济社会各领域深度融合，大力发展智慧农业，构建基于互联网的农业科技成果转化应用新通道，实现跨区域、跨领域的农业技术协同创新和成果转化"。可见，利用"互联网+""跨界融合"的手段实现农业发展方式转型和区域农业协同创新发展已成为国家关注的重点领域与发展方向，正面临良好的机遇与条件。

农业是京津冀协同发展的共同依托，农业协同创新是京津冀协同发展的重要内容和必然进程。京津冀农业协同创新的核心是提升区域农业科技创新能力，而优化科技资源配置是区域农业科技创新能力提升的关键。"互联网+"是打造农业科技创新平台、配置科技创新资源、构建科技创新分工协作体系的重要途径，"互联网+"区域现代农业协同发展是京津冀农业协同创新的黏合剂与催化剂，具有推进农产品供给侧与需求侧结构改革、提高区域农业全要素生产效率、实现区域农产品产销有效对接、提升区域农业综合服务能力、促进三地农民共同分享发展成果等功能。“互联网+”背景下推动京津冀农业协同创新发展，不仅是面向未来打造新型首都经济圈、实现国家发展战略的需要，更是适应京津冀三地农业功能定位、实现农业科技创新的关键需求。针对京津冀农业发展不协调、不平衡，三地资源环境硬约束、以及信息、人才、要素流动不畅等问题，以“互联网+”驱动京津冀现代农业协同创新发展，打造“信息支撑、管理协同，产出高效、产品安全，资源节约、环境友好”的区域现代农业协同创新格局已迫在眉睫（表1-2）。

表 1-2　2004 年以来京津冀农业合作情况

日期（年-月）	合作协议或方式	合作内容
2004	廊坊共识	就推进京津冀经济一体化的一些原则问题达成“廊坊共识”，用市场配置资源、突破行政体制限制
2006	共同探讨环首都动物防疫安全区	确保在首都及邻近区域内避免突发重大动物疫情
2013-6	京津冀一体化发展协同创新中心	打造京津冀协同发展智库，在承办重大项目、举办高层会议、服务国家和河北省发展方面取得一些成果，推动京津冀协同发展
2014-4	京津休闲农业合作框架协议	建立长期稳定的合作共赢机制，共同举办休闲农业发展论坛，共建共享休闲农业资源数据库，制定京津休闲观光农业合作发展规划
2014-5	京津冀协同发展农业科技合作协议	重点在京津冀农业协同发展区域农业规划研究、生态环境保护与可持续发展、种业科技创新、全产业链可控型精品农业、城郊型多功能休闲农业、农业物联网技术研究与示范、农村与农业信息化等七大领域开展科技合作和协同创新
2014-6	京津冀农业与水安全协同创新战略联盟	解决当前三地面临的农业和水安全等问题，实现“以水定产，以水定量”的高产、高效、可持续发展的都市现代农业
2014-10	京津冀金融服务一体化战略合作协议	以此提升金融服务实体经济的深度、广度和持续性，构建覆盖三地的全面、立体化农村金融服务网络
2014-12	京津冀协同发展畜牧兽医事业合作框架协议	重点在畜牧产业、兽医保护、畜产品质量安全监管和畜牧兽医人才科技合作等多方面进行全面合作，确保2020年京河北供京津肉蛋奶等“菜篮子”产品占比提高10个百分点以上

（续表）

日期（年-月）	合作协议或方式	合作内容
2014-12	京津冀农产品质量安全协同创新中心	致力于制定统一的食品安全标准
2014-12	京津冀贸易促进协同发展合作备忘录	重点从整合扶持政策、争取会展资源、制定议事制度三个方面完善三地会展农业协同发展机制
2014-12	关于落实京津冀共同推进市场一体化进程合作框架协议商务行动方案	通过开展物流标准化区域合作试点，共同提高物流配送效率；搭建电子商务交流平台，推进三地电子商务创新发展
2015-1	京津冀晋蒙农机安全监管联动机制协议书	做好农机跨区作业服务，通过跨区作业服务站、流动服务车、信息服务平台等方式做好省际间农机手接待、机具调度、维修、零配件供应、信息咨询等服务
2015-3	推进现代农业协同发展框架协议	重点在籽种、会展、观光休闲、沟域经济等方面开展交流与合作，共同开发农业生产、生活、生态等功能；重点在农业新技术、新品种、新设施推广及动植物疫病联防联控和节水、循环、低碳农业发展等方面开展科研合作
2015-3	京津冀协同发展畜牧兽医合作框架协议	推动重大动物疫病联防联控转型升级，实行疫情信息共享和横向沟通，共建风险评估、预警模型和网络
2015-5	关于建立京津冀一体化农作物品种审定机制的意见	对水稻、小麦、玉米、棉花与大豆等主要农作物实行统一审定，通过审定的品种可在京津冀区域内推广应用
2015-5	京津冀农业科技协同创新中心	着力围绕现代农业全局性重大战略、共性技术难题和区域性农业产业发展关键技术问题，开展协同创新与成果落地转化的创新工作
2015-6	植物疫情和重大农业有害生物防控协同工作框架协议	主要包括植物检疫工作、重大有害生物防控、技术研究三方面内容
2015-7	首届北京农园节	三地联手举办，借助微站、微信等移动互联网平台实现各园区、主题即时互动，将京津冀农业休闲产业整合进入“微”时代
2015-7	共同签署了“天津共识”	在规划统筹衔接、市场转移对接、物流信息共享、电子商务发展等10个方面，共同推进京津冀市场一体化建设
2015-7	冬储菜应急供给合作协议	促进农产品市场产销衔接和保供互助，积极推进环京津冀鲜活农产品1小时物流圈建设，更好地满足市民生活消费需求

（续表）

日期（年-月）	合作协议或方式	合作内容
2015-9	京津冀农业技术推广战略合作协议	三地农技推广部门将重点围绕农作物育种、育苗，高效节水，设施蔬菜标准化、省力化栽培，景观休闲农业，农业物联网技术应用等方面开展联合攻关、集成示范、技术培训
2015-11	蔬菜病虫全程绿色防控示范基地协同建设合作协议	到2020年，三地协同建设“蔬菜病虫全程绿色防控示范基地”400个，核心面积超过10万亩，辐射带动面积100万亩以上
2015-11	“京津冀协同创新与现代农业发展”专家座谈会	河北经贸大学京津冀一体化发展协同创新中心与河北省人民政府参事室、中国科学院遗传与发育生物学研究所农业资源研究中心共同举办
2015-12	在生态环境、交通设施、旅游休闲等领域签署40个项目合作协议	北京市平谷区、天津市蓟县、河北省三河市和兴隆县召开联席会议，四地将联合创建“京津冀国家生态文明先行示范区”，共同打造“京津冀生态修复功能示范区”，并将“打造京津冀协同发展试验区”
2015-12	京津冀乡村旅游协同发展平台	联合开展旅游扶贫，共同推进乡村旅游人才、信息、标准共享共用，共同谋划重点线路、重点片区、重大活动、特色品牌，实现产品互促、市场共推、品牌共建，支持乡村旅游连片开发
2015-12	京津冀农林高校协同创新联盟协同创新框架协议	9所高校将共同在人才培养、学科建设与科学研究、人才队伍建设等方面开展合作
2015-12	京津冀动物卫生风险评估分级管理办法	协同推进养殖场动物卫生风险评估，科学有效防控动物疫病，保障畜牧业健康发展和公共卫生安全
2016-4	京津冀信息化协同发展合作协议	形成政策互融、标准统一、网络互通、资源共享、管理互动、服务协同的发展格局
2016-5	京津冀现代农业协同创新研究院	构建现代农业大数据分析与服务平台，助力京津冀重点产业升级，打造“中国农业硅谷”
2016-6	共同推进京津冀协同发展林业生态率先突破框架协议	京津冀三地将加快构建绿屏相连、绿廊相通、绿环相绕的一体化绿色生态安全屏障，为促进京津冀协同发展贡献力量
2016-6	京津冀农业科技创新联盟	围绕京津冀现代农业调结构转方式和三农发展科技需求，开展协同创新与成果转化工作
2016-7	京津冀地理标志保护公共共享信息服务平台	加强京津冀地理标志企业及其产品的信用管理，促进区域特色农业品牌融合发展
2016-7	京津冀野生动物疫源疫病率先实施协同防控合作框架协议	共同在野生动物疫源疫病监测、体系建设、主动预警、信息交流与共享、人员培训、能力提高等方面强化同步建设

第二节　研究目的与意义

一、研究目的

本研究致力于为京津冀三地区域农业协同创新与可持续发展的理论体系和实践探索做出积极的贡献。本研究的目的在于：

1. 摸清京津冀地区现代农业发展现状及其对技术、产业与应用的实际需求

以宏观统筹和微观实践为立足点，结合京津冀一体化协同发展国家战略背景，遵循世界"互联网+"现代农业发展趋势，结合三地涉农主体、政府部门需求调研，系统研究京津冀现代农业发展现状、问题及对协同发展的需求，旨在宏观把握三地现代农业协同创新对"互联网+"的需求。

2. 搭建京津冀现代农业协同度评价体系，测算京津冀地区现代农业协同水平

结合相关文献进展，设计京津冀现代农业协同度评价指标体系，并对2010—2014年度三地现代农业协同水平进行评价，旨在为三地认清其现代农业发展阶段，寻求下一步现代农业协同创新合作重点提供科学支撑。

3. 设计基于"互联网+"的京津冀现代农业协同创新实施路径

基于现状需求调研，结合现代农业协同度评价结果，搭建基于"互联网+"的京津冀现代农业协同创新体系，探讨基于"互联网+"京津冀现代农业协同创新的基本逻辑、总体框架与主要模式。在个案深度访谈基础上，旨在从技术层面寻求建立基于"互联网+"生产、"互联网+"数据、"互联网+"服务、"互联网+"流通的京津冀现代农业协同创新四大路径，并提出未来利用"互联网+"实现京津冀三地现代农业协同发展的合作思路、目标、实施路径和重点工程，旨在为三地安排相关"互联网+"现代农业工程提供思路与借鉴。

二、研究意义

京津冀协同发展已上升为重大国家战略，其发展目标是建立区域创新体系、整合创新资源、形成协同创新共同体。"互联网+"本质是传统产业的

在线化、数据化，对于区域产业协同创新具有跨界融合、协同共享、分工分流等作用。"互联网+"现代农业是充分利用移动互联网、大数据、云计算、物联网等新一代信息技术与农业的跨界融合，创新基于互联网平台的现代农业新产品、新模式与新业态。京津冀同属华北平原暖温带大陆性气候旱作耕作区，相同的农业自然条件是京津冀一体化进程中难以分离的自然基础，开展基于"互联网+"的京津冀现代农业协同创新发展路径理论与实践研究，具有以下重要的理论价值与现实意义：

1. 理论价值

（1）提出基于"互联网+"的现代农业协同创新理论体系。在明晰"互联网+"、协同创新、区域协同、产业协同创新等概念基础上，结合"互联网+"与京津冀协同发展战略提出的背景及特点，提出基于"互联网+"的京津冀现代农业协同创新的内涵、特征、作用原理，丰富了国内关于区域协同创新方面的研究层次与深度。

（2）搭建基于"互联网+"的京津冀现代农业协同创新体系。基于京津冀农业协同发展的现状、问题及需求，从"互联网+生产""互联网+服务""互联网+数据"和"互联网+流通"四方面搭建基于"互联网+"的京津冀现代农业协同创新体系的主要框架及理论逻辑。该体系一方面为其他学者和相关领域的学术研究及其科技项目论证奠定有价值的理论基础，另一方面对构建京津冀协同创新共同体，从技术层面推进京津冀农业协同创新发展具有重要的指导作用。

2. 现实意义

（1）设计了京津冀现代农业协同度综合评价指标体系。运用复合系统与几何平均相结合的方法，搭建了京津冀现代农业发展水平评价指标体系及协同度评价模型，对京津冀现代农业发展水平及其三地的协同度（2010—2014年）做出客观的评价，不仅为编制京津冀农业协同创新监测评价体系提供重要参考，同时为三地认清其发展水平与差距，确定农业协同创新发展工作的重点与方向提供数据支撑及理论依据。

（2）制定了基于"互联网+"的京津冀现代农业协同创新发展实施路径。结合京津冀农业农村信息化发展现状及需求，从农业生产、农村服务、涉农数据和农产品流通4个方面提出了基于"互联网+"的京津冀现代农业协同创新发展的内涵、现状、问题、需求，以及具体的实施路径，不仅为解决京津冀现代农业协同创新中农业生产、经营、管理、服务和流通中存在的关键问题和技术难题提供有效手段，更为京津冀现代农业协同创新提供新的思路与解决方案，对于带动首都经济圈的现代化建设及促进京津冀农业协同创新发展具有重要意义。这些实施路径的提出将为相关科技人员从事基于“互联网+”的现代农业科技研发和技术推广工作提供有力的参考，同时为相关主管部门制定“互联网+”现代农业等科技发展战略和规划提供科学依据。

第三节　研究综述

一、国外研究现状

国外针对本领域的研究热点问题主要集中在区域经济一体化、协同创新、互联网对协同创新的影响等方面。其中，以关税同盟理论为基础的区域经济一体化理论在维纳（J. Viner，1950）“贸易创造”和“贸易转移”区域经济一体化理论基础上，已形成了以米德（Medae，1955）、李普西（R. G. Lipsye，1960）、兰开斯特（K. J. Lnacaster，1957）、丁伯根（J. Tinbergen，1965）、库珀（C. A. Cooper，1965）、马塞尔（B. F. Massell，1965）、瓦尼克（J. Vanek，1965）等人为代表的关税同盟理论。在协同创新方面，1969 年，德国学者 Herman Hawking 正式提出“协同”的概念，该概念是指系统之中的各个子系统之间的相互配合和协调的作用，实现子系统的工作效率之和高于整个系统。在最近的研究中，Barbaroux（2012）认为“协同创新”是指两个以上不同的团体（个人、团队、社团或者组织）通过创造和转换知识，旨在共同发明和商业化新产品、技术或服务的交互过程。在互联网对协同创新的影响方面，Lambiotte R. 和 Panzarasa P.（2009）集中考虑了科学家集聚到一个网络化社区的趋势对于科技创新的影响，讨论了该社区内信息扩散的影响，表明应该在考虑知识异质性的基础上修正传染病模型用以考察该系统在实现不同领域创新思想的重新整合导致的创新过程的能力。

二、国内研究现状

1. 协同创新与区域协同

李金海等（2013）认为协同创新是指多个协同创新主体在外部环境的

影响下，通过复杂的非线性相互作用产生单个主体自身所无法实现创新的协同效应的过程。虽然已经有相关学者从不同的角度定义“协同创新”，但学术界对于“协同创新”仍然没有形成统一的认识。在最近的研究中，陈劲等（2012）认为“协同创新”是以知识增值为核心，以企业、高校和科研院所、政府、教育部门为创新主体的价值创造过程。总体上，目前国内对“协同创新”的研究主要从系统角度、组织角度、知识管理角度及供应链角度展开，覆盖了宏观、中观、微观三个层面，并协同创新的内涵、模式、运行机制、影响因素及绩效等方面得出了一些阶段性的结论。在区域协同创新方面，随着技术创新模式逐渐趋于创新资源集成化和行为主体协同化，协同创新正成为一个热点研究领域，研究成果也比较全面。一些学者从产业角度分析了影响跨区域协同网络构建的区位因素，包括区域要素差异、区域要素禀赋、区际空间距离、交通运输条件、区域产业政策、社会心理因素以及环境承载能力等。解学梅、曾赛星（2009）综述了创新集群跨区域协同创新网络的理论溯源，从协同理论视角梳理和分析了创新集群跨区域协同研究在影响因素、网络机制、网络构建等方面的新进展，并提出今后的研究重点和发展趋势在于运用协同理论对创新集群跨区域层面进行机制、模式和实证研究。

2. 农业协同创新

农业协同创新方面，现有研究的焦点集中在农业科技协同创新、农业产业协同创新等方面。在农业科技协同创新方面，被研究较多的是高校视角的产学研用协同创新。杨封科等（2014）基于甘肃省农业科学院进行产学研协同创新的探索与实践，分析了农业科研单位产学研协同创新存在的问题，提出了创新产学研协同创新运行机制等促进农业科研单位协同创新的对策与措施。宋雯雯、韩天富（2013）对国家大豆产业技术体系的协同创新机制进行深入分析，并总结出十大举措。在农业产业协同创新方面，杜云飞等（2014）构建了战略、组织和资源三重协同的农业产业协同创新模型，并对京津冀开展农业产业协同创新提出建议。此外有部分学者从理论创新角度对农业协同创新进行剖析。欧金荣等（2012）认为农业知识源头协同创新参与主体包括农业院校、企业、政府以及农村基层组织和农民等。各行为主体围绕着知识创造和技术创新开展合作，农业院校和企业最主要的协同是资源的整合、技术创新。张振华、黄俊、张超（2014）以三螺旋理论作为协同创新的理论依据，构建了农业科技创新三螺旋结构模型，并对其运行机理与发展趋势进行了分析和验证。庞洁、韩梦杰、胡宝贵（2015）通过建立

PCA 回归模型，分析农业企业与政府、科研机构、高校、金融机构等创新主体的协同创新，强调了农业企业进行协同创新的必要性。

3. 京津冀农业协同创新研究

随着京津冀一体化的发展，国内关于京津冀农业协同方面的研究不断增多，主要集中区域现代农业发展现状、区域农业协同度评价、区域农业协作模式、区域农业比较优势、区域农业协同创新战略等方面。如胥彦玲等（2015）认为，目前京津冀区域发展战略逐渐对接，京津冀农业合作初显成效，京津冀一体化现代农业综合服务平台的正式开通，京津冀农业合作取得实质性进展，尤其京承合作取得较大进展。孙芳、刘明河、刘立波（2015）认为，在农业产业中，河北省农牧业专业化程度较高。在农产品供给中，河北省粮食、蔬菜、水果的人均占有量远远超过人均消费量，而京津两市的人均生产量不能满足消费自给，河北省的农产品自给所余可以供给京津两大城市居民消费。何玲、贾启建、王军（2010）根据京津冀农业系统的特征，搭建了包含人口压力、资源利用、建设能力在内的农业系统协调度评价理论体系，并认为 2010 年京津冀农业协作发展尚处于初期。母爱英、何恬（2014）基于产业链角度，提出了“飞地”农业基地、工农融合、农业“三位一体”与立体复合型的京津冀循环农业生态产业链路径。王军、李逸波、何玲（2010）基于生态补偿机制探讨了集生态服务、补偿扶贫与农业合作为一体的京津冀农业协同发展路径的可行性。张敏、苗润莲、卢凤君（2015）以京津冀农业产业链升级为目标，基于产业链环节对接与区内外空间联通，提出了产后拉动主导型、产前推动主导型、产中提升主导型等三类京津冀农业区域协同创新模式。杜云飞等（2014）结合京津冀一体化情境及农业发展现状，构建了战略、组织和资源三重协同的农业产业协同创新模型，并对京津冀开展农业产业协同创新提出建议。秦静、周立群、贾凤伶（2015）基于三地农业协同的优势，从搭建协同发展平台、创新合作发展模式、加强流通市场建设、流域生态补偿协作等方面提出京津冀农业协同发展的路径。

4. 互联网对农业协同创新的影响

在互联网促进农业协同创新方面的研究也为本课题开展提供了重要思路。如李敏（2015）认为通过农资电商、农业精准生产、土地流转电商、农业互联网金融平台等“互联网+”现代农业模式重新打造农业互联网生态圈，利用互联网信息技术，突破时空限制实现信息的实时沟通，利用开放和对称的信息流打通农业的各个环节，有利于加快促进农业技术知识、农业资源、农业政策、农业科技、农业生产、农业教育、农产品市场、农业经济、农业人才、农业推广管理等各方面信息的有效传递（官建文、李黎丹，2015）。高伟等（2012）将协同创新过程分为信息获取、学习吸收和应用三个阶段，基于四个假设构建了协同创新模型，从五个步骤解析了联动创新过程。模拟发现，技术的可分解性、联动主体的信息获取能力和接受能力是影响协同创新效应的主要因素，联动主体的信息获取和接受能力与系统的创新效应存在正向关系，且接受能力的创新效应强于信息能力。王海红（2015）认为信息化运作模式是产学研协同创新在内在运作上的技术与管理手段，产学研结合体在技术创新中对信息化模式的运用，必须建立在信息化网络建设、信息化业务体系建设及其信息、知识、智能资源开发利用的基础上。熊晓元（2007）在现阶段农业信息服务网站建设的基础上，提出建立多功能协同农业信息服务网站的系统框架和设计思想，指出农业信息服务网站应建立统一规范的农业基础数据标准和数据资源平台。许强等（2012）通过对四个集群协同案例的研究指出，无论是传统产业集群还是高技术产业集群，要发挥集群的协同创新优势，不仅是在产业价值链上取得协同，更重要的是通过与外部高校、科研院所和社会机构等方面的交流合作取得协同。

三、研究述评

随着京津冀协同创新国家战略的全面铺开，关于京津冀农业协同创新发展的研究不断深入。从国内外学术研究成果来看，已有的研究基本界定了“互联网+”的内涵、特点及本质，描述了“互联网+”对农业发展方式转变及协同创新的重要作用，分析了京津冀农业协同创新发展的相关思路对策，研究方法和研究思路也相对成熟。国内外对互联网促进区域产业协同创新发展的科学内涵不断丰富，两者之间的辩证关系逐步明朗，研究正朝深度与广度延伸，互联网与协同创新发展的基础理论体系基本形成，所有的这些研究成果，为本研究提供了有益的理论支撑。尤其京津冀农业协同发展的现状、问题及对策的研究为本研究开展实践探索提供了重要思路，关于协同度评价的研究进展为本研究开展京津冀现代农业协同度水平评价提供了指标筛选及方法支撑。此外，以物联网、大数据、云计算等为代表的“互联网+”技术正推动跨区域的农业协同创新发展，为“互联网+”促进农业协同创新的课题研究提供了重要的理论与方法借鉴。但总体看，本领域的研究仍存在一些不足和缺陷，研究仍需进一步深化，主要体现在：

一是理论层面。目前关于“互联网+”、协同创新、产业协同创新等相关的研究已形成较为系统的理论，研究方法、手段相对成熟，理论影响较深远，也为本研究开展系统研究提供了重要的理论基础。总体看已有研究多集中在现状描述和理论综述，研究内容不深，对于“互联网+”与区域农业协同创新发展两者之间的辩证关系仍需深入探讨，尤其针对两者之间的影响机理、动力机制的研究仍缺乏深度、全面的理论分析。对基于“互联网+”的需求评价、协同创新框架、协同发展机制的研究都尚未充分展开，许多对策建议也与区域背景脱节，流于泛泛而谈。

二是实证层面。目前大多数关于该论题的实证研究多基于已有的一些文献进行整理，或者是采用二手数据进行简单的描述分析，在实证内容上也多集中在如何利用互联网思维实现三地资源与服务的共享方面，而对于利用互联网手段实现三地基础设施协同、城乡协同、产业协同、生态协同等方面的实证研究较少。同时，关于微观主体的调查研究较少。

三是研究方法层面。已有研究多采用规范分析方法，而计量模型分析、典型案例评价的研究较少。在互联网促进区域农业协同发展方面的研究多侧重一些定性描述与简单归纳，基于系统工程、战略管理与技术前瞻等方法开展研究的相对少见。此外，关于京津冀农业协同度的评价仍缺乏科学而有效的方法。

四是实施路径层面。对于“互联网+”促进京津冀现代农业协同创新发展的实施路径与发展对策缺乏深入的研究，尤其是如何基于农业产业链环节分析京津冀农业协同创新发展对“互联网+”的需求，结合三地协同发展水平及差距，提出发展重点及方向，并设计一些可落地的工程方案，至今还是一个有待于系统探讨的难题。

可见，立足于京津冀协同创新国家战略背景，分析京津冀现代农业发展现状及其对“互联网+”的需求，搭建基于“互联网+”的农业协同创新体系，在京津冀地区已有农业科技基地和平台的基础上，提出京津冀现代农业协同创新的发展路径及实施重点，是一项必要性和前沿性的研究工作。为此，本研究将针对已有研究中存在的不足重点开展基于“互联网+”的京津冀农业协同创新的发展路径研究，在本领域研究上进一步深化，为相关学者提供借鉴。

第四节　主要研究内容与方法

一、主要研究内容

为深入剖析基于"互联网+"的京津冀现代农业协同创新体系，提出利用互联网思维加快京津冀现代农业协同发展的思路与对策，本研究从以下几个方面开展系统论证：

1. 区域协同创新理论机理研究

在分析"互联网+"、协同创新、农业协同创新等相关概念内涵基础上，综合协同学理论、创新学理论、梯度推进理论及资源禀赋理论等基础理论，搭建本研究的理论分析框架，从互联网的技术渗透、资源整合、功能拓展、思维导向等维度揭示"互联网+"与京津冀农业协同创新发展的作用机理。

2. 京津冀现代农业发展现状及需求分析

从农业生产条件、农业农村经济、农业产业等方面深入开展京津冀现代农业发展现状及需求的典型调研、抽样调研、文献调研，采用相对优势指数法测算京津冀三地的产业比较优势指数，找出三地现代农业发展的方向；对京津冀设施农业、农产品加工业、现代种业及休闲农业等四大现代农业产业业态发展现状进行回顾，分析京津冀现代农业协同发展存在的主要问题与需求，为后期建设京津冀现代农业协同创新体系提供思路。

3. 京津冀现代农业创新发展协同水平测算与评价

基于科学性与客观性、系统性与层次性、通用扩展性与简明性、可操作性与可获得性等原则，从城乡协同、产业协同、科技协同、生态协同等四个层面构建京津冀现代农业协同创新水平评价指标体系，运用复合系统有序度与几何平均相结合的方法对2010—2014年京津冀地区现代农业创新发展协同度进行分年份、分区域、分层次的测算与评价，找出了京津冀地区现代农业发展水平的现状、差距，分析三地农业协同发展的迫切需求。

4. 基于"互联网+"的京津冀现代农业协同创新体系构建

结合相关理论及需求调研，提出基于"互联网+"的京津冀现代农业协同创新体系的构建逻辑，基于系统工程角度，从协同目标、协同主体、协同组织、协同领域、路径协同5个基本要素搭建"互联网+"京津冀现代农业协同创新体系总体框架，结合农业产业链与价值链，阐述基于"互联网+"

的京津冀现代农业协同创新的主体与重点领域，提出基于“互联网+”的京津冀现代农业协同创新模式。

5. 基于“互联网+生产”的京津冀现代农业协同创新发展路径

在厘清“互联网+”农业生产的内涵及特点基础上，以农业物联网为切入点，从大田、设施、水产、畜牧、种业五个方面分析农业物联网在京津冀三地现代农业中的应用现状、问题与需求，提出基于“互联网+”生产的京津冀现代农业协同创新发展的思路与目标，规划设计农业物联网示范、智能农机具产学研推一体化、京津冀统一生态安全监管等三大实施路径。

6. 基于“互联网+服务”的京津冀现代农业协同创新发展路径

界定“互联网+”农村服务的内涵与特点，以信息进村入户为切入点，结合京津冀农业农村信息服务实地调研，从农业生产类服务、农村生活类服务两大层面对基于“互联网+”服务的京津冀现代农业协同现状、问题及需求进行分析，结合涉农信息受众需求，提出基于“互联网+”服务的京津冀现代农业协同创新发展的思路与目标，规划设计京津冀区域农村流动人口信息服务中心、京津冀区域农业灾害预测预警平台、农村金融保险平台、京津冀农产品质量追溯监管平台等四大建设路径。

7. 基于“互联网+数据”的京津冀现代农业协同创新发展路径

以农业大数据为切入点，结合京津冀农业农村大数据建设的实地调研，从大数据基础设施建设、农业生产大数据、农业管理大数据、农业服务大数据等四个方面分析了京津冀三地农业农村大数据建设的现状、问题及其对涉农大数据产业与应用的需求，提出基于“互联网+”数据的京津冀现代农业协同创新发展的思路与目标，提出农业大数据技术研发与应用推广中心、农业生产大数据平台、农业大数据存储基地、农产品价格监测预警平台等创新发展路径。

8. 基于“互联网+流通”的京津冀现代农业协同创新发展路径

分析“互联网+流通”的理论内涵，结合京津冀农产品流通信息化的调研，分析了京津冀农产品流通产业及流通信息化的现状、问题及需求，以农产品供应链信息化为切入点，提出基于“互联网+流通”的京津冀现代农业协同创新发展的思路与目标，提出京津冀农产品批发市场基础设施、京津冀农产品电子商务模式创新以及京津冀农产品供应链的透明化、精准化建设等实施路径。

9. 基于“互联网+”的京津冀现代农业协同创新发展的思路与对策

基于以上理论与实证研究，结合京津冀三地的现代农业功能定位，提出基于"互联网+"的京津冀现代农业协同创新的发展思路与重点工程。从利益协调机制、科技创新体系、区域财政合作机制、涉农人才协同机制等方面提出相关对策建议。

二、主要研究方法

1. 文献分析法

采用文献资料搜集整理、调查、分析方法，通过上网下载、查阅图书资料等，对国内外互联网促进区域农业协同发展的相关理论、方法、成果等进行系统梳理，借鉴已有成果，总结本领域研究进展特征并提出当前研究中存在的一些问题及未来研究方向，为本研究提供理论基础和分析方法参考。

2. 调查研究与统计分析方法

采取问卷调查、跟踪调查以及座谈访问等形式相结合，对京津冀不同类型地区、不同农业产业、不同经营主体进行典型调研、抽样调研，广泛调查和分析京津冀地区现代农业发展现状，对不同规模经营主体开展关于"互联网+"技术、产业及应用的需求调研，找出三地农业协同发展对"互联网+"需求的切入点，形成京津冀三地农业发展现状历史轨迹图、需求统计分析报告、以及相关指标统计描述报告等。

3. 典型案例法

基于不同产业类型和不同产业链环节，在京津冀区域选择不同层面的利益相关者进行实地访谈，通过典型案例的"解剖麻雀"，发现案例背后的普遍规律，凝练基于"互联网+"的京津冀农业协同创新发展模式，了解"互联网+"解决京津冀农业协同创新发展的主要成效及问题，总结案例对本研究的启示。

4. 基于复合系统有序度与几何平均相结合的综合评价方法

首先搭建京津冀地区现代农业创新发展协同度评价指标体系，设协同创新系统中的子系统为 S_i，$i \in [1, 2, \cdots, m]$。$S = f(S_1, S_2, \cdots, S_m)$ 则为现代农业协同创新系统。其中每一个子系统可以用一组序参量来描述，设子系统 S_i 在发展过程中的序参量变量为 $e_{ij} = (e_{i1}, e_{i2}, \cdots, e_{ik})$，其中 $j \geq 1$，$\beta_{ik} \leq e_{ik} \leq \alpha_{ik}$，$k \in [1, j]$，是刻画协同创新系统创新机制和运行情况的若干指标。当 e_{i1}，e_{i2}，…，e_{ij} 是正向指标时，其取值越大，则子系统的有序度越高，反之相反；当 e_{i1}，e_{i2}，…，e_{ij} 是负向指标时，其取值越大则子系统的有序度越低，反之则有序度越高，故定义下式为子系统序参量的有序度：

$$\delta(e_{ik})=\begin{cases}\dfrac{e_{ik}-\beta_{ik}}{\alpha_{ik}-\beta_{ik}}, & k\in[1,\ i]\\[2ex]\dfrac{\alpha_{ik}-e_{ik}}{\alpha_{ik}-\beta_{ik}}, & k\in[i+1,\ n]\end{cases}$$

上式中，$\delta_i\ (e_{ik})\ \in\ [0.1]$，$\delta_i\ (e_{ik})$ 越大，则 e_{ik}对子系统有序度的贡献越大。采用几何平均法计算各子系统的有序度 δ_i。即：

$$\delta_i(e_i)=\sqrt[n]{\prod_{k=1}^{n}\delta_i(e_{ik})}$$

将北京市、天津市、河北省三地 t 时期的 i 系统的有序度标识为 δ_{1i}^t、δ_{2i}^t、δ_{3i}^t，计算两两之间的协同差距，其中 D_{12i}、D_{13i}、D_{23i} 分别表示北京与天津 i 系统非协同发展系数、北京与河北 i 系统非协同发展系数、天津与河北 i 系统非协同发展系数其中 $D12=|\delta_{1i}-\delta_{2i}|$、$D13=|\delta_{1i}-\delta_{3i}|$、$D23=|\delta_{3i}-\delta_{2i}|$，其次根据两两非协同发展差距系数，计算三者各子系统非协同发展的合力，数学函数表示为：$\sqrt{(D_{12})^2+(D_{13})^2+(D_{23})^2}$，最后通过单位值与京津冀非协同发展差距系数的差来表示京津冀农业协同发展水平。具体三地 t 时期现代农业协同度为可以表示成：

$$SD_{it}=1-\sqrt{(\delta_{1i}^t-\delta_{2i}^t)^2+(\delta_{2i}^t-\delta_{3i}^t)^2+(\delta_{1i}^t-\delta_{3i}^t)^2}$$

据此，可测算出 2010—2014 年京津冀三地各创新子系统的协同度。最后采用几何平均数的方法计算京津冀现代农业创新协同度。

三、技术路线

本研究采取“背景分析—需求调研—定量佐证—体系搭建—路径设计—对策建议”的技术路线，首先将已有的互联网促进区域农业协同发展的相关理论、学术观点、成果等集成，提出基于“互联网+”促进农业协同创新发展的内涵、特征及作用机理。其次，基于文献调研与实地调研，分析京津冀现代农业发展现状、找出农业协同发展的制约因素，提出京津冀农业协同创新对“互联网+”的战略需求。第三，搭建协同度评价模型，以京津冀现代农业协同发展水平作为研究对象，并开展综合水平评价，找出三地农业协同发展中存在的主要问题。第四，搭建基于“互联网+”的京津冀现代农业协同创新体系框架，提出“互联网+生产”“互联网+流通”“互联网+

数据”“互联网+服务”的京津冀现代农业协同创新发展路径，并明确今后三地科技创新、产业发展等方面的合作重点及领域。最后，根据项目研究结论，提出相应的对策措施。相关技术路线见图 1-1。

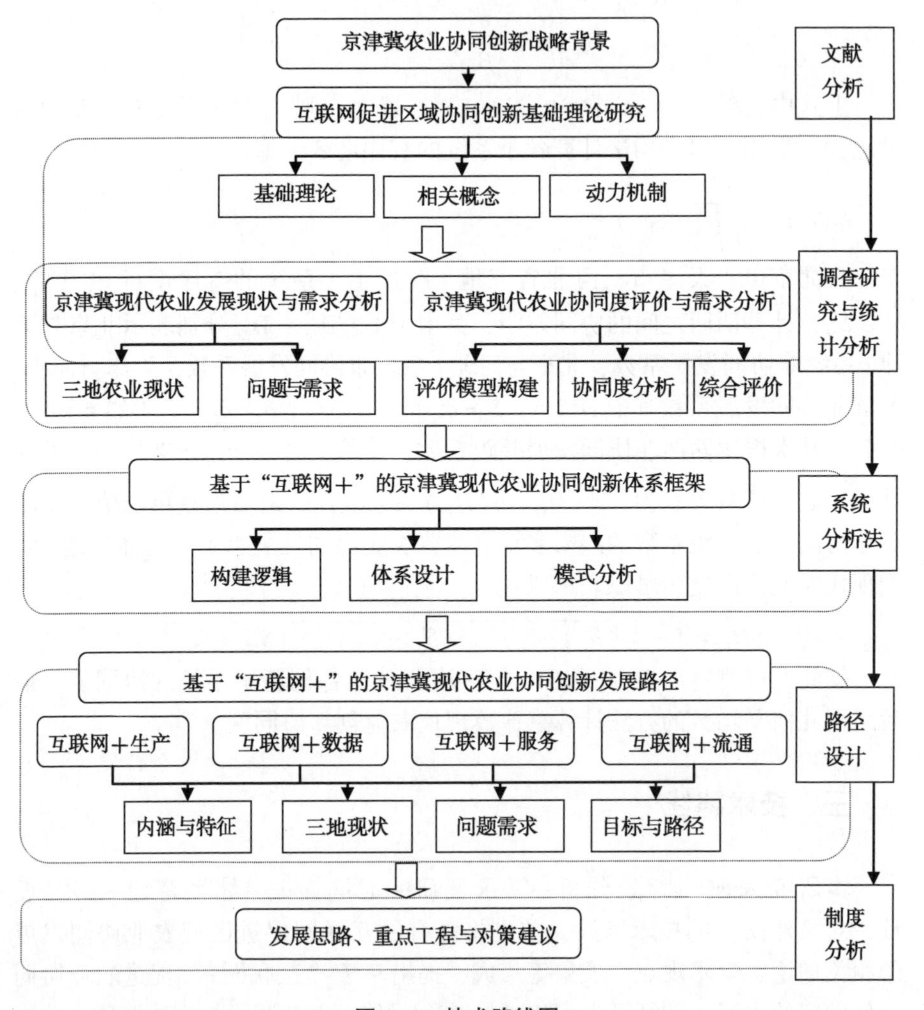

图 1-1　技术路线图

第五节 创新点

一、理论创新

以“互联网+”区域农业协同创新为主题，立足京津冀协同创新战略背景，从“互联网+”在京津冀现代农业协同创新的内涵、需求、机理机制、路径及对策等方面深化区域农业协同创新领域研究，所形成的系列理论研究成果，将丰富“互联网+”理论体系与区域农业协同创新理论体系。

二、应用创新

基于京津冀区域现代农业发展实践，搭建基于“互联网+”的京津冀现代农业协同创新体系框架，分别从“互联网+生产”“互联网+数据”“互联网+服务”“互联网+流通”四方面提出京津冀现代农业协同发展的目标与路径，提出的工程方案具体翔实、可操作性强，为对接落地提供了科学依据与规划支撑，在实际应用中具有较大创新。

第六节 本章小结

作为本书的开篇，本章高度概括了本研究的背景、目的、意义、内容、方法，旨在厘清整个研究报告的思路与脉络。本章首先从京津冀农业协同发展战略、京津冀现代农业合作纪实、京津冀农业协同发展对“互联网+”的需求等方面阐述了本研究的政策背景、现实背景及必要性，提出了本研究的开展对于丰富协同创新理论、考量京津冀农业协同发展水平、确定农业协同创新发展工作重点具有重要意义的相关论点。最后综合本领域的研究进展，提出了本书的研究内容及采用的主要方法，提出了本书区别于以往研究的主要创新之处。

第二章 区域协同创新理论机理研究

第一节 概念及内涵

一、"互联网+"

"互联网+"是一个中国化的概念，它的提出源自腾讯公司 CEO 马化腾在 2015 年两会上的提案《关于以"互联网+"为驱动，推进我国经济社会创新发展的建议》，随后，李克强总理在《政府工作报告》中正式提出制定"互联网+"行动计划的工作部署，宣布了"互联网+"时代的到来。当前，学术上尚未有学者对"互联网+"的概念作出明确的界定和解释，对"互联网+"定义的描述主要分两个方面，一方面，在《2015〈政府工作报告〉缩略词注释》中，政府从宏观的角度将其描述为"'互联网+'代表一种新的经济形态，即充分发挥互联网在生产要素配置中的优化和集成作用，将互联网的创新成果深度融合于经济社会各领域之中，提升实体经济的创新力和生产力，形成更广泛的以互联网为基础设施和实现工具的经济发展新形态"；另一方面，以 BAT（Baidu 公司、Alibaba 集团、Tencent 公司）为首的互联网公司巨头对其作出的描述（如表 2-1 所示），以信息技术和网络技术为出发点，将"互联网+"理解为信息通信技术在其他产业的扩散。政府和互联网公司分别从宏观经济和科技技术角度出发定义互联网，其本质都是创新与融合。我国主要互联网巨头对"互联网+"的描述如表 2-1 所示。总而言之，"互联网+"不同于传统的信息化，它有效地克服了传统信息化条件下的"数字鸿沟"问题，让全体公民都可以低门槛地参与其中，是基于物联网、云计算、大数据、移动互联网条件下的新一轮信息化。

表 2-1　互联网巨头公司对“互联网+”概念的描述

来源	主要描述
马化腾	“互联网+”是以互联网平台为基础，利用信息通信技术与各行各业的跨界融合，推动产业转型升级，并不断创造出新产品、新业务与新模式，构建连接一切的新生态
阿里研究院	以互联网为主的一整套信息技术（包括移动互联网、云计算、大数据技术等）在经济、社会生活各部门的扩散应用过程
李彦宏	“互联网+”计划，我的理解是互联网和其他传统产业的一种结合的模式。这几年随着中国互联网网民人数的增加，现在渗透率已经接近 50%。尤其是移动互联网的兴起，使得互联网在其他的产业当中能够产生越来越大的影响力。很高兴地看到，过去一两年互联网和很多产业一旦结合的话，就变成了一个化腐朽为神奇的东西。尤其是 O2O 领域，比如线上和线下结合
雷军	李克强总理报告中提“互联网+”，意思就是怎么用互联网的技术手段和互联网的思维与实体经济相结合，促进实体经济转型、增值、提效

二、协同创新

在 20 世纪 60、70 年代，关于协同的学术研究一度比较热，Ansoff（1965）在研究企业的多元化问题时最早提出了协同的概念，他认为协同的概念主要是指组织各事业部间的协同，多元化战略的协同效主要表现为通过人力、设备、资金、知识、技能、关系、品牌等资源的共享来降低成本、分散市场风险以及实现规模效益。1969 年，德国学者 Herman Hawking 认为“协同”是指系统之中的各个子系统之间的相互配合和协调的作用，实现子系统的工作效率之和高于整个系统。近年来，理论界对“协同”的再度重视，把协同思想引入创新过程成为一种趋势。Fusfeld（1985）、Haklisch[7]（1985）和 Miotto（2003）等人认为，协同创新是两个以上的企业分别投入创新资源而形成的“合作契约安排”，目的是实现共同的研发目标，是创新活动的一种组织形式，一般以 R&D 为主要形式。Lambiotte R. 和 Panzarasa P.（2009）集中考虑了科学家集聚到一个网络化社区的趋势对于科技创新的影响，讨论了该社区内信息扩散的影响，表明应该在考虑知识异质性的基础上修正传染病模型用以考察该系统在实现不同领域创新思想的重新整合导致的创新过程的能力。Barbaroux（2012）将协同创新定义为两个以上不同的团体（个人、团队、社团或者组织）通过创造和转换知识，旨在共同发明和商业化新产品、技术或服务的交互过程。

国内把协同思想引入创新领域的研究较多，但是国内学者多是以技术创新为主来进行研究的，对协同创新概念尚未有统一界定。彭纪生（2000）从宏观与微观层面探讨了技术协同创新的概念，陈劲、阳银娟将协同定义为以知识增值为核心，企业、政府、知识生产机构（大学、研究机构）、中介机构和用户等为了实现重大科技创新而开展的大跨度整合的创新组织模式。

本研究将协同创新界定为以“互联网+”战略思想为引领，以科技发展为支撑，以产业间融合发展为切入点，各产业间通过技术渗透、资源整合、功能拓展的方式动态发展，逐步形成新产业的过程。

三、农业协同创新

农业协同创新是指现代农业在发展过程中以一些新思想（含新技术、新工艺、新市场等）的应用为手段，以合作各伙伴获取各自的效益为前提条件，以农民获得最佳效益为最终目标的协同创新。国外关于农业协同创新的研究始于1964年，美国经济学家Theodore W. Schultz在《改造传统农业》一书中指出在传统农业中引入科技创新成果实现科技创新是一种社会组织过程中的构建。我国的农业协同创新研究始于20世纪末，1999年国内学者解宗方提出农业技术创新是典型的公共产品，并将农业科技创新解释为遵循社会发展规律和农业发展规律，建立公共技术创新制度为基础、政府为主导、市场需求为导向、农业科技机构为主体、市场机制和非市场机制共同引导的农业创新。目前国内关于农业协同创新方面的研究大多集中在资源、区位优势的跨区域农业协作，或者从特定区域出发，研究其在一体化环境中的发展问题等方面。

本研究界定的农业协同创新主要是研究不同主体及相关组织的协同支持下，基于合作开展的农业生产、农业服务、农业大数据、农产品流通等现代农业协同创新活动和行为。

四、区域协同创新

区域协同创新是指不同区域投入各自的优势资源和能力，在企业、大学、科研院所、政府、科技服务中介机构、金融机构等科技创新相关组织的协同支持下，共同进行技术开发和科技创新的活动和行为。区域协同创新是区域之间科技合作的最高级形态，不同区域通过创新的协同与互动，最终就能够形成所谓的“协同创新区域”。

国内关于区域协同创新的研究主要集中于区域农业协同度评价、区域农业协作模式、区域农业比较优势、区域农业协同创新战略等方面。熊晓元（2007）提出建立多功能协同农业信息服务网站的系统框架和设计思想，指出农业信息服务网站应建立统一规范的农业基础数据标准和数据资源平台。许强，应翔君（2012）等通过对四个集群协同案例的研究指出，无论是传统产业集群还是高技术产业集群，要发挥集群的协同创新优势，不仅是在产业价值链上取得协同，更重要的是通过与外部高校、科研院所和社会机构等方面的交流合作取得协同。王海红（2015）认为信息化运作模式是产学研协同创新在内在运作上的技术与管理手段，产学研结合体在技术创新中对信息化模式的运用，必须建立在信息化网络建设、信息化业务体系建设及其信息、知识、资源开发利用的基础上。

京津冀协同发展已上升为重大国家战略，农业作为三地协同的共同依托，是经济一体化进程中的重要领域。因此，本研究将区域协同创新的研究范围聚焦于京津冀三地，以疏解非首都核心功能、解决北京“大城市病”为基本出发点，以“互联网+”为主要驱动力，以搭建基于“互联网+”的京津冀现代农业协同创新路径为着力点，整体推进京津冀三地农业产业结构升级，加快协同创新区域一体化进程，努力形成京津冀目标同向、措施一体、优势互补、互利共赢的现代农业协同发展新格局。

第二节　相关理论基础

一、协同学理论

协同学，又称协合学，是描述不同系统内部各子系统之间通过非线性的相互作用，从混沌状态向有序过渡，以及从有序复归为混沌的辩证转化机理和共同规律的一门综合性的横断学科。协同学与耗散结构理论和突变理论一起，被称为现代科学方法的新三论。协同学包括协同效用原理、支配原理和自组织原理三大基本原理。

“协同”是 20 世纪 70 年代初联邦德国理论物理学家 Hermann · Haken（1970）首次提出的，在深入研究激光理论的过程中，哈肯发现在合作现象的背后隐藏着某种更为深刻的普遍规律，Hermann · Haken 的发现为日后协同学理论的研究准备了条件。Igor · Ansoff（1979）在其著作中首次运用协同论解释整体与各个相关部分的互动关系，强调在系统中各个关联的因素互动会增加整体效益，即“1+1>2”。并且 Igor · Ansoff 确立了协同的经济学含义，即“企业整体价值有可能大于各部分价值的总和，阐述了企业取得有形和无形收益的潜在机会以及这种潜在机会与公司能力之间的紧密关系”。日本战略家伊丹广之（1987）认为“协同战略就是企业通过对隐性资源的使用获得协同效果的一种企业战略”。国内学者对协同学的研究多结合技术创新来研究，郭斌，许庆瑞等（1997）从系统、组合的角度出发，对企业组合创新及其效益进行了探讨，指出组合创新实质上可认为是在企业发展战略引导下，受组织因素和技术因素制约的系统性协同创新行为。张钢，陈劲（1997）等研究了技术、组织与文化的协同创新模式。他们认为，技术创新是企业持续竞争力的源泉，而当今企业技术创新又要求企业组织与文化的相应变革。因而，技术、组织与文化的协同创新就成为企业走依靠技术创新发展道路所要解决的关键问题。朱祖平（1998）从创新对象（产品创新、工艺创新、组织创新、文化创新）和创新重要性（根本性创新、渐进性创新）角度对企业协同创新运行机制、企业协同创新的管理进行了理论分析。他强调，要把握创新的内部机制和规律，必须从协调的角度建立创新协同机制，也就是要在企业创新过程中形成协同的机制和管理模式。彭纪生，吴林海（2000）在《论技术协同创新模式及建构》一文中提出，根据市场竞争结构的变动，企业技术创新模式也随之变动，并提出技术创新过程模式的变动趋势是走向技术协同创新模式。

二、创新学理论

创新是指以现有的思维模式提出有别于常规或常人思路的见解为导向，利用现有的知识和物质，在特定的环境中，本着理想化需要或为满足社会需求，而改进或创造新的事物、方法、元素、路径、环境，并能获得一定有益效果的行为。创新是人类特有的认识能力和实践能力，是人类主观能动性的高级表现，是推动民族进步和社会发展的不竭动力。创新学是关于创新的本质和规律的科学，是关于创新的理论化、系统化的世界观和方法论。

创新学的产生源于熊彼特的经典著作《经济发展理论》《商业周期》和《资本主义、社会主义与民主》，并在此后经历了萌芽期、成长期和繁荣期阶段。其中，20 世纪 20—50 年代为创新学理论研究的萌芽期，在这一阶段，熊彼特首次提出了创新理论。熊彼特（1911，1939，1943）认为，所谓创新就是要“建立一种新的生产函数”，即“生产要素的重新组合”，就是要把一种从来没有的关于生产要素和生产条件的“新组合”引进生产体系中去，以实现对生产要素或生产条件的“新组合”。创新理论的最大特色，就是强调生产技术的革新和生产方法的变革在经济发展过程中的至高无上的作用。60—90年代为创新学理论研究的成长期，在这一阶段，创新学理论研究在各个领域表现出百花齐放、百家争鸣的特征。在哲学理论研究方面，Corbett（1959）系统地论述了哲学理论与创新学理论的辩证关系，陈昌曙（2001）认为，技术哲学的研究在理论上和实践上需要与创新学相结合，需要从技术哲学的视角探讨创新与创造的关系、创新的知识技术结构，并将理论研究与我国的实践相结合。在经济学研究方面，英国经济学家Chrisc·Freeman（1974）在其创新经济研究领域巨著《工业创新经济学》中全面、系统和历史地分析了创新经济学中主要的现象和规律，开创新性地建立了创新经济学理论体系；Rosenberg（1976）从工业化社会的视角研究了创新与技术、制度、社会变迁的关系。在管理学研究方面，Burns和Stalker（1961）在其著作《The Management of Innovation》中开创性地将创新理论用于管理学理论研究。我国学者许庆瑞、吴晓波（1991）以分析技术进步对产业结构变化所发生的作用为着手点，深层次的分析了技术创新对产业结构的作用机制，并提出“二次创新”，深化了创新理论的内涵。21世纪初至今为创新学理论研究的繁荣期，在这一阶段主要表现为创新管理学的不断发展。在国外，逐步形成了包括创新型企业、创新型系统、创新型就业等一系列创新学理论分支。在我国也涌现出一大批创新学的相关研究成果，并衍生出区域创新系统、产业创新系统、企业创新网络等相关研究分支。

三、梯度推移理论

梯度推移理论是指区域经济的发展取决于其产业结构的状况，而产业结构的状况又取决于地区经济部门，特别是其主导产业在工业生命周期中所处的阶段。如果其主导产业部门由处于创新阶段的专业部门所构成，则说明该区域具有发展潜力，因此将该区域列入高梯度区域。创新活动是决定区域发展梯度层次的决定性因素，而创新活动大都发生在高梯度地区。随着时间的推移及生命周期阶段的变化，生产活动逐渐从高梯度地区向低梯度地区转移，而这种梯度转移过程主要是通过多层次的城市系统扩展开来的。梯度推移理论又可以分为广义梯度推移理论和狭义梯度推移理论。广义梯度推移理论强调区域间梯度分布的多样性，认为梯度分布包含三方面的内容：一是自然界中的物质能量等客观事物的梯度分布，二是经济、文化、社会发展水平的梯度分布，三是生态环境优劣程度的梯度分布。三种梯度分布互相区别，又互相联系。狭义梯度推移理论力图把各个区域固定在特殊的阶段上，认为梯度是一成不变的，并认为梯度推移主要是依托多层次城镇系统展开。经济要素由中心城市向中小城镇、进一步向农村推移，由发达区域向次发达区域推移，是区域经济梯度推移的一般形式。梯度推移往往是按"梯度最小律"推移。一般而言，只有处于第二梯度上的城市，才具备较强的能力接受并消化第一梯度的先进产业，随着产业的成熟与老化，逐渐向处于第三梯度、第四梯度的城镇推移，直至乡镇、农村。

梯度推移理论源自美国哈佛大学教授 Raymond Vernon（1966）提出的产品生命周期理论，他认为一种产品进入市场后，它的销售量和利润都会随时间推移而改变，呈现一个由少到多由多到少的过程，就如同人的生命一样，由诞生、成长到成熟，最终走向衰亡。随后，区域经济学家将这一理论引入到区域经济学中，便产生了区域经济发展梯度转移理论。在亚洲，日本经济学家 Kaname Akamatsu（1935）在考察日本出口产品发展的生命周期时根据日本棉纺工业的发展史实提出了"雁型模式"。雁型模式是梯度推移理论在亚洲地区的具体化，Kaname Akamatsu 认为，后进国家可以通过进口利用和消化先进国的资本和技术、同时利用低工资优势打回先行国市场。我国学者多将梯度转移理论视为非均衡发展理论，魏敏等（2004）从资源、经济、社会、文化和生态环境五大方面设计了一套描述区域梯度分布状况的评价指标体系，并发现我国东、西部地区在梯度推移过程中存在着诸多黏性因素。李鹤虎、段万春（2010）在梯度推移理论研究的基础上，采用实证的方法，建立了全国各地的梯度体系，应用虹吸理论创新性地诠释了梯度推移理论。

四、资源禀赋理论

资源禀赋又称为要素禀赋，指一国拥有各种生产要素，包括劳动力、资本、土地、技术、管理等的丰歉。一国要素禀赋中某种要素供给所占比例大于别国同种要素的供给比例而价格相对低于别国同种要素的价格，则该国的这种要素相对丰裕；反之，如果在一国的生产要素禀赋中某种要素供给所占比例小于别国同种要素的供给比例而价格相对高于别国同种要素的价格，则该国的这种要素相对稀缺。

瑞典经济学家 Eli F Heckscher 和 Bertil Ohlin 为了解释李嘉图比较优势理论，在 20 世纪早期，提出了资源禀赋学说，用来说明各国生产参与国际贸易交换的商品具有比较成本优势原因。Eli F Heckscher（1919）在他的论文《国际贸易对收入分配的影响》中探讨了各国资源要素禀赋与贸易发展模式之间的关系，随后 Bertil Ohlin（1933）在《区域贸易和国际贸易》一书中系统地解释了资源禀赋理论，由此，形成要素禀赋理论。国内学者在资源禀赋理论的基础上，结合中国国情，开展了相关研究，经济学家林毅夫（2001）用要素禀赋的思想分析了我国劳动力相对丰富、资本相对稀缺的特色，并得出劳动密集型中小企业在很长一段时间里会是我国企业组织中最有活力的构成部分的观点。鞠建东，林毅夫（2004）在对贸易理论综述的基础上，深入分析了在非专业条件下的要素禀赋与贸易结构以及专业分工条件下的要素禀赋与贸易结构，并用模型推导了要论禀赋与生产技术选择，提出要素禀赋、专业化分工与贸易结构不是简单地比较静态问题，而是与经济增长、发展战略等经济问题密切相关。

第三节 “互联网+”与京津冀农业协同创新发展间的作用机理

一、科技多元化发展与市场机制运作是推动京津冀协同创新的主要驱动力

协同创新的本质就在于通过构建各种技术创新平台，打破传统行业阻隔、体系壁垒，促进信息、技术、人才、资本等要素有效配置、充分共享，并通过加强各个主体之间的多元协同，最大限度地实现全面创新。京津冀地区农业协同创新主体之间呈现差异化共生。京津冀农业协同创新主体主要有四大类，即三地的政府、农业企业、农业合作社和相关科研机构等，这四类主体具有共生性。政府、农业企业、农业合作社和科研机构等通过合作与竞争的方式以及物质、能量、信息的交互关系相互结合，政府部门以宏观调控为主，出台全局性的《京津冀协同发展规划纲要》，并制定包括《京津冀区域通关改革一体化方案》等在内的一系列具体的政策、税收、法律措施来

鼓励和规范农业协同创新发展；农业企业和农业合作社是京津冀规模农业发展的主体，在协同创新过程中，他们通过各自的创新能力、科技能力、经营能力和财务能力推动着现代农业协同创新；科研机构为政府部门提供战略决策支持，并为农业企业和农业合作社提供智力支持。科技多元化发展与市场机制运作是推动京津冀协同创新的主要驱动力，对于农业企业而言，获取更高的投资报酬是其发展目标，京津冀三地的农业企业间所拥有和需要的资本、市场、人才、信息、能力以及知识具有差异性，因此，资源相对稀缺是困扰三地农业企业发展的一大障碍。科技多元化发展有利于协同创新主体打破传统模式、从外部获得资源、构建创新系统；市场机制运作有助于协同创新主体放开边界、积极与外部创新资源构建联系，提高创新的速度与绩效。立足京津冀资源禀赋、产业特色、环境关联、经济差异的现实，将科技多元化发展与市场机制运作进行有机结合，有助于京津冀三地的政府、农业企业、农业合作社和相关科研机构通过构建各种技术创新平台，打破传统的耕作方式，加强与其他主体的优势互补，创造更多的合作机遇，降低交易费用，减少重复投资，形成较为完善的创新产业链，促进信息、技术、人才、资本等要素有效配置，最大限度地实现全面创新。

二、“互联网+”通过技术渗透、资源整合、功能拓展、思维导向推进京津冀农业协同创新

2016年4月农业部、发改委、工信部、财政部等8部委联合印发了《京津冀现代农业协同发展规划（2016—2020年）》，规划中提出要“立足京津冀资源禀赋、产业特色、环境关联、经济差异的现实，以促进京津冀传统农业向现代农业转型升级为目标，以推进产业、市场、科技、生态、体制机制、城乡协同发展为重点，提升京津冀现代农业发展的总体水平，努力形成目标同向、措施一体、优势互补、利益相连的现代农业协同发展新格局”。“互联网+”是科学技术发展的新业态，是知识社会创新推动下的互联网形态演进及其催生的经济社会发展新形态，是互联网思维与传统行业融合的实践成果。在京津冀农业协同创新发展过程中，互联网能够通过技术渗透加速农业这一传统产业在三个地区间的资源整合，促进创新载体在不同区域间的转变，不断深化互联网技术与传统农业的融合，与现有的农业市场、农业经济进行进一步的功能拓展，有助于打破原有的社会结构、功能结构，帮助农户、农村合作社、农业企业加快“互联网思维”导向，提高其对于农

业信息化、农业现代化、智慧农业的参与度，最终实现“互联网+”现代农业 1+1>2 的协同创新绩效。

1. “互联网+”加速现代农业技术渗透，促进科技协同

技术创新是推动产业协同创新发展的根本原因。随着农业信息技术、农业生物技术、农业航空技术等高新技术的快速发展，高新技术将逐步渗透、扩散到农业的产前、产中、产后全产业链阶段，并逐渐打破传统农业与高新技术产业的界限，形成现代农业产业链系统。“互联网+”战略的提出正是为信息技术向传统农业的各个领域渗透提供了载体，“互联网+农业生产”有助于形成人与物、物与物相连，实现智能化、信息化、远程管理控制，从而提升生产效率、产品质量、种植效益、管理效能，实现真正意义上的“智慧农业”；“互联网+农业服务”有助于拓宽服务渠道，丰富服务内容，创新服务模式；“互联网+大数据”有助于明确农业产业发展定位、优化农业产业布局，通过农业大数据平台，汇集农田、气象、农产品价格等多种信息，通过数据挖掘、人工智能等技术进行深度分析、应用，实现农业大数据的高效应用；“互联网+流通”有助于推进农产品流通的创新发展方式，推动实体商业向电子商务转型升级，拓展 O2O 消费新领域，促进创业就业，增强经济发展新动能（图 2-1）。

科技协同创新是以实现区域科技协同发展为目标，突破科技创新主体间的壁垒，打破科技体制机制障碍，推动创新主体宽领域、多层次的深度合作和相互支持，充分释放创新要素活力，推动区域科技向更高层次的发展。“互联网+”与现代农业生产技术相结合能够实现更完备的信息化基础支撑、更透彻的农业信息感知、更集中的数据资源、更广泛的互联互通、更深入的智能控制、更贴心的公众服务。大田生产管理系统、设施温室物联网管理系统、畜禽养殖物联网管控系统、果树种植物联网管理系统、水产养殖物联网管理系统、农产品质量追溯系统、农资监管系统等农业生产、监管软件系统是通过计算机、互联网等技术服务于农业生产。在“互联网+”战略的推进下，农业信息化在广大农村地区的应用，能够弥合区域间的区位差异，通过技术渗透逐步平衡区域间的发展差距，提高农业生产的技术和装备水平，从而推动农业的科学化、标准化、定量化和高效化发展，促进科技协同。

2. “互联网+”加速资源整合，促进京津冀三地之间、城乡之间区域协同

资源整合就是把现有的农业生产资源、信息资源、科技资源、人力资

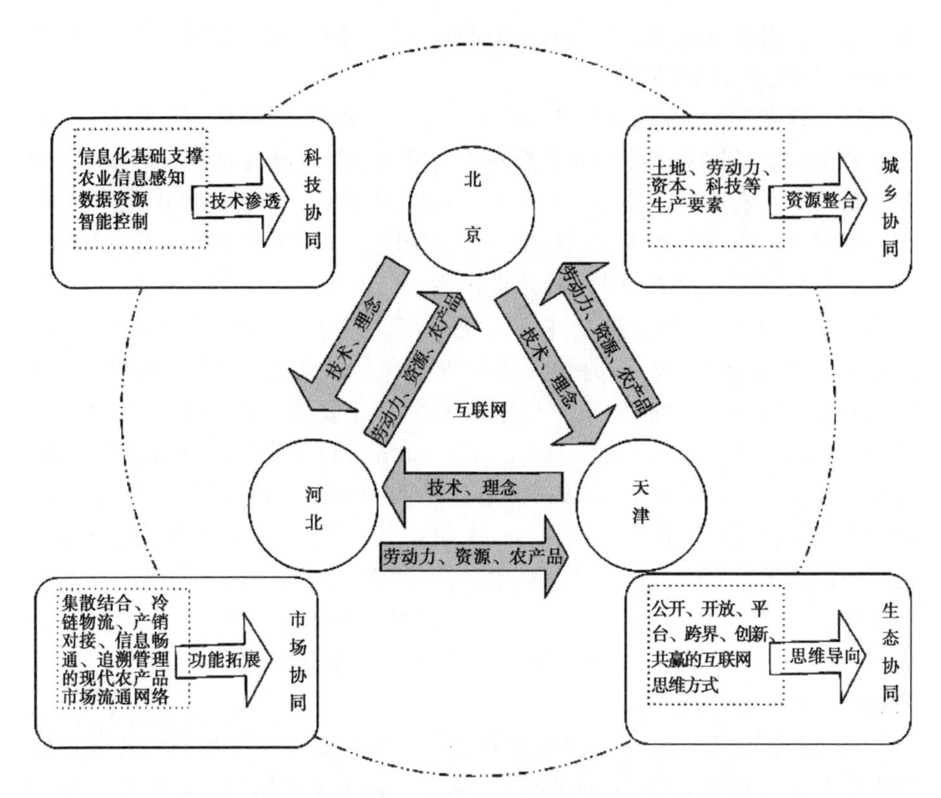

图 2-1　“互联网+”推进京津冀农业协同创新生态圈

源、服务资源等进行合理的调整、有机的组合，使现有的农业资源能够达到最大限度的利用和发挥，实现资源结构优化和经济效益最大化。“互联网+”、大数据、云计算等高新农业信息技术能够利用现代农业信息网络，将信息技术与传统农业生产的各个技术环节相结合，冲破地域的局限性，以多样化的形式为农业产业发展服务。与天津市和河北省相比，北京市的地理区位优势明显，作为首都和国际化大都市，北京交通发达，对外开放程度较高，在外资的引进和利用、科技合作与交流中，具有其他两个地区不可比拟的信息资源、科技资源、人力资源优势。而河北省向北环抱北京，向东与天津市毗连，并紧傍渤海，农业生产资源、服务资源丰富。互联网等先进的信息技术可以将农业生产数据库、农业气象数据库、农业水文数据库、农业专家数据库、农产品市场信息数据库、农产品质量安全数据库、农业科技服务数据库等数据资源、信息资源、科技资源、人力资源在京、津、冀三地进行资源配置和资源整合，从技术上统一农业信息资源建设规范，从规模上提高农业信息资源的容量和质量，从管理上统一协调、管理三地现有数据库资源，有助于将北京市的农业科技资源与津冀两地共享，弥合京津冀地区间的数字鸿沟，为京津冀地区现代农业协同发展提供重要支撑。

城乡协同是以城乡之间的要素交换、合理流动和优化配置为前提条件的，实现城乡协调发展需要实现城乡之间生产要素的合理流动、资源的优化配置以及由此而产生经济效益的合理分配。“互联网+”为社会经济要素在空间上流动提供技术支持和交流平台，积极推动社会经济要素资源和公共信息要素资源均衡优化配置，形成以城带乡的有效机制，促进要素资源在城乡间自由流动，使京津冀城乡土地、劳动力、资本、科技等生产要素在城乡地域范围内实现最佳配置，最终促进京津冀城乡之间社会经济的协调发展。

3. “互联网+”加速都市型现代农业功能拓展，促进生产、生活、生态协同

2007年“中央一号文件”《关于积极发展现代农业扎实推进社会主义新农村建设的若干意见》中正式提出开发农业的多种功能，明确界定了农业的六大功能，即食品保障、原料供给、就业增收、生态保护、观光休闲、文化传承。在“互联网+”战略下，一方面，政策、法规、技术、质量安全、市场等方面的信息通过互联网、农业综合信息服务平台、微信公众号、微博、涉农APP、党员远程教育、村级服务站等渠道传播到了涉农生产者、涉农企业等主体手中，为涉农主体提供了农资供给、就业增收、观光休闲等需求信息；另一方面，通过电子商务、全程可监控冷链配送等手段，加速了农产品向城市的流通，催生了农业电子商务等新兴业态，加速了都市型现代农业功能的拓展。

“互联网+”推动农业生产管理系统、农产品市场数据分析系统、农产品质量追溯系统等服务平台在京津冀地区的广泛应用，提高农业生产率，降低生产成本，不断减少农业产业化对劳动力的依赖，促进京津冀农业生产协同；利用互联网等信息技术的广泛传播特性，构建集散结合、冷链物流、产销对接、信息畅通、追溯管理的现代农产品市场流通服务网络，搭建京津冀农村流动人口信息服务平台、农业灾害预警平台、农村金融保险平台等，丰富传统的农业服务发展方式，拓宽农务服务渠道，实现农业农村生活服务的定制，促进京津冀生活协同；大力发展生态循环农业，将现代农业逐步向侧重技术密集型和知识密集型的农业产业推进，进而推动农业产业结构从传统的高耗、低效型向低耗、高效型转变，促进京津冀生态协同。

4.“互联网+”通过优化涉农主体思维导向，促进京津冀人文素质的协同

随着京津冀三地社会、经济的不断发展，三地文化发展也不断繁荣，但又各具特色。互联网思维的形成，有助于冲破京津冀区域内农业小规模生产与都市大规模市场间的壁垒，打破传统的二元结构的限制，建立京津冀三地一体化的农业从业人员培训平台，培育一批“觉悟高、懂经济、善经营”的新型农民。

农产品的特殊属性决定了农产品市场较低的进入壁垒，伴随着规模化生产，农产品短时间大面积集中上市的特征日益明显，这要求生产者既要能够遵循资源管理红线要求，按照标准化的要求生产出绿色无公害的农产品，又要及时了解市场需求信息，及时地将生产出来的产品迅速地销售出去，这对传统的农业生产者、农业合作社、农业企业提出了更高的要求。在“互联网+”战略的引导下，通过开放、平台、跨界、创新、共赢的互联网思维方式，加速了对农业生产者、农业合作社、农业企业等涉农主体的“互联网+”思维导向，培养了其对于先进的农产品物流信息化系统的接受程度，认识了“互联网+”时代下农产品物流的新机遇，增加了其对于农业信息化的参与程度。涉农主体对农业、经济、文化素质方面认识的提高，将加快带动当地农业农村经济发展，实现京津冀农村人文素质的协同。

第四节　本章小结

“互联网+”是一个中国化的概念，李克强总理在《政府工作报告》中正式提出制定“互联网+”行动计划的工作部署，宣布了“互联网+”时代的到来。本章分别从“互联网+”“协同创新”“农业协同创新”和“区域协同创新”四个概念着手，综述了其内涵与研究现状，并且分别对协同学理论、创新学理论、梯度推移理论和资源禀赋理论的国内外基础理论进行了梳理，在此基础上深入分析了“互联网+”与京津冀农业协同创新发展间的作用机理。本章的观点如下：

(1) 科技多元化发展与市场机制运作是推动京津冀协同创新的主要驱动力。立足京津冀资源禀赋、产业特色、环境关联、经济差异的现实，将科技多元化发展与市场机制运作进行有机结合，有助于京津冀三地的政府、农业企业、农业合作社和相关科研机构通过构建技术创新平台，打破传统的耕作方式，加强与其他主体的优势互补，形成较为完善的创新产业链，促进信

息、技术、人才、资本等要素有效配置，最大限度地实现全面创新。

（2）“互联网+”通过技术渗透、资源整合、功能拓展、思维导向推进京津冀农业协同创新。在京津冀农业发展协同创新的过程中，互联网能够通过技术渗透加速农业这一传统产业在三个地区间的资源整合，促进创新载体在不同区域间的转变，不断深化互联网技术与传统农业的融合，与现有的农业市场、农业经济进行进一步的功能拓展，帮助农户、农村合作社、农业企业加快“互联网思维”导向，提高其对于农业信息化、农业现代化、智慧农业的参与度，最终实现“互联网+”现代农业 1+1>2 的协同创新绩效。

第三章　京津冀现代农业发展现状及需求分析

第一节　京津冀现代农业发展基础

一、农业生产条件

1. 自然资源条件

（1）耕地资源。京津耕地资源总量有限，人均耕地面积分别只有全国平均水平的13.5%和27%；河北耕地资源相对宽裕，但其中2/3都是中低产田。京津需要借力河北的广袤良田，河北则要倚重京津雄厚的农业科技力量。统计数据显示，2014年北京、天津、河北三省（市）耕地面积分别为222.3×$10^3$$hm^2$、438.3×$10^3$$hm^2$、6 537.7×$10^3$$hm^2$，占比分别为3.1%、6.1%和90.8%。河北作为农业大省在京津冀农业协同发展中承担的“菜篮子”和“米袋子”功能。北京市粮食产需缺口扩大的态势仍将持续（表3-1）。

表3-1　2009—2014年京津冀三地耕地面积　　单位：×$10^3$$hm^2$

地区	2009	2010	2011	2012	2013	2014
全国	135 384.6	135 268.3	135 238.6	135 158.4	135 163.4	134 933.3
北京	227.2	223.8	222.0	220.9	221.2	222.3
天津	447.2	443.7	441.1	439.3	438.3	438.3
河北	6 561.4	6 551.4	6 565.0	6 558.3	6 551.2	6 537.7

*数据来源：中国统计年鉴

（2）水资源。京津冀地区国土面积不到全国的2.3%，水资源仅占全国的1%，却承载全国8%的人口和11%的经济总量。长期以来，由于水资源严重短缺和水资源过度开发，京津冀已经成为我国水资源环境严重超载地区之一。十年来，三地的人均水资源拥有量整体呈下降趋势，2014 年更是十年来的最低水平，北京人均水资源量仅为 95.15m^3，天津仅为 76.08m^3，河北为 144.27m^3（图 3-1）。

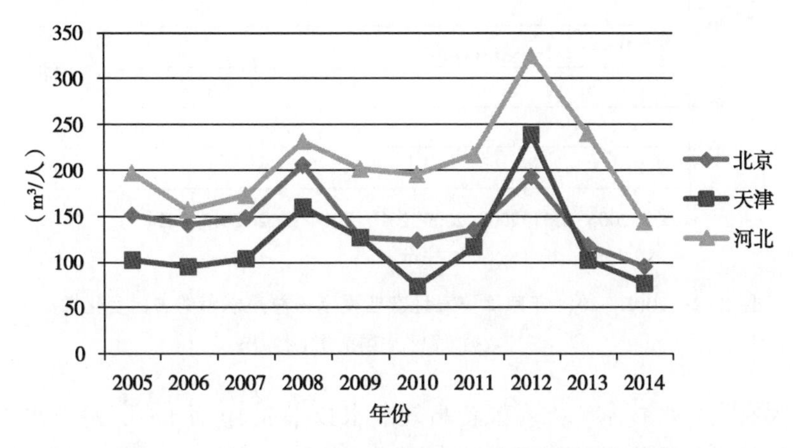

图 3-1 2005—2014 年京津冀三地人均水资源变化情况

* 数据来源：中国统计年鉴

近两年，随着节水灌溉技术的应用和国家对水资源的重视以及农业种植结构调整和种植方式的转变，农业用水效率逐步提高，农业用水占总用水量的比例呈下降趋势，但是占比仍然较高。2014 年北京市农业用水占全市总用水量的 21.8%，天津和河北分别为 48.4%和 72.2%。（图 3-2）虽然北京的节水在用水结构方面有很大改善，但经有关部门测算，过去 15 年，北京的地下水降低了 12m。而北京水资源的人口承载能力为 1 600万，目前超载 2 100万，远远超过了本地水资源的承载能力。河北现地下水开采总量为 156 亿 m^3，超采 56 亿 m^3。目前，京津冀水资源极度匮乏、地下水严重超采，农业用水多，节水潜力巨大，提高灌溉用水效率，土肥水一体化管理是必然选择。

2. 农田水利基础设施

京津冀十分重视高效节水农业的发展，近几年在主要粮食生产基地、菜篮子供给保障基地积极发展节水灌溉，大力推广滴灌、喷灌、水肥一体化等节水灌溉技术，有效提高了农业用水效率。如北京以高效灌溉技术（喷灌、微喷）为核心，配套节水品种、水肥一体化、秸秆覆盖保墒和深耕蓄水保

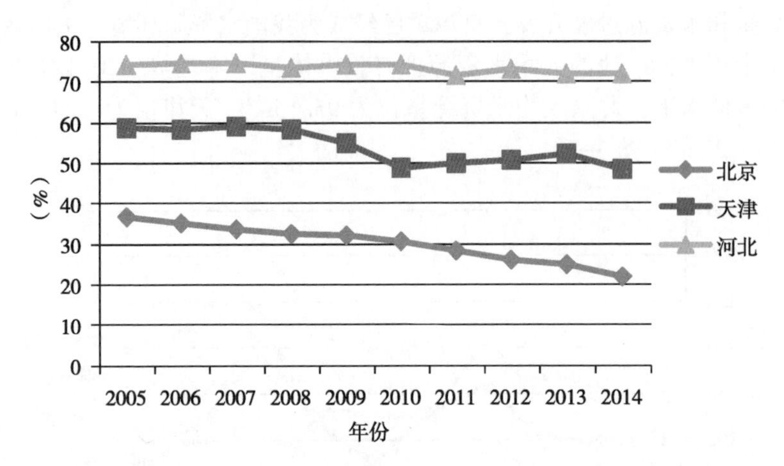

图 3-2　2005—2014 年京津冀三地农业用水占总用水量的占比变化情况

*数据来源：中国统计年鉴

墒四大农艺节水技术，推广粮食高效节水技术 3.19 万 hm^2，总节水 1 770 万 m^3。以微灌和覆膜沟灌两种节水模式，配合高效灌溉制度、水肥一体化、地膜覆盖、培肥保墒等技术，推广蔬菜高效节水技术 2.83 万 hm^2，总节水 1 705万 m^3；天津大力开展小型农田水利重点县建设和规模化节水灌溉工程建设，2015 年全市节水灌溉面积达到 20.33 万 hm^2，灌溉水利用系数达到 0.669，处于全国领先水平；河北通过建设高效节水灌溉工程，实施低压管道、喷滴灌、防渗等工程节水措施，2014 年全省节水灌溉率达到 68.7%，比 2010 年提高 9.0 个百分点。河北省水利厅印发《河北省节水压采高效节水灌溉发展总体方案（2016—2020 年）》，方案指出全省节水灌溉率将由 69%提高到 89%，其中高效节水灌溉率提高到 77%，农田灌溉水有效利用系数提高到 0.675 以上。2014 年，京津冀三地有效灌溉面积达到 4 856.2×$10^3$$hm^2$，占耕地面积比为 67.46%，比全国平均水平高 19.63 个百分点。其中京津冀三地有效灌溉面积比重分别达到 64.37%、70.48%、67.37%（图 3-3）。

3. 农业投入品

一直以来，我国农业资源要素紧绷、种植效益偏低、环境承载压力不断增大，靠大量投入资源和消耗环境的农业发展方式已难以为继，必须转变发展方式，大力推进科学施肥施药。在此背景下，2015 年 3 月，农业部宣布正式启动 2020 年化肥、农药使用量零增长行动。近几年，京津冀地区采取

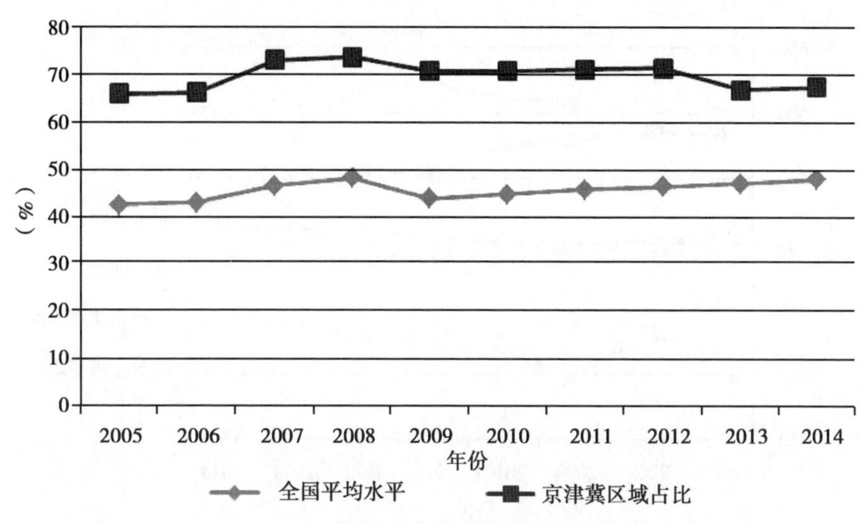

图 3-3　2005—2014 年京津冀有效灌溉面积占耕地面积比变化图

* 数据来源：中国农村统计年鉴

多种措施，提高肥料利用率，化肥农药使用量不断下降。北京市积极实施测土配方施肥全覆盖，通过培肥地力技术，合理施用有机肥与生物有机肥，减少化学肥料使用量。2014 年北京市化肥施用量为 11. 6 万 t，单位耕地面积化肥施用量为 521. 8kg/hm^2，比 2007 年减少 80. 5kg；天津市通过测土配方施肥、有机质提升、秸秆还田等项目，增施有机肥、生物肥，使耕地地力水平得到有效提高，同时提高了化肥利用率。截至 2014 年，天津市测土配方施肥已累计推广 4 600余万亩，配方施肥比常规施肥平均氮、磷、钾肥利用率分别提高了 9. 4、6. 2、17. 8 个百分点。天津市化肥施用量由 2007 年的 25. 82 万 t 减少到 2014 年的 23. 3 万 t，单位耕地面积化肥使用量由 581. 9kg 减少至 531. 6kg（图 3-4）。河北省通过“测土信息公示、施肥配方上墙”，“一村一站、一户一卡”两种配方到户等服务模式推广测土配方施肥，建立了“定地、定时、定作物、定化肥量”科学施肥示范区，发挥种粮大户、示范园区的示范带动作用，提高肥料利用率和技术普及率。从 2015 年开始，河北省率先在玉米、蔬菜、苹果等作物上开展化肥减量增效试点。此外，河北应用农业防治、生物防治、物理防治等绿色防控技术，大力推广应用生物农药和高效低毒低残留农药，替代高毒高残留农药。重点实施小麦“一喷三防”集成技术，玉米中后期“一喷多效”集成技术，加快蔬菜环境友好技术推广应用，推进农作物病虫害专业化统防统治与绿色防控融合。

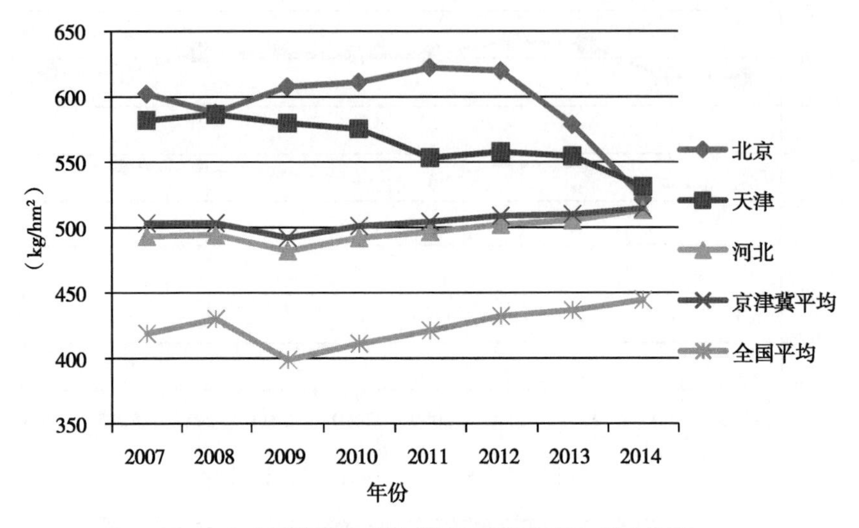

图 3-4　京津冀地区单位耕地面积化肥投入量变化图

*数据来源：中国农村统计年鉴

4. 农业劳动力

从就业结构来看，北京和天津的就业结构表现为“三二一”的特点，河北省借助区位优势，在承接京津产业转移过程中，二产三产吸纳就业的能力不断提升（表 3-2）。

表 3-2　2014 年京津冀一产从业人员及三产从业人员结构

地区	农林牧渔业从业人员		第一产业比重（%）	第二产业比重（%）	第三产业比重（%）
	总量（万人）	占全国比重（%）			
全国	22 790	—	29.5	29.9	40.6
北京	52.4	0.23	4.53	18.15	77.32
天津	66.36	0.29	7.4	35.6	57
河北	1 398.88	6.14	33.29	34.21	32.50

*数据来源：中国统计年鉴

根据国家统计局公布的数据显示，2010 年京津冀三地农业从业人员数量均比 2008 年有所减少。但是，农业从业人员数量占农村人口总数比重的变量却出现了分异，北京由 2008 年的 25.78% 下降至 2010 年的 23.76%，天津由 2008 年的 29.14% 下降至 2010 年的 28.53%，河北则由 2008 年的 36.65%上升至 2010 年的 37.21%（表 3-3）。京津冀地区农业劳动力资源分布的差异为区域现代农业合作创造了条件。

表 3-3　京津冀三地农业劳动力资源对比

年份	比较项目	北京	天津	河北
2008	农业从业人员（万人）	66.0	78.1	1 488.4
	农村人口（万人）	256.0	268.0	4 061.0
	农业从业人员占农村人口比重（%）	25.78	29.14	36.65
2009	农业从业人员（万人）	65.7	77.7	1 483.6
	农村人口（万人）	263.0	270.0	4 009.0
	农业从业人员占农村人口比重（%）	24.98	28.78	37.01
2010	农业从业人员（万人）	65.1	75.9	1 469.6
	农村人口（万人）	274.0	266.0	3 949.0
	农业从业人员占农村人口比重（%）	23.76	28.53	37.21

* 数据来源：中国统计年鉴

从劳动力素质来看，目前京津冀地区农业劳动力老龄化趋势明显，文化程度普遍不高。由于受到就业选择多样化以及城乡、行业收入差距等因素的影响，青年人往往不愿进入农业领域。国家统计局发布的《2015 年农民工监测调查报告》数据显示，农民工总量不断增加，仍以青壮年为主，平均年龄不断提高，达到 38.6 岁。同时，农业从业人员文化水平普遍不高，2014 年，河北省乡村从业人员中，初中及以下文化程度的占 74.55%，农村劳动力人均受教育程度为 9.04 年/人，仅比上年提高 0.05 年/人，大部分农村劳动力文化程度为初中水平。文化程度偏低导致农民接受新知识、新技术的能力相对偏弱，劳动技能提高难度和科技推广应用难度加大，这是目前制约现代农业快速发展的主要障碍。

5. 财政支农情况

进入 21 世纪以来，京津冀各地政府逐步加大农业投入力度，财政支农总额加快增长，由 2007 年的 241.28 亿元增加到 2014 年的 1 062.1亿元，年均增长 120 %（表 3-4），为此带来的农业生产条件不断改善，农业生产技术水平不断提升，机械化、信息化水平日益增强，农业生产要素实现了创新发展。

表 3-4　京津冀地区财政支农资金及占地方财政一般预算支出比

年份	农林水事务支出（亿元）				占比（%）			
	京津冀合计	北京	天津	河北	京津冀合计	北京	天津	河北
2007	241.28	102.51	26.8	111.97	6.30	6.21	3.97	7.43
2008	312.21	121.77	38.54	151.9	6.63	6.22	4.44	8.07
2009	470.48	142.01	63.69	264.78	8.12	6.12	5.66	11.28
2010	538.44	158.64	67.14	312.66	7.79	5.84	4.88	11.09
2011	645.22	187.34	91.78	366.1	7.52	5.77	5.11	10.35
2012	767.29	222.69	100.98	443.62	7.74	6.04	4.71	10.87
2013	931.76	297.62	123.03	511.11	8.37	7.13	4.83	11.59
2014	1062.1	343.67	134.91	583.52	8.79	7.60	4.68	12.48

* 数据来源：国家统计局

二、农业农村经济

2005 年以来，京津冀农林牧渔业总产值不断提高，由 2005 年的 3 128.09亿元增加到 2014 年的 6 856.57亿元，扣除价格因素，增长 46%，年均实际增长 4.29%（表 3-5）。

表 3-5　2005—2014 年京津冀农林牧渔业总产值　　单位：亿元

地区	2005	2006	2007	2008	2009	2010	2011	2012	2013	2014
北京	268.85	240.19	272.3	303.9	314.95	328	363.14	395.71	421.78	420.07
天津	258.41	225.04	240.74	268.11	281.65	317.3	349.48	375.62	412.36	441.71
河北	2 600.83	2 466.37	3 075.77	3 505.23	3 640.93	4 309.4	4 895.88	5 340.11	5 832.94	5 994.79
京津冀	3 128.09	2 931.6	3 588.81	4 077.24	4 237.53	4 954.7	5 608.5	6 111.44	6 667.08	6 856.57

* 数据来源：国家统计局

1. “菜篮子”有效供给能力不断提高

“十二五”期间，京津冀三地将“菜篮子”供给保障能力提升作为现代农业发展的重要内容，通过一批设施农业基地建设、蔬菜标准园、规模化畜禽养殖小区建设、“三品一标”基地、高效农业基地建设等，农产品安全有效供给水平进一步增强。如北京市通过“调节转”，大力发展设施农业和外埠蔬菜基地，2014 年北京市全市肉、禽、蛋、奶自给率已分别达 31%、63%、54%和 56%，市场控制率已分别达到 83.3%、69%、67%、79.7%，北京市种养业主导产品的标准覆盖率达90%以上，“菜篮子”三品认证覆盖率达到36.3%，上市蔬菜、畜禽、水产品检测合格率达98%以上，其中水产品达100%，切实保障了首都农产品市场的有效供应，提升了应急保障水平。天津市按照“节水、绿色、高效”的要求，加快建设以优势精品安全为特色的菜篮子产品供给区，按照减粮、增菜、增林果、增水产品“一减三增”的思路，不断优化调整生产结构，蔬菜、牛奶、水产品等主要“菜篮子”产品保持较高自给率。天津市农产品质量安全水平保持全国领先，农产品人均占有量和自给率均位于京津沪之首，其中蔬菜、牛奶和水产品自给率超过100%，天津市农产品综合抽检合格率稳定在98%左右。河北省按照“稳粮进菜、适牧增果，一、二、三产相结合”的基本思路，重点抓优质小麦和玉米生产，积极引导和培育高效设施蔬菜、特色种养、休闲观光、农产品加工和物流配送等都市现代农业产业体系建设。2014年河北省蔬菜、肉、蛋、奶和饲料产量分别达到8 125.7万t、500万t、410万t、650万t和1 338万t，每年供给北京、天津蔬菜总量超1 000万t，供北京市场的猪肉、禽肉和禽蛋分别约占北京消费总量的20%、10%和20%。

根据三地统计数据，2014年京津冀人均蔬菜占有量分别达到109.79kg、303.40kg、1 100.48kg，人均肉蛋奶水产占有量分别达到58.21kg、82.61kg、182.24kg，基本达到发达城市（地区）的水平（表3-6、表3-7）。

表3-6 2005年和2010—2014年京津冀主要农产品产量 单位：万t

主要农产品产量	年份	全国	京津冀合计	北京	天津	河北
粮食	2005	48 402.2	2 831	94.9	137.5	2 598.6
	2010	54 647.7	3 251.3	115.7	159.7	2 975.9
	2011	57 120.8	3 456.2	121.8	161.8	3 172.6
	2012	58 958	3 522.1	113.8	161.8	3 246.6
	2013	60 194	3 635.8	96.1	174.7	3 365
	2014	60 702.6	3 600	63.9	176	3 360.2
蔬菜产量	2005	56 451.5	7 383.5	373.1	542.7	6 467.6
	2010	65 099.4	7 795.9	303	419.3	7 073.6
	2011	67 929.7	8 112.5	296.9	431.3	7 384.3
	2012	70 883.1	8422.7	279.9	447.7	7 695.1
	2013	73 512	8624.1	266.9	455.1	7 902.1
	2014	76 005.5	8822.1	236.2	460.2	8 125.7

（续表）

主要农产品产量	年份	全国	京津冀合计	北京	天津	河北
肉类总产量	2005	6 938. 9	506. 6	53. 3	57. 8	395. 6
	2010	7 925. 8	505. 6	46. 3	42. 6	416. 7
	2011	7 965. 1	505. 5	44. 4	42. 9	418. 2
	2012	8 387. 2	531. 9	43. 2	45. 8	442. 9
	2013	8 535	537. 1	41. 8	46. 5	448. 8
	2014	8 706. 7	553. 8	39. 3	46. 4	468. 1
牛奶产量	2005	2 753. 4	468	64. 2	63. 4	340. 4
	2010	3 575. 6	573. 2	64. 1	69. 3	439. 8
	2011	3 657. 8	592. 3	64	69. 4	458. 9
	2012	3 743. 6	603. 6	65. 1	68. 2	470. 4
	2013	3 531. 4	588	61. 5	68. 5	458. 0
	2014	3 724. 6	616. 2	59. 5	68. 9	487. 8

*数据来源：河北经济年鉴（2015）

表 3-7　2005 年和 2010—2014 年京津冀人均主要农产品产量　　单位：kg

人均主要农产品产量	年份	全国平均	京津冀平均	北京	天津	河北
蔬菜产量	2005	431. 73	788. 19	275. 61	520. 36	944. 04
	2010	485. 49	745. 66	154. 42	322. 79	983. 26
	2011	504. 17	764. 25	147. 04	318. 30	1 019. 79
	2012	523. 49	782. 05	135. 28	316. 84	1 055. 86
	2013	540. 24	789. 75	126. 17	309. 14	1 077. 61
	2014	555. 67	798. 16	109. 74	303. 36	1 100. 45
肉类产量	2005	53. 07	73. 83	23. 58	32. 80	57. 92
	2010	59. 11	48. 36	23. 58	32. 80	57. 92
	2011	59. 12	47. 62	22. 00	31. 68	57. 75
	2012	61. 94	49. 39	20. 87	32. 41	60. 77
	2013	62. 72	49. 18	19. 76	31. 58	61. 20
	2014	63. 65	50. 11	18. 26	30. 61	63. 40
牛奶产量	2005	21. 06	49. 61	41. 74	60. 80	49. 68
	2010	26. 67	54. 79	32. 66	53. 15	61. 13
	2011	27. 15	55. 77	31. 69	50. 99	63. 38
	2012	27. 65	56. 02	31. 44	48. 03	64. 54
	2013	25. 95	53. 82	29. 06	46. 36	62. 46
	2014	27. 23	55. 75	27. 64	45. 42	66. 06

（续表）

人均主要农产品产量	年份	全国平均	京津冀平均	北京	天津	河北
禽蛋产量	2005	18.65	52.84	10.38	22.50	66.99
	2010	20.60	35.67	7.72	14.43	47.13
	2011	20.87	35.20	7.50	13.78	46.93
	2012	21.13	34.95	7.37	13.21	47.00
	2013	21.14	35.02	8.27	12.83	47.19
	2014	21.16	36.35	9.13	12.80	49.12

* 数据来源：中国统计年鉴

2. 农业产业结构不断优化

近年来，尤其是农业供给侧结构性改革提出以来，三地以农业供给侧结构性改革为主线，围绕“调什么、怎么调、转什么、怎么转”，多措并举推进农业结构调整，促进了一二三产业融合的发展。

三次产业结构不断优化。从近 10 年的变动趋势来看，京津冀地区三次产业之间的比例关系有了明显的改善，产业结构正向合理化方向变化。第一产业在 GDP 中的比重呈现持续下降的态势，同时内部结构逐步得到改善；第二产业的比重经历了不断波动的过程，但长期稳定保持在 40%~50%；第三产业在国民经济中的比重处于不断上升的过程之中，增加值比重由 2005 年的 47.17%上升至 2015 年的 56.10%。

从第一产业内部结构来看，2014 年与 2005 年相比，农林牧渔业增加值中，农业的主导地位得到进一步增强，所占比重由 46.55%上升到 55.99%，提高了近 10 个百分点；牧业所占比重由 43.57%下降到 32.41%，下降了 11.16 个百分点；林业比重由 1.77%上升到 2.95%，上升了 1.18 个百分点。近年来，京津冀区域林业改革持续推进，开展了一系列林业重点工程建设，林业生态环境得到持续改善。天然林保护工程、退耕还林工程等林业重点工程取得明显成效（图 3-5、表 3-8）。

表 3-8　京津冀农林牧渔业产业结构　　单位：%

地区	农业			林业			牧业			渔业		
	2005	2010	2014	2005	2010	2014	2005	2010	2014	2005	2010	2014
北京市	37.41	47.01	36.92	4.96	5.12	21.59	50.49	42.56	36.34	3.62	3.51	3.14
天津市	37.73	53.04	52.24	0.73	0.76	0.73	39.75	27.58	26.62	14.03	15.85	17.99
河北省	48.37	57.32	57.61	1.54	1.19	1.80	43.23	33.50	32.56	3.05	3.31	3.19
京津冀	46.55	56.36	55.99	1.77	1.42	2.95	43.57	33.72	32.41	4.01	4.12	4.14

* 数据来源：中国统计年鉴数据计算得到

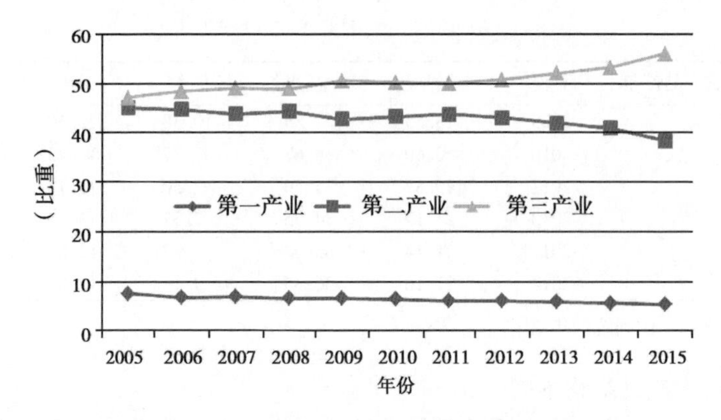

图 3-5　2005—2015 年京津冀三次产业结构变动图

* 数据来源：中国统计年鉴

农业高端产业得到较快发展。北京市围绕都市型现代农业对智能化农机具的需求，集成北京独有的研发、智力优势，以企业为主体，不断强化产业链创新功能，形成了以整地、播种、施肥、喷药、喷灌，土壤、水、空气检测，智能嫁接、智能移栽及工厂化基质生产与应用为核心的智能装备产业链，产品设备推广应用到全国 14 个省市。截至 2013 年，在全国范围内累计推广应用农业智能装备 2 275台（套），辐射面积达 245 万亩，产生经济社会效益 5 300余万元，成功打造了北京农业智能装备品牌。天津市以建设特色“菜篮子”产品供给区、农业高新技术产业示范区、农产品物流中心区为重点，大力发展设施农业、优质高效农业、节水农业和休闲观光农业。按照“一减三增”的要求，确保全年增加 30 万亩高效经济作物和 10 万亩生态林种植面积，以载体建设为抓手，加快建设 40 个农产品基地、100 个设施农业示范区和 20 个农业产业园区。针对农业用水紧张问题，河北省积极推行工程节水、农业节水、管理节水加科技支撑的节水模式，大力发展高效节水灌溉农业，其中 2013 年在邢台、唐山、保定、张家口等地推广 9. 6 万亩喷灌、滴灌、微灌和小管出流等高效节水措施，亩均节水 120～480t，节省生产成本 350 元左右，大大提高了生产效率。2016 年河北省水利厅印发《河北省节水压采高效节水灌溉发展总体方案（2016—2020 年）》，明确提出“全省 2016—2020 年生长节水灌溉面积 1 500万亩，其中发展末级渠道防渗面积 300 万亩，高效节水灌溉面积 1 200万亩，农田灌溉水有效利用系数提高到 0. 675 以上”。

一二三产业融合初显成效。北京市发挥电商企业和农产品的资源优势，通过举办资源对接会等形式，实现农业、旅游业与互联网的深度融合。以任我在线、北菜园、天安农业、新发地为代表的一批农民专业合作社、企业积极参与农产品电子商务，将信息化与一、二、三产业进行融合，引导生产从“以产定销”向“以销定产”逐步转变，拓展了市场空间，减少了流通环节，促进农产品优质优价。现已形成生鲜农产品宅配、社区体验店、社社对接、安全农产品直供、微商营销等多种农产品电商营销模式。天津市休闲农业发展迅速，全市有休闲农业与乡村旅游经营户逾 3 000家，带动农民就业人数 28 万人，年接待人次和综合收入连续四年年增速达到 30%左右。蓟县郭家沟、蓟县常州、北辰双街、静海西双塘、武清南辛庄等 5 个村被农业部认定为中国最美休闲乡村。滨海新区大港崔庄子枣园被农业部评为中国重要农业文化遗产。滨海新区大港四季田园生态园和蓟县穿芳峪镇小穿芳峪村等 20 个村点被农业部认定为全国休闲农业与乡村旅游示范点。河北省农产品加工业得到快速发展，产业链不断延伸。目前全省现代农业园区发展到 849 个，建设了 30 个省级农产品加工示范基地县（园区），创建了 11 个国家级现代农业园区和 8 个国家级农业产业化示范基地，形成了乳制品、面粉、方便面、食用油、猪牛肉制品、禽肉制品、葡萄酒、水果、蔬菜等特色加工业集群，产值超过 100 亿元的基地县达到了 10 个。目前园区已经成为承接农产品加工业项目、促进产业升级的有效载体，成为调整农业结构、转变发展方式的新抓手（图 3-6）。

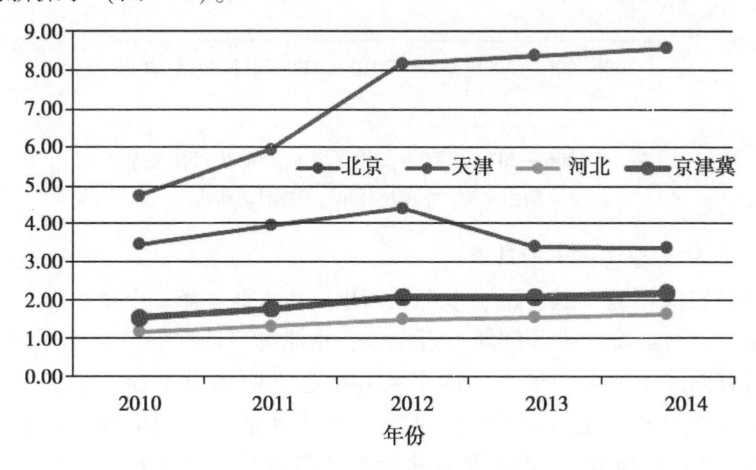

图 3-6　京津冀农产品加工业产值与农业产值比

*数据来源：中国统计年鉴

3. 农业产出水平不断提高

“十一五”时期以来，京津冀地区农业劳动生产率和土地产出率不断提高，农业劳动生产率由2006年的9 969. 04元/人提高至2014年的25 867. 44元/人，增长率达到153. 69%。北京市农业劳动生产率从2006年的14 000元/人增加到30 319. 55元/人，增长率达到106. 04%。从土地产出率来看，京津冀地区土地产出率不断提高，由2005年的1 258. 58元/亩提高至2014年的3 555. 71元/亩。北京市凭借现代农业技术的应用大力发展高效农业，土地产出率由2005年的1 949. 99元/亩提高到4 651. 37元/亩，产出效率翻了一番。相对北京来说，天津和河北土地产出率虽然增长略慢，但也达到了3 500元/亩，比全国平均水平每亩高出800元（图3-7、图3-8）。

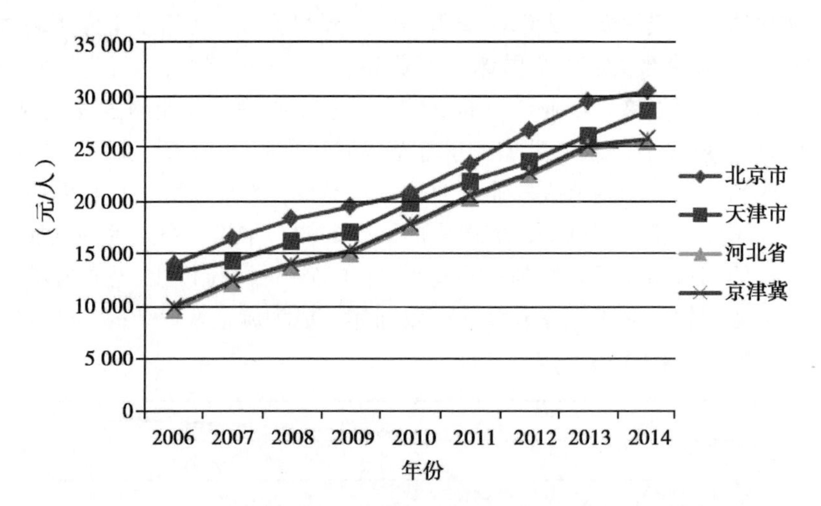

图3-7　2006—2014年京津冀地区农业劳动生产率变化情况

*数据来源：中国统计年鉴数据计算得出

4. 农村生态环境不断改善

针对农村环境“脏、乱、差”、饮用水源水质下降、土壤污染、畜禽养殖污染、农村面源污染等问题，近年来，京津冀三地在保护农村环境，建设新农村方面逐年加大力度，实施了系列生态文明建设工程。北京市启动了1 000余个村庄的美丽乡村建设，开展了山区清洁小流域治理、农业水污染源减排、“减煤换煤”、农业秸秆全面禁烧等农村生态环境工程建设，全市农林水生态服务价值从2010年的8 754亿元提高到2015年的近1万亿元，共11个郊区（县）被评为“国家级生态示范区（县）”。天津市开展了

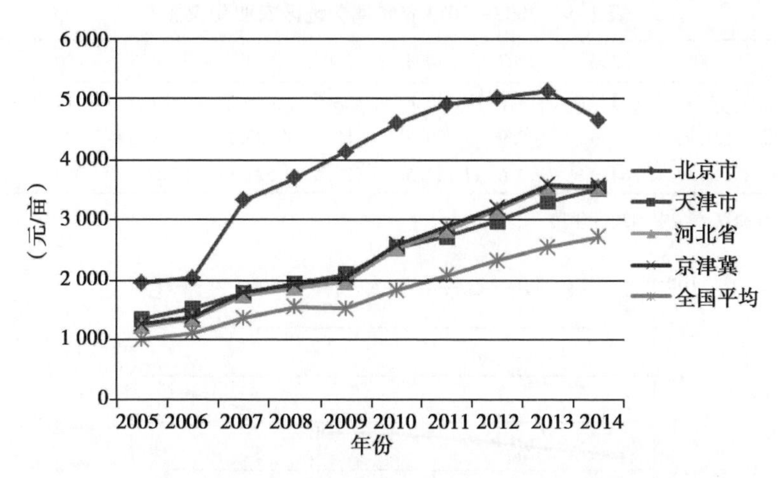

图 3-8　2005—2014 年京津冀地区土地产出率变化情况

* 数据来源：中国统计年鉴数据计算得出

“清洁村庄行动”、帮扶 500 个困难村行动、“文明生态村” 等美丽乡村建设以及生态型循环农业示范园建设，截至 2014 年，累计建成文明生态村 1 125 个、美丽村庄 150 个、清洁村庄 225 个，共 7 个郊区（县）被评为“国家级生态示范区（县）”，建成畜牧生态循环园、水产生态循环园、生态农业科技园区等生态循环农业园区超过 150 个。同时，在农业环境污染方面，天津市基本杜绝秸秆焚烧，农作物秸秆综合利用率达到 82. 6%，建立农产品产地土壤重金属污染监测点位 1. 2 万个，建立重金属污染修复示范区 150 亩；建成种植业面源污染国控监测点 5 个、规模化生猪养殖场国控监测点 1 个，对种植业和规模化养猪生产过程对环境造成的污染进行定点监测，有效解决了农业面源污染带来的产品安全问题。河北省从 2009 年开始在省财政设立农村环保专项资金，推进农村环境综合整治工作，2014 年被列入第三批全国农村环境连片综合整治示范省。到 2014 年，全省共有 4 500多个村庄实施了环境综合整治建设，直接受益人口超过 330 万人，共 31 个区（县）被评为国家级生态示范县，已批建国家级环境优美乡镇或生态乡镇 50 个，国家级“生态村”11 个，省级环境优美城镇 124 个，省级美丽乡村 200 多个。与此同时，2015 年以来，河北省选取南水北调输水沿线重点区域 37 个县（市、区）、7 000多个建制村，以整县（市、区）域规模治理为主要推进方式，引领开展农村生活垃圾和污水治理，受益人口超过 500 多万人（表 3-9、图 3-9）。

表 3-9　2005—2013 年京津冀地区农业受灾面积　　单位：千 hm^2

地区	2005	2006	2007	2008	2009	2010	2011	2012	2013
北京市	68.7	73.7	75.6	30.8	14.6	3.1	56.1	71.2	27
天津市	121.7	60.6	105.9	79.7	58.5	33.3	8.1	133.6	8
河北省	1 126.6	2 264.3	2337.6	1 151.5	2 627.5	1 527.4	1 383.3	1 329	1 107

* 数据来源：中国统计年鉴

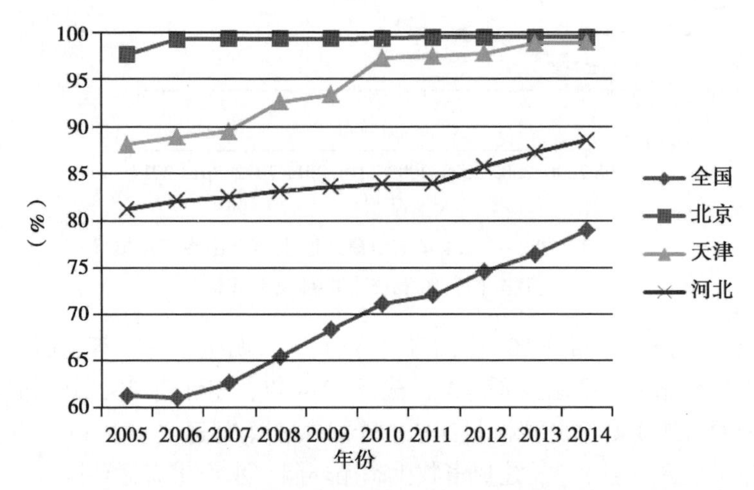

图 3-9　2005—2014 年累计自来水受益人口占农村人口比重

* 数据来源：中国环境统计年鉴

“十二五”期间，针对京津冀地区林业生态保护与修复，中央累计投入 161 亿元，大力实施三北防护林、京津风沙源治理、野生动植物保护及自然保护区建设等林业重点工程，完成造林 8400 多万亩。总体看，近年来京津冀三地的农业农村生态环境取得了较大进展。2014 年北京、天津和河北的森林覆盖率分别由 2005 年的 21.3%、8.1%、17.7%提高到 2014 年的 35.8%、9.9%和 23.4%；2015 年京津冀森林覆盖率平均达到 25.7%，京津冀累计已改水受益人口分别为 268.3 万人、378.7 万人和 5 390.1万人，卫生厕所普及率分别达到 98.2%、93.6%、60.9%，其中京津两地比全国平均水平分别高 22.1 和 17.5 个百分点。

5. 农民生活水平不断提高

（1）农民收入不断增加，生活水平逐渐改善。从农村居民家庭年人均纯收入看，北京、天津和河北的收入水平分别从 2005 年的 8 275.5元、6 227.9元、3 801.8元增长至 2015 年的 20 569元、18 482元、11 051元，年均增长率都保持在14%以上，天津和河北年均增长率达到19%以上。2015年三地城镇居民人均可支配收入分别为52 859元、34 101元和26 152元，年均增长率为10%，三地农村居民人均可支配收入增速均快于城镇居民，城乡收入差距缩小。城乡居民恩格尔系数逐年降低，京津冀居民生活水平不断上升（表3-10、图3-10、图3-11、图3-12、图3-13）。

表3-10　2006—2015年京津冀城乡居民人均纯收入　　单位：元

地区	城乡	2006	2007	2008	2009	2010	2011	2012	2013	2014	2015
北京	城镇	19 977.5	21 988.7	24 724.9	26 738.5	29 072.9	32 903	36 468.8	44 563.93	48 531.85	52 859
	农村	8 275.5	9 439.6	10 661.9	11 668.6	13 262.3	14 735.7	16 475.7	17 101.18	18 867.3	20 569
	城乡差	11 702	12 549.1	14 063	15 069.9	15 810.6	18 167.3	19 993.1	27 462.75	29 664.55	32 290
天津	城镇	14 283.1	16 357.4	19 422.5	21 402	24 292.6	26 920.9	29 626.4	28 979.82	31 506.03	34 101
	农村	6 227.9	7 010.1	7 910.8	8 687.6	10 074.9	12 321.2	14 025.5	15 352.6	17 014.18	18 482
	城乡差	8 055.2	9 347.3	11 511.7	12 714.4	14 217.7	14 599.7	15 600.9	13 627.22	14 491.85	15 619
河北	城镇	10 304.6	11 690.5	13 441.1	14 718.3	16 263.4	18 292.2	20 543.4	22 226.75	24 141.34	26 152
	农村	3 801.8	4 293.4	4 795.5	5 149.7	5 958	7 119.7	8 081.4	9 187.71	10 186.14	11 051
	城乡差	6 502.8	7 397.1	8 645.6	9 568.6	10 305.4	11 172.5	12 462	13 039.04	13 955.2	15 101
京津冀	城镇	13 673.1	15 355.8	17 636.2	19 242.3	21 313.1	2 3971.9	26 668.3	29 683.5	32 219.1	34 808
	农村	4 172.6	4 733.3	5 318.1	5 765.3	6 642.6	7 900.2	8 974.7	10 089	11 205.9	12 173
	城乡差	9 500.5	10 622.5	12 318.1	13 477	14 670.5	16 071.7	17 693.6	19 594.5	21 013.2	22 635

* 数据来源：中国统计年鉴　** 可支配收入，京津冀的人均收入计算方法：（北京收入×农村人口+天津收入×农村人口+河北收入×农村人口）/三地农村人口合计

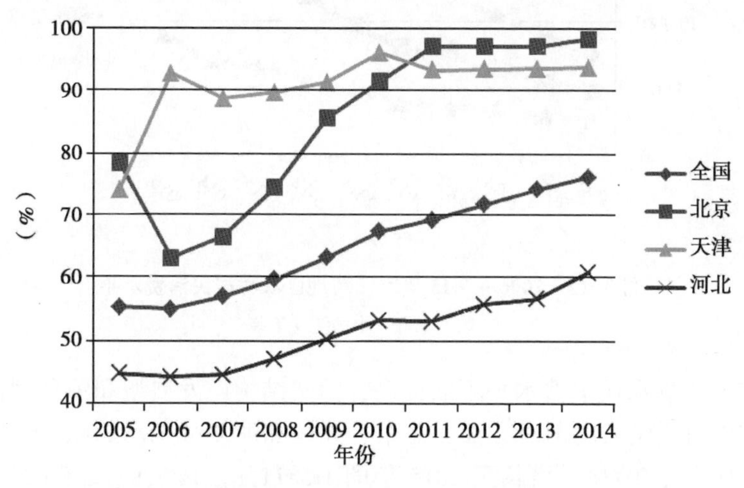

图3-10　2005—2014年京津冀卫生厕所普及率的年际变化

* 数据来源：中国环境统计年鉴

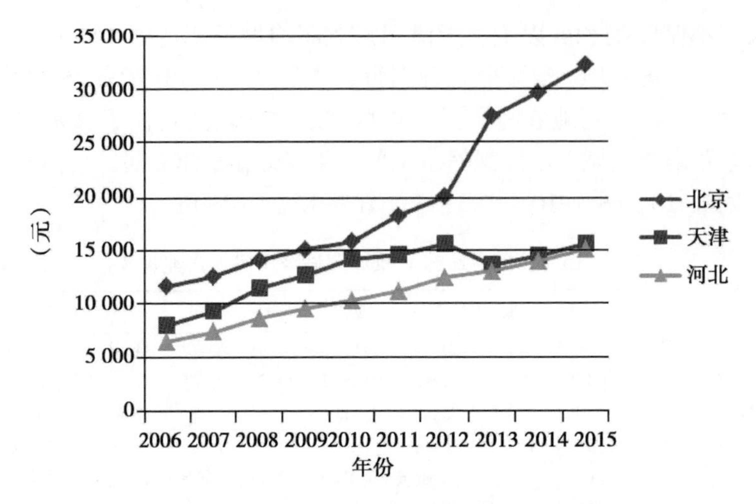

图 3-11　2006—2015 年京津冀城乡收入绝对差距

* 数据来源：中国统计年鉴数据计算得出

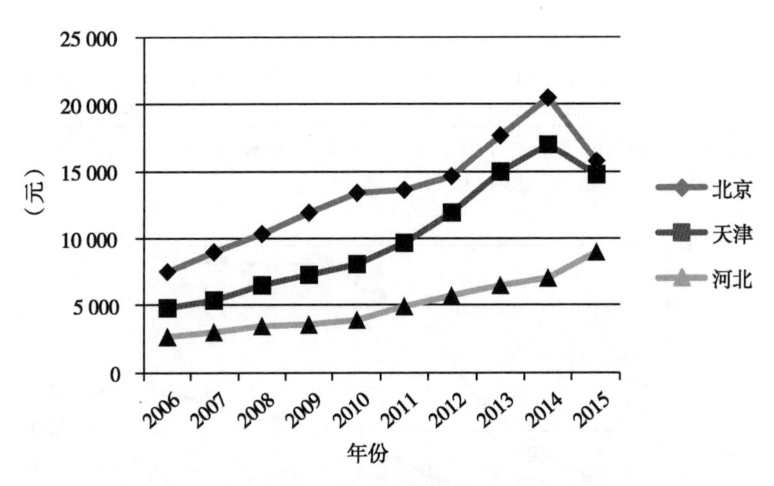

图 3-12　2006—2015 年京津冀地区农村居民消费水平

* 数据来源：中国统计年鉴

（2）农村居民消费水平不断提高，消费结构向发展型和消费型消费转变。在农村居民人均消费方面，北京、天津和河北分别从 2006 年的 7 580 元、4 816元、2 714元增长至 2015 年的 1 5811元、14 739元、9 023元，分别增长了 1. 08 倍、2. 06 倍、2. 32 倍。

从消费对象看，目前农村居民消费支出构成仍以生存型消费支出为主，

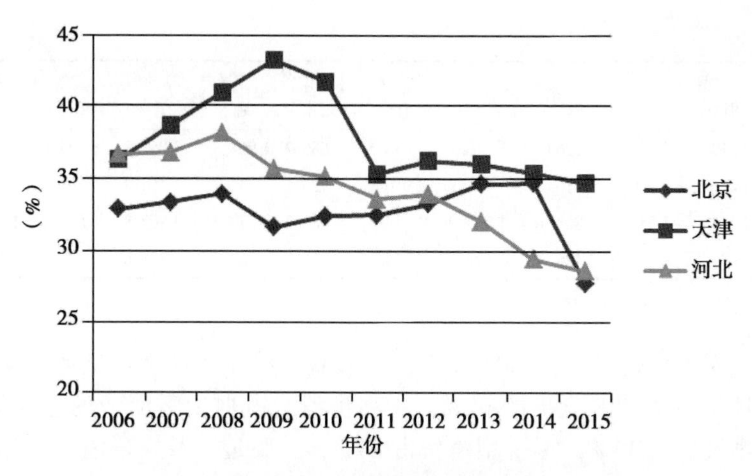

图 3-13　2006—2015 年京津冀农村居民恩格尔系数

*数据来源：中国统计年鉴数据计算得出

但发展型消费支出上升速度较快，而享受型消费支出比重较小，且增长速度较慢。2003—2012 年京津冀地区农村居民食品、衣着、居住等人均生存型消费支出保持了较高速度的增长，从 4 921.3元增加至 15 507.6元，增加了 1 万元以上，尤其是 2011 年消费增长率超过了 20%，消费支出金额快速增长。家庭设备及用品、交通通信等人均发展型消费支出从 2003 年的 1 106.4元增长至 2012 年的 4 644.1元，消费额增长了 3 倍多，年均增长率超过了 17%，相对于生存型消费支出，发展型消费由于基数小，增长幅度和速度都较大。文教娱乐、医疗保健等人均享受型消费支出，从 2003 年的 1 882.9元增加到 2012 年的 4 706.6元，年均增速达到 10%，虽然不及生存型和发展型消费支出高，但随着人民生活水平提高，享受型消费支出有逐步加快的趋势（表 3-11）。

表 3-11　2003—2012 年京津冀农村居民人均消费支出　　单位：元/人

年份	生存型消费	食品	衣着	居住	发展型消费	家庭设备及用品	交通通信	享受型消费	文教娱乐	医疗保健
2003	4 921.3	2 857.9	586.5	1 476.9	1 106.4	365	741.4	1 882.9	1 257.3	625.6
2004	5 505	3 292.9	617.1	1 595	1 335.4	416.2	919.2	2 103.9	1 303.2	800.7
2005	6 454.9	3 795.8	791.5	1 867.6	1 710.6	545.5	1 165.1	2 169.9	1 351.7	818.2
2006	6 947.4	4 007.1	884.8	2 055.5	1 966.8	541.7	1 425.1	2 430.4	1 425.1	1 005.3
2007	7 837.4	4 526	985.4	2 326	2 104.2	607.4	1 496.8	2 549.4	1 425.5	1 123.9
2008	8 864.9	5 232.6	1 074	2 558.3	2 408.2	708.1	1 700.1	2 687.8	1 458.8	1 229.8

（续表）

年份	生存型消费	食品	衣着	居住	发展型消费	家庭设备及用品	交通通信	享受型消费	文教娱乐	医疗保健
2009	10 319.7	5 852.7	1 196.8	3 270.2	2 850.5	886.2	1 964.3	3 052.8	1 595.8	1457
2010	11 441.3	6 406.9	1 316.2	3 718.2	2 970.2	925.5	2044.7	3 254.4	1 709	1 545.4
2011	14 144.5	7 549.2	1 808.4	4 786.9	3 913.7	1 383.7	2 530	3 902.8	1 861.2	2 041.6
2012	15 507.6	8 781.7	2 125.3	4 600.6	4 644.1	1 574.7	3 069.4	4 706.6	2 277.3	2 429.3

*数据来源：中国统计年鉴

从消费支出构成看，2003 年食品、衣着、居住 3 项生存型消费支出占农村居民生活消费总支出的 62%，生存型消费占据生活消费的主导地位，发展型消费仅占 14%，享受型消费占 24%，主要是文教娱乐消费支出。经过 10 年的发展，生存型消费比重没有发生变化，发展型消费从 2003 年的 14%增长至 2012 年的 19%，家庭设备和交通通信消费急剧增加，家庭电器、汽车、手机和计算机渐渐走进农村居民家庭，与此同时，互联网与手机的普及使通信费用支出明显增加。享受型消费出现了明显降低，从 2003 年的 24%减少为 2012 年的 19%，医疗保健费用支出出现了快速增长（图 3-14）。

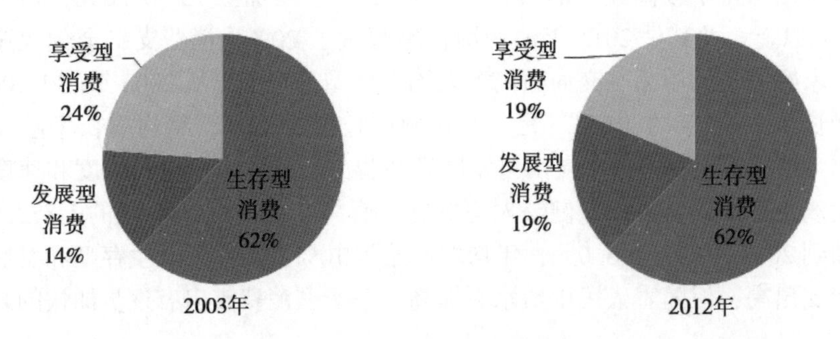

图 3-14　2003 年和 2012 年京津冀地区农村居民人均消费支出结构

*数据来源：中国统计年鉴

三、农业物质装备和科技投入

1. 科技支撑能力不断增强

北京市农业科技支撑能力优势明显。在机构资源上，目前，北京市有国家和省部级农业领域重点实验室、工程技术研究中心和企业研发中心 100 余个。其中，国家重点农业实验室 11 个，国家工程技术研究中心 7 个，农业部重点实验室 22 个，北京市重点实验室、工程技术研究中心和企业研发中心 62 个。这些中心和重点实验室与在京的中外农业龙头企业联合，成立了首都新农村科技服务联盟，组建了系列专业化产业技术创新服务联盟，形成了政、产、学、研 、用紧密结合的协同创新机制，实现了科技创新、机制创新和商业模式创新的有机结合。在人才资源上，北京市独有的区位优势和创新创业环境，吸引了众多国内外农业高端人才。近年来出台的科技人才引进和培养、人才流动与配置、人才评价和激励等一系列政策措施，提升了科技人才的软实力。目前，全市从事科研、教学、推广等工作的农业科技人员达到 2 万余人，在京涉农专业的两院院士占全国院士总数的 50%，通过千人计划、海聚工程，引进了海外高层次农业人才 70 余名。全市建立果类蔬菜、观赏鱼等现代农业产业技术体系北京创新团队 10 个，团队岗位专家及技术人员达到 400 余人。在科技成果上，“十二五”期间，北京都市型现代农业高效用水原理与集成技术研究等 37 项农业科研成果获得国家科学技术奖；生态观光果园建设关键技术研究与应用等 113 项成果获得中华农业科技奖；中国二系杂交小麦技术体系创建等 92 项成果获得北京市科学技术奖；果树优质丰产光能、肥水高效利用技术推广应用等 23 项成果获得全国农牧渔业丰收奖。

天津市农业科技成果转化效果显著。在种业成果支撑方面，近年来，天津市十分重视现代都市型农业的发展，在现代种业、生物农业等高新技术产业的成果转化方面得到较快发展，形成了杂交粳稻、黄瓜、花椰菜、生猪、肉羊等优势品种。在农民职业教育方面，农民培训规模进一步加大，农业实用技术、农业职业技能、学历教育、农村实用人才带头人、新型职业农民等培训累计超过 50 万人次。在农业技术推广方面，“十二五”期间，天津市实施了 113 个基层农技推广补助项目，建立“专家+技术指导员+科技示范户+辐射带动户”模式，围绕种植业、畜牧、水产、农机等行业确定了 17 个主导产业，推广 75 个主推品种和 89 项主推技术，新增经济效益 2.6 亿元。重点筛选了 100 个新品种、100 项新技术进行推广，组织 2 392位专业技术人员实施了 162 项市农业科技成果转化与推广项目，共推广新品种 978 个、新技术 504 项，建立科技示范户 8 270户，取得社会经济效益约 15.7 亿元。在园区建设方面，天津市加快农业科技园区建设，建成国家级农业产业化示范基地 2 个、国家级现代农业示范区 3 个、国家级农业科技园区 2 个，其中国家级实验室入驻东丽区滨海国际花卉科技园区。科技对农业增长的贡献率达到 64%，高于全国近 10 个百分点。在农业物联网产业示范方面，天津实施农业物联网区域试验工程，已建成20个农业物联网核心试验基地。搭建了全国领先的农业物联网应用平台，234个放心菜基地实现了生产档案全程在线采集管理，畜牧水产养殖领域开展了质量安全追溯试点，物联网技术实现涉农区县和主要农产品全覆盖。加强“网农对接”，网上销售业务的农业企业、合作社快速增加，年交易额突破1亿元。

河北省加大力度科技研发及成果创新推广。在科技研发方面，近年来，河北省围绕制约产业发展的关键难题，筛选引进承接农业优异新品种743个，审定54个，研制新农药、新肥料、新饲料等36种，研制新设备机具45套，获专利25项，建立技术示范基地154个，试验示范新品种281个，新技术268项，举办培训班1 203场，培训农技骨干和农民20多万人，有力地支撑了河北省现代农业发展。在绿色增产模式攻关，各地组织专家和技术人员分区域、分作物制订技术方案，向农民推介深松耕、精量半精量播种、种肥同播、测土配方施肥、播后镇压、水肥一体化、病虫综合防治等先进适用技术30项，初步筛选出小麦春浇一水千斤绿色简化栽培技术模式、小麦微喷灌水肥一体化高效集成技术模式、夏玉米全程机械化生产技术模式、旱薄盐碱区玉米简化种植技术模式、冀中山前平原区玉米高产高效技术模式、冀西北寒旱区玉米抗旱种植技术模式等集成技术模式。在产业聚集方面，各地通过抓试点、搞示范，探索建立了一批各具特色的现代农业园区，目前全省千亩以上农业园区已发展到703个，入驻企业2 235家（省级以上农业产业化龙头企业291家），园区总产值达1 112亿元，带动农民349.5万人，已成为推动现代农业发展的重要引擎。在农业科技创新推广方面，在全国率先建立了“区域建站、县办县管”新型基层农技推广体系。目前全省共建立基层区域站2 602个，编制人员1.47万人。从2009年起，连续在全省组织开展了“百、千、万”农业干部下基层解难题送服务行动，全省共选派科技人员近4万人次，举办培训班14.5万期次，培训农技人员、科技示范户和农民1 425万人次，发放技术资料990万份，解决生产技术难题5.7万多个。此外，创新互联网+农业科技服务模式，重点推行了科技咨询服务大厅、12 316人工智能咨询电话、手机短信、科技大喇叭等服务模式，有效提升了农技推广服务手段。在全国率先开发建设了省级最大、内容最广、入网人数最多的河北省农技推广服务云平台，充分发挥现代信息技术在农技推广服务中快便捷、广覆盖作用，拓宽了农技推广服务内容和领域，助推农技推广服务增效升级，目前包括推广专家、农技人员、科技示范户等在内的平台用户达2万余人，有效提升了农业科技贡献率（表3-12）。

表 3-12　京津冀地区农业园区

地区	国家级农业产业化示范基地	国家级现代农业示范区	国家级农业科技园区
北京	顺义农业产业化示范园 大兴区农业产业化示范基地	顺义区国家现代农业示范区 房山区国家现代农业示范区 北京市国家现代农业示范区	昌平农业科技园区 顺义国家农业科技园区 通州国家农业科技园区 延庆国家农业科技园区
天津	武清区环渤海农业产业化示范基地 西青区东淀现代农业示范园	西青区国家现代农业示范区 武清区国家现代农业示范区 天津市国家现代农业示范区	津南农业科技园区 滨海国家农业科技园区
河北	昌黎县葡萄酒产业园区农业产业化示范基地 鹿泉市绿岛火炬开发区农业产业化示范基地 玉田县农业产业化示范基地 肃宁县毛皮产业聚集区农业产业化示范基地 隆尧县东方食品城园区 大名县农产品加工园区 平泉县兴平绿色食品加工园区 三河市农业高新技术园区	藁城市国家现代农业示范区 玉田县国家现代农业示范区 定州市国家现代农业示范区 肃宁县国家现代农业示范区 武安市国家现代农业示范区 武强县国家现代农业示范区 威县国家现代农业示范区 唐山市曹妃甸区国家现代农业示范区 永清县国家现代农业示范区 围场县国家现代农业示范区 张家口市塞北管理区国家现代农业示范区 昌黎县国家现代农业示范区 石家庄市国家现代农业示范区	三河国家农业科技园区 唐山国家农业科技园区 邯郸国家农业科技园区

2. 农业农村信息化基础设施及传播设备加快发展

伴随宽带中国国家战略的全面开展及“互联网+”现代农业行动计划的实施，京津冀农业农村信息化基础设施不断巩固提升。从农村宽带网络基础设施看，《中国统计年鉴》数据显示，2014 年，京津冀开通互联网宽带业务的行政村比重分别达到 100%、100%和 98.7%。2014 年京津冀农村宽带接入户分别达到 104.7 万户、2.0 万户、422.8 万户，农村互联网普及率分别达到 75.3%、61.4%和 49.1%。从农村居民信息传播设备看，2014 年京津冀农村居民家庭平均每百户固定电话拥有量分别为 79.81 台、67 台和 40.65 台；平均每百户移动电话拥有量分别为 189 台、203.4 台和 218.09 台，比 2005 年分别增长 41%、148%、489%；彩电拥有量分别达到 132 台、120.3 台和 120.12 台，比 2005 年分别增长 1%、3%、18%；平均每百户家用电脑拥有量分别为 75 台、45.50 台和 35.32 台，比 2005 年分别增长 1.51 倍、6.58 倍和 28.09 倍（表 3-13）。

表 3-13　2005 年和 2010—2014 年京津冀农村居民平均每百户主要耐用消费品拥有量和互联网普及率

单位:%

	年份	全国	北京	天津	河北
固定电话	2005	58.37	105.07	84.50	76.74
	2010	60.76	108.27	88.67	61.45
	2011	43.11	88.47	52.43	44.95
	2012	42.24	85.63	56.29	45.05
	2013	32.60	82.47	57.70	34.02
	2014	38.90	79.81	67.00	40.65
移动电话	2005	50.24	134.00	82.00	37.00
	2010	136.54	219.07	140.83	115.36
	2011	179.74	231.20	187.86	193.17
	2012	197.80	234.87	195.57	201.07
	2013	199.50	221.00	196.60	201.57
	2014	215.00	189.00	203.40	218.09
彩色电视机	2005	84.08	130.67	116.50	102.14
	2010	111.79	136.67	123.67	116.55
	2011	115.46	134.33	122.43	121.88
	2012	116.90	136.03	125.29	121.76
	2013	112.90	132.00	119.80	117.07
	2014	115.60	132.00	120.30	120.12
家用计算机	2005	2.10	29.87	6.00	1.21
	2010	10.37	59.33	15.17	9.69
	2011	17.96	62.87	37.00	25.57
	2012	21.36	66.70	43.71	30.40
	2013	20.00	74.00	42.60	29.09
	2014	23.50	75.00	45.50	35.32
互联网普及率	2010	34.30	69.40	52.70	31.20
	2011	38.30	70.30	55.60	36.10
	2012	42.10	72.20	58.50	41.50
	2013	45.80	75.20	61.30	46.50
	2014	47.90	75.30	61.40	49.10

*数据来源：中国统计年鉴

3. 农业装备水平不断提高

近年来，农业装备产业作为打造京津冀农业高端产业链的重要产业之一，推动了三地的农业全程机械化水平的提高。从实践来看，三地围绕精准农业、智能农业、生态农业和可持续农业建设，秸秆综合利用机具、保护性耕作机械、精少量播种机、智能环境控制设备等数量增长明显。围绕农业种植结构调整，设施农业机械、畜牧水产机械、农产品初加工机械等增长势头强劲，京津冀农机化进入量、质并重和全程、全面发展阶段。如北京市农林学院国家农业信息化工程技术研究中心开发出光机电液一体化土地平整设备、小麦精少量播种及监控设备、精准施肥设备等一批智能化现代农业装备，并在全国范围内累计推广应用 2 275台，辐射面积达 245 万亩，产生经济社会效益 5 300余万元。天津市自 2010 年以来已连续 7 年实施农机深松整地及激光平地作业补贴政策，2010—2015 年，全市累计利用中央农机购置补贴资金 900 万元、市财政保护性耕作补贴专项资金 1. 105 亿元，区县配套资金 950 万元，实施农机深松作业 366 万亩、激光平地作业 75 万亩。河北省加大力度支持新型农机社会化经营主体，“十二五”期间河北省农机合作社在发展到 2358 个，比 2010 年的 328 个增长了 7 倍，服务农户数达到 250 余万户，已经承担了全省粮食生产耕种收关键环节社会化服务的 30%以上的农机作业量，农业生产的机械化程度和组织化程度进一步提高。

总体来看，三地已逐渐形成结构较为完善的农机装备产业。2014 年，京津冀三地农用机械总动力分别达到 195. 8 万 kW、552. 3 万 kW 和 10 942. 9 万 kW；其中大中型拖拉机分别达到 0. 66 万台、1. 58 万台和 25. 46 万台；从耕种收机械化水平看，2014 年京津冀三地耕种收机械化水平分别达到 87. 6%、85. 8%、64. 91%，比 2010 年分别增长 73. 12%、12. 75%、12. 32%（表 3-14、图 3-15）。

表 3-14 2010—2014 年京津冀农业机械拥有量

	年份	全国	北京	天津	河北
农机总动力（万 kW）	2010	92 780. 48	276. 00	587. 79	10 151. 30
	2011	97 734. 70	265. 20	583. 90	10 349. 20
	2012	102 559. 00	241. 10	568. 10	10 553. 80
	2013	103 906. 80	207. 70	554. 20	10 762. 70
	2014	108 056. 60	195. 80	552. 30	10 942. 90
大中型拖拉机（万台）	2010	392. 17	0. 83	1. 30	17. 26
	2011	440. 65	0. 89	1. 43	19. 34
	2012	485. 24	0. 74	1. 50	21. 37
	2013	527. 02	0. 65	1. 56	23. 43
	2014	567. 95	0. 66	1. 58	25. 46

（续表）

	年份	全国	北京	天津	河北
大中型拖拉机配套农机具（万部）	2010	612.86	1.41	1.97	34.53
	2011	698.95	1.46	2.06	37.96
	2012	763.52	1.35	2.19	40.97
	2013	826.62	1.16	2.42	43.53
	2014	889.64	1.14	3.02	45.82
小型拖拉机（万台）	2010	1 785.79	1.32	3.12	150.50
	2011	1 811.27	1.17	2.78	149.10
	2012	1 797.23	0.73	2.31	146.27
	2013	1 752.28	0.24	0.92	142.42
	2014	1 729.77	0.20	0.46	138.62
联合收获机（万台）	2010	99.21	0.21	0.40	7.93
	2011	111.37	0.22	0.47	8.59
	2012	127.88	0.22	0.56	10.14
	2013	142.10	0.19	0.59	11.52
	2014	158.46	0.18	0.58	12.77

* 数据来源：历年中国农业机械工业年鉴

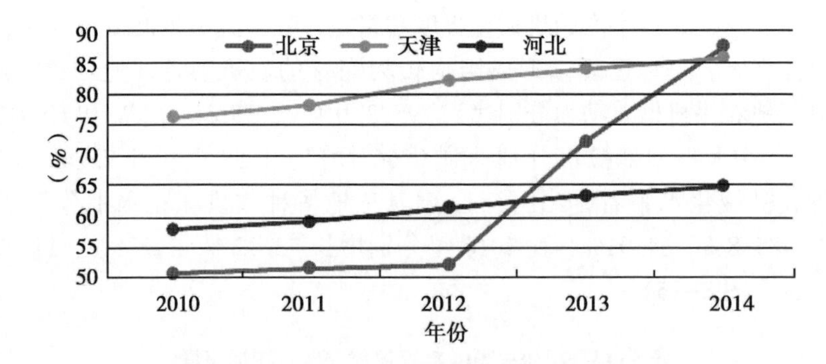

图 3-15　2010—2014 年京津冀耕种收机械化水平

* 数据来源：北京统计年鉴、天津统计年鉴、河北农村统计年鉴

第二节　京津冀现代农业产业结构

基于区域比较优势理论，试图通过测算区域比较优势指数，来选择现代农业各产业的最优生产布局。由于现代农业各产业的区域比较优势取决于自然资源禀赋、市场需求拉动与环境支撑能力等各方面的共同作用。因此，评价现代农业各产业比较优势指标的选取既要能综合地反映各构成因素的影

响，又要能反映区域各产业的生产能力的现状和变化特征。

种养殖面积（存栏规模）是反映某区域某种产业生产规模和专业化程度的指标，主要由自然资源、物质和劳动投入能力、市场需求、产业结构、制度、政策等因素决定。不同区域自然资源条件、经济发展水平、产业结构政策的不同就决定了不同区域各产业有不同的种植面积。由于规模化、专业化生产可以产生规模经济效益，降低单位产品生产成本，从而提高产品比较优势，所以种植面积是构成综合比较优势的第一个重要指标。

产量反映的是区域内各个产业总体生产发展和个体生产能力的状况，是地区农业生产条件、资源优势、管理水平的综合体现。由于农作物、存栏畜禽、水产品等受到自然条件好坏、自然灾害危害程度、疫病虫害危害、生产管理水平高低的影响，其生产率和生产效益不同，具有面积（数量）优势的地区不一定具有产量优势。因此，产量优势也是构成产业结构综合比较优势评价的重要指标。

一、种植业优势指数

1. 测算模型和评价方法

主要农作物种植面积优势指数是指京津冀三地某一区域某种农作物种植面积占该区域主要农作物种植面积总和的比重与三地该种农作物种植面积占三地主要农作物种植面积的比重的比率，可用数学模型表示为：

$$\mathrm{RAP}_{ij}=\frac{S_{ij}/S_i}{S_j/S}$$

式中：RAP_{ij}表示为 i 区 j 种农作物生产的种植面积优势指数；

S_{ij}表示为 i 区 j 种农作物的种植面积；

S_i 表示为 i 区所有农作物种植面积；

S_j 表示为京津冀 j 种农作物种植面积；

S 表示为京津冀所有农作物种植面积。

该指标反映了一国内不同区域同一种农作物种植面积和同一区域内不同农作物种植面积的相对优势。如果 $\mathrm{RAP}_{ij}>1$，则说明该区域该种农作物在三地具有种植面积优势，且取值越大，规模优势越强；如果 $\mathrm{RAP}_{ij}<1$，则说明该区域该种农作物在三地不具有种植面积优势，且取值越小，劣势越显著。$\mathrm{RAP}_{ij}=1$，则表明，与三地平均水平相比，该区域该种农作物既没有规模优势也不存在规模劣势，处于平均水平。本文将各种农作物种植面积优势指数

的平均值作为各地种植业优势指数。数据来源于《中国统计年鉴2015》。

2. 计算结果

经计算，北京市种植业优势指数为0.26，天津市为0.59，河北则为1.01。从各种农作物的种植面积优势指数来看，北京在蔬菜种植方面占有较高优势，天津在棉花和蔬菜种植方面优势明显，河北在油料作物种植方面占有优势，粮食和棉花种植处于平均水平（表3-15）。

表3-15 2014年京津冀农作物种植面积优势指数

农作物	北京	天津	河北
粮食	0.85	0.99	1
油料	0.26	0.07	1.07
棉花	0.01	1.34	1
蔬菜	1.99	1.27	0.96
几何平均值	0.26	0.59	1.01

表3-16显示，2014年在京津冀区域的粮食总产量中，河北省占比为93.3%，从总量来看，河北省粮食几乎占京津冀粮食的全部。从各地人均占有粮食产量来看，河北省人均占有粮食产量455kg/人，北京市人均占有粮食产量30kg/人，天津市人均占有粮食产量116kg/人。按照2014年全国人均消费粮食141kg/人的标准计算，河北省人均拥有的粮食远远超过其消费数量；北京市的粮食产量不足消费需求的1/3，远远不能自给；天津市粮食产量不能完全满足天津居民的基本生活消费，因此河北省的粮食生产对保障京津冀区域粮食供应发挥重要的作用。

表3-16 2005—2014年京津冀人均粮食产量 单位：kg

地区	2014	2013	2012	2011	2010	2009	2008	2007	2006	2005
北京市	29.97	45.95	55.66	61.19	62.26	72.33	75.39	63.52	70	61.91
天津市	117.73	121.1	116.87	122.19	126.68	130.02	130.01	134.38	133.99	132.23
河北省	456.66	460.32	446.94	439.85	418.56	415.05	417.15	410.6	404.48	380.44

二、养殖业优势指数

1. 测算模型和评价方法

产量优势指数是指京津冀三地某一区域某种畜禽产量占该区域所有畜禽

产量总和的比重与三地该种畜禽产量占三地所有畜禽产量的比重的比率，可用数学模型表示为：

$$RAB_{ij}=\frac{P_{ij}/P_i}{P_j/P}$$

式中：RAB_{ij}表示为 i 区 j 种畜禽产品产量优势指数；

P_{ij}表示为 i 区 j 种畜禽产品产量；

P_i 表示为 i 区所有畜禽产品产量；

P_j 表示为京津冀 j 种畜禽产品产量；

P 表示为京津冀所有畜禽产品产量。

该指标反映了三地不同区域同一种畜禽产品产量和同一区域内不同畜禽产品产量的相对优势。如果 $RAB_{ij}>1$，则说明该区域该种畜禽产品在三地具有产量优势，且取值越大，产量优势越强；如果 $RAB_{ij}<1$，则说明该区域该种畜禽产品在三地不具有产量优势，且取值越小，劣势越显著。$RAB_{ij}=1$，则表明，与三地平均水平相比，该区域该种畜禽产品既没有产量优势也不存在产量劣势，处于平均水平。本文将各地区各种畜产品产量优势指数的平均值作为该地养殖业优势指数。数据来源于《中国畜牧兽医年鉴 2015》。

2. 计算结果

经计算，2014 年北京市养殖业优势指数为 0.78，天津市优势指数为 0.85，河北优势指数为 1.02。从各地区畜产品的产量优势指数来看，北京市在禽肉和奶类产品方面占有产量优势，天津市在猪肉、禽肉和奶类方面占有优势，河北在牛肉、羊肉和禽蛋方面占有产量优势，其猪肉产量处于平均水平（表 3-17）。

表 3-17　2014 年京津冀畜产品产量优势指数

畜产品	北京	天津	河北
猪肉	0.95	1.05	1.00
牛肉	0.39	0.69	1.09
羊肉	0.48	0.57	1.09
禽肉	1.46	1.21	0.94
奶类	1.27	1.29	0.95
禽蛋	0.65	0.57	1.07
几何平均值	0.78	0.85	1.02

三、水产业优势指数

1. 测算模型和评价方法

产量优势指数是指京津冀三地某一区域某种水产品产量占该区域所有水产品产量总和的比重与三地该种水产品产量占三地所有水产品产量的比重的比率，可用数学模型表示为：

$$RAF_{ij}=\frac{P_{ij}/P_i}{P_j/P}$$

式中：RAF_{ij}表示为i区j种水产品产量优势指数；

P_{ij}表示为i区j种水产品产量；

P_i表示为i区所有水产品产量；

P_j表示为京津冀j种水产品产量；

P表示为京津冀所有水产品产量。

该指标反映了三地不同区域同一种水产品产量和同一区域内不同水产品产量的相对优势。如果$RAF_{ij}>1$，则说明该区域该种水产品在三地具有产量优势，且取值越大，产量优势越强；如果$RAF_{ij}<1$，则说明该区域该种水产品在三地不具有产量优势，且取值越小，劣势越显著。$RAF_{ij}=1$，则表明，与三地平均水平相比，该区域该种水产品既没有产量优势也不存在产量劣势，处于平均水平。本文将各地区各种水产品产量优势指数的平均值作为该地水产养殖业优势指数。数据来源于《中国统计年鉴 2015》。

2. 计算结果

经计算，2014 年北京市水产养殖业优势指数为 0.79，天津市优势指数为 0.78，河北优势指数为 0.99。从各地区水产品的产量优势指数来看，北京市和天津市在淡水养殖方面占有产量优势，河北在海水养殖方面占有产量优势（表 3-18）。

表 3-18　2014 年京津冀水产品产量优势指数

水产品	北京	天津	河北
海水产品	0.40	0.40	1.23
淡水产品	1.53	1.54	0.80
几何平均值	0.79	0.78	0.99

四、农业产业综合比较优势指数

1. 测算模型和评价方法

农业产业综合比较优势指数应该是能比较全面地反映区域畜产品比较优势的，它是包括能反映所有影响农业产业比较优势的各项因素的一个综合指标。但是在现实中，这样的指标是不存在的，数据也是不可获取的。以上所选取的三项单项指标从不同侧面反映了区域农业产业的比较优势。本文将种植业优势指数、养殖业优势指数和水产品优势指数的几何平均数，作为一个综合指标来反映京津冀三地农业产业的比较优势。

农业产业综合比较优势指数计算公式为：

$$RAA_{ij}=\sqrt[3]{RAP_{ij}\times RAB_{ij}\times Raf_{ij}}$$

若 $RAA_{ij}>1$，则表明与三地平均水平相比，i 区域农业产业具有综合比较优势；如果 $RAA_{ij}<1$，则表明 i 区域农业产业在三地处于比较劣势；如果 $RAA_{ij}=1$，则表明与三地平均水平相比，i 区域农业产业发展不具有比较优势也没有比较劣势。

2. 计算结果

经计算，北京市农业产业综合比较优势指数为 0.54，天津为 0.73，河北为 1.01。这一结果符合当前京津冀三地农业产业发展的现状，北京和天津在农业产业发展上存在比较劣势，河北相对来说具有比较优势。

2015 年，北京市积极推进农业调结构、转方式，发展高效节水农业，传统农业规模进一步收缩，观光休闲等都市型农业呈现良好发展态势。天津市现代都市型农业发展加快，农业种养殖结构进一步调整，放心菜基地面积达到 2.84 万 hm^2，观光农业、生态农业成为新亮点。河北省全年粮食总产量持续增长，蔬菜播种面积增长 0.4%，林业生产持续增长，全年完成造林面积 342.6 千 hm^2，水产品产量达到 128 万 t，增长 1.3%。

第三节　京津冀农业主导产业发展

一、设施农业

设施农业是京津冀都市农业的重要组成部分。由于土地资源的制约，北京、天津大力发展设施农业，京津冀地区以节能型日光温室为代表的现代设施农业的生产规模和水平均居全国前列。

北京市设施农业逐渐形成"以线为主，线面结合"的发展模式，按照"市场导向、突出主体，集约发展、农民增收，集成力量、整体推进"的原则，稳步促进设施农业的健康发展。主要形式是温室、大棚、中小棚。2014年，北京市设施农业播种面积达到38 115hm^2，设施农业收入51.27亿元，温室设施农业面积22 073hm^2，比2010年增加2 344hm^2，大棚面积也由2010年的11 226hm^{2}增加到12 448hm^2，中小棚设施面积则减少2 262hm^2；设施农业装备水平不断提高，极大地带动了设施农业收入的增加。

天津市先后实施设施农业"4412"工程和提升工程，建成了4万hm^{2}高标准设施农业、22个现代农业园区、155个畜牧和水产养殖园区；提升改造1.03万hm^{2}种植业设施、89个养殖园区。目前，设施蔬菜播种面积占全市蔬菜播种面积近70%，以滨海新区为主的水产工厂化养殖规模占全国总量的六分之一。天津市于2013年被农业部确定为农业物联网区域试验工程试验区，随即启动了农业物联网"12345"工程。截至目前，已建成农业物联网技术应用核心示范基地30个，辐射带动应用单位达150余家，辐射面积超过1 200hm^2。为推进设施的集中连片和规模化建设，各区县探索建立了互换、转包、转让、出租、入股等多种土地流转方式，初步形成一批集中连片的设施聚集区。而且有些聚集区已打破区县界限，规模化格局逐步形成。天津市实施"放心农产品"基地建设，建成"放心菜"生产基地2.84万hm^2，提升改造"放心肉鸡"生产基地204个，无公害蔬菜、畜禽和水产品比例分别达到90%、78%和65%以上。农产品综合抽检合格率稳定在99.4%以上，农药、肥料、兽药等农资抽检合格率稳定在98%以上。

河北省发展设施农业不仅能够满足农民增收需要，同时也是保障京津"菜篮子"供给安全的需要。河北省通过政策扶持，大力发展设施农业，重点加大蔬菜生产大县扶持力度，到2014年底，设施蔬菜播种面积达到68.53万hm^2，占全省蔬菜总播种面积的50%，比"十一五"末净增8.53万hm^2，占比提高4个百分点，其中，日光温室播种面积24.27万hm^2，仅次于辽宁和山东，居全国第3位；大棚蔬菜面积283万亩，仅次于山东，居全国第2位；中小棚381万亩，位居全国前列。2014年，全省设施蔬菜3万亩以上的县（市、区，下同）达到83个，占全省农业县的60%。奶业通过整治新建和扩建规模奶牛养殖场1 353个，规模养殖比例达到100%。此外，规模养殖场（小区）同样得到较快发展。据统计，河北省设施农业的发展进一步巩固了“菜篮子”供给能力的提高，2015 年，河北省蔬菜、牛奶、肉类、水产品总产量分别达到 8 243. 7万 t、473. 1 万 t、462 万 t 和 129. 3 万 t，河北省用不到百分之十的耕地面积提供了近七成的农业产值，发展设施农业是河北省农业结构深度调整的一个重要发展方向。

二、农产品加工业

近年来，京津冀农产品加工业企业逐渐规模化发展，盈利能力显著提升，产业形态基本形成，集群效应日益凸显，并且形成了众多知名品牌，从原料基地、科技推动、产业化经营等方面实力都呈现稳步提升的态势，产业发展内在动力增强。京津两地依托其聚集资源的优势，吸引农业企业入驻；河北省充分发挥劳动力和土地优势，吸引农产品加工企业伴随一批农产品加工科研项目落户园区、进驻小城镇。

北京市具有特殊的区位优势和重要的战略位置，成为联结东北、华北、西北乃至全国的枢纽性区位，人口众多，食品加工与消费市场广大。北京是我国农产品食品加工发达、全国领先、具有一定国际影响的农产品食品加工业集聚区，也是全国农业、食品加工科研机构、高等学府最集中的地方，科技实力强盛，拥有中粮集团、中食集团、燕京、汇源、三元、蒙牛、伊利、首农等一大批知名企业和全国最多的食品加工企业总部所在地。2014 年，规模以上农产品加工企业产值突破 1 350亿元，年均增长 15%以上，国家重点龙头企业达到 39 个，涉农上市龙头企业 10 个，各类农业龙头企业吸纳劳动力就业 12 万人，农民直接年增收 6. 5 亿元，形成了一批有影响力的农业品牌，三元食品、德青源鸡蛋、鹏程肉食等品牌知名度不断上升，品牌价值超过 1 000亿元。农业合作组织发展壮大，全市农民专业合作社达到 6 744 个，辐射带动近 3/4 的一产农户。

天津市作为京津冀农产品物流和加工业的主要功能区，近年来结合天津农业功能建设“新三区”的定位，借助滨海新区开发开放以及优越的区位优势、港口优势，以天津地产原料和国内外原料为依托的农产品加工业高速发展，一大批著名农产品加工产业集团落户天津，传统农产品加工企业不断转型发展，有效带动了天津地产农产品加工增值，形成了以食品加工制造业为主体的城乡一体化格局，农产品加工业成为天津农村经济发展的新增长点。2012 年，天津市共有农业产业化龙头企业 440 家，涉及肉类、奶制品、水产品、蔬菜和果品等加工企业，其中年销售收入超过 1 亿元的企业达到

40家，区县级以上农业产业化龙头企业451家。截至2014年底，规模以上农产品加工业企业产值3 785.51亿元，占工业总产值的13.82%，与农业产值之比为8.57：1；主营业务收入达到18.5万亿元，连续11年年均增长率超过20%，市级规模以上农产品加工企业接近900家，年总产值超过3 000亿元，形成了包括"大顺"花卉、"黑马"蔬菜、"日思"牌小站稻、"大成"禽产品、"黄庄洼"大米、"海河"牌乳品、"茶淀"牌葡萄等农产品及其加工品品牌，天津农产品加工业具备了支柱产业的雏形。此外，天津市组织实施农产品加工业"6211"提升计划，即围绕粮油、肉类、奶制品、水产品、果蔬和调味品6大产业，培育发展20家农产品精深加工领军企业，提升100家农业产业化龙头企业经营水平，发展100个"一村一品"特色产业村，目前全市一村一品特色专业村镇发展到300多个，村集体经营性收入和农民收入大幅增加。

河北省启动实施农产品加工业提升行动，大力促进农产品加工业发展，推动一二三产业融合互动。受钢铁等主导产业产能过剩和大气污染治理影响，近几年河北省谋求新的经济增长点以代替和填补传统产业，农产品加工业得到快速发展。截至2014年底，河北省规模以上农产品加工业实现总产值9 873.7亿元，比2010年增长94.95%，农产品加工业与农业产值比达到1.65，比2010年提高40.14%；年产值超过100亿元的农产品加工聚集区达到10个，参与产业化经营农户超过1 100万户，户均增收1万元。到2015年，全省农产品生产（加工）基地发展到699个，其中，种植业生产基地382个，养殖业生产基地286个。全省农产品生产（加工）基地共实现销售产值3 297.0亿元，比"十一五"时期末增长71.1%，年均增长11.3%。带动农户数885.5万户，带动农户户均纯收入达到25 975元，比"十一五"时期末增长48.3%，年均增长8.2%；从产业化经营中得到的户均纯收入为11 180元，比"十一五"时期末增长54.6%，年均增长9.1%。农产品加工基地实现销售产值560.5亿元，比"十一五"时期末增长73.7%，年均增长11.7%。农副产品转化率达到42.9%，比"十一五"时期末提高7.0个百分点。一批重点龙头企业已经跻身全国同行业前列，形成大名面粉加工、隆尧食品加工、赵县淀粉加工、清河羊绒（毛）加工、高阳纺织品加工、蠡县毛纺加工、辛集皮革加工、廊坊肉类加工、枣强皮毛加工、石家庄乳品加工等十大农产品加工产业集群，这些加工企业也成为河北省政府近年来的重点扶持对象。农产品生产（加工）基地的拓展，带动了大批农户的积极参与，促进了农户收入的提高。此外，借助于京津冀协同发展，截至2015

年 6 月底，京津共有 110 家企业在河北省投资农业产业化，其中在建项目 172 个，总投资额达 766 亿元。2016 年 7 月河北省出台了《河北省人民政府关于加快农产品加工业发展的意见》(冀政发〔2016〕35 号)，提出“实施农产品加工业‘倍增计划’，到 2017 年，农产品加工业产值达到 11 000亿元，加工业与农林牧渔业总产值比达到 1. 8 : 1。到 2020 年，农产品加工业产值比 2015 年翻一番，达到 18 000亿元以上，加工业与农林牧渔业总产值比达到 2. 5 : 1”。总体来看，河北省农产品加工业正处于快速发展阶段，农民增收的带动作用十分明显。

三、现代种业

2010 年中央农村工作会议上提出，要加快种业科技创新，做大做强民族种业。2012 年中央一号文件提出“科技兴农、良种先行”，进一步凸显种业基础性、战略性地位。经过不断努力，京津冀现代种业取得长足进步。北京定位“全国种业之都”，种业发展引领全国。天津种业发展迅速，河北省则加快与北京科技企业、科研院校合作，建立籽种研发基地，籽种产业逐渐成为其现代农业发展重要内容。

北京从 20 世纪 70 年代末开始发展籽种产业，凭借得天独厚的科技、市场、信息、人才等优势，扎实推进“种业之都”建设，已基本确立全国种业“三中心一平台”的地位，2014 年全市种业销售额达 102. 8 亿元。①全国种业科研创新中心，北京地区保存国家级种质资源 40 万份，列世界第 2 位。拥有种业研发机构 80 余家，7 位院士在内的高水平专家 1000 多名，每年新育成各类作物品种 400 个左右。杂交玉米、小麦、蔬菜等新品种育种在全国处于领先水平。②国内外种业企业聚集中心，全国种业 50 强企业有 20 家都在北京设立了总部或分支机构，世界十大种业企业，有 8 家在北京设立办事处或研发中心。③全国种业交流交易中心，北京四大种业企业交易额大概 60 亿元，其中种植业占了 35 亿元，养殖业 25 亿元。北京种子交易大会已连续举办了 16 年，每次交易额 3 亿~5 亿元。④全国种业发展和服务的平台，北京建立了“10+1+5”新品种创新示范展示基地，“10”就是 10 个郊区县的农作物新品种试验示范展示基地，“1”就是一个国家级和市级基地，“5”就是中国农业科学院、北京市农业科学院、中国农业大学、北京市农学院等已建立的种业创新孵化基地，市科委称之为优势种业企业。目前，北京每年育成的粮食、蔬菜新品种 400 余个，主导完成了世界首张西瓜基因序列图谱，研制出世界首个水稻全基因组芯片，建成了世界最大的玉米标准DNA指纹库。育成的“京葫36号”西葫芦新品种，打破了国外的长期垄断；京红、京粉系列蛋种鸡销量世界第一；冷水鱼种苗的市场占有率达到40%~50%。根据《北京统计年鉴2016》，2014年北京种业生产实现收入14.04亿元，比2013年增加0.39%，其中小麦种、玉米种和蔬菜种收入达到0.64亿元；牧业种业实现收入2.06亿元；渔业种业实现收入达0.29亿元。

2008年以来，天津市相继出台了《天津农业种业基地建设意见》《天津市农业种业基地建设贷款财政贴息专项资金管理办法》和《关于加快推进现代农作物种业发展的意见》等，从政策上对发展种业给予倾斜支持。在政府引导下，天津市已陆续建成优质高效的蔬菜、粮、猪、奶牛、淡水鱼、海珍品水产、花卉、林木、食用菌和转基因十大良种繁育基地。天津市依靠雄厚的育种科研实力，取得一批在国内处于领先水平的科技成果，试验、示范、推广一大批适应性强、丰产高效的新技术、新品种，同时积累丰富的品种资源材料。目前已形成蔬菜、畜牧、水产、农作物和林果等五大优势种业格局。蔬菜种业正逐步形成规模化、标准化、产业化运作模式。目前，天津市蔬菜良种年销量100万kg以上，年销售额超2亿元，其中黄瓜、花椰菜、大白菜、芹菜最具有优势，占全市份额80%以上，黄瓜、大白菜、芹菜占全国市场30%。农作物中以水稻育种最具优势，天津水稻育种栽培技术在全国具有领先地位，选育的水稻品种在全国约有4 000万亩粳稻辐射面积，津牌水稻品种在全市占有率95%。畜牧种业呈现快速蓬勃发展趋势，年产值达10多亿元，天津奥群牧业、宁河原种场、农夫种猪场、天津奶牛育种中心等培育的种羊、种猪或冻精销往全国30多个省市。水产种业持续进步，拥有2个国家级和10个市级水产原良种场，其中南美白对虾育苗成为天津海水养殖优势产业。林果种业中花卉异军突起，随着天津花卉种苗繁育的进步，大批国内外新奇特花卉品种在本市生根，全市花卉苗木生产面积达3.3万亩，尤其是天津滨海国际花卉科技园依靠雄厚的花卉科研培育技术和庞大的先进生产设施，不仅将新品种销往大江南北和国际市场，而且掌握了部分市场定价权。

河北省种业发展环境不断优化，种业投入持续增加，良种繁育能力和企业市场竞争力逐步增强，种子技术支撑体系逐步健全，市场监管服务水平不断提升，为现代农作物种业发展奠定了坚实基础。“十二五”期间，省级审定主要农作物品种278个，其中32个河北省品种通过国家审定；主要农作物种子实行精选包装和标牌销售，商品化供种率在60%以上。企业创新主体地位日益突出，种子企业的科研投入大幅增长。2014 年全省种子企业科研投入 1.57 亿元，其中企业自主投入 1.17 亿元，财政项目投入 835 万元，非财政资金对企业的合作投入 3 125万元。科研投入比 2013 年增加 0.3 亿元，增幅达到 23.5%。企业实力不断提高，全省持证企业注册资本 30.5 亿元，销售总收入约 37.17 亿元，利润 3.66 亿元。其中河北省通过农业部认证的“育繁推一体化”企业达到 5 家，有进出口资质企业 3 家。三北种业公司、河北巡天农业科技有限公司、承德裕丰种业公司、国欣农研会销售收入进入全国种子企业销售前 50 强。河北省企业选育品种达到 60%，成为品种创新的主力军。作为对于科研育种有重要意义的南繁育种工作，河北省现在从事南繁育种的企业和民营单位达到 50 家，占河北省南繁单位的 72.5%。2014 年河北省企业及民营单位南繁科研用地 2 014亩，占河北省全部南繁科研用地的 80.4%，南繁繁种用地 2 107亩，大部分为企业用地。企业品种选育能力大幅提高，企业培育的品种数量占河北省审定品种的 57%，科企合作培育品种数量也在不断提高，打破了原来科研单位、高等院校审定品种占多数的局面，商业化育种体系基本建成。种业从业人员素质逐年提高，人员结构得到改善。2014 年河北省种子企业职工总数 6 500多人，本科以上人数约占总数的 50%，有博士 21 人、硕士 138 人；科研人员达到 1 321人，占总人数的 20.2%。企业人员素质的提升，进一步提高了种业的创新能力和管理能力、生产经营能力，促进了种业的发展。品种创新能力提高，供种保障能力增强，全省主要农作物良种覆盖率稳定在 97%以上，良种在农业增产中的贡献率达到 43%以上，为粮食生产实现创纪录的“十二连增”提供了坚实的支撑。

四、休闲农业

京津冀三地地缘相接，地域一体，文化一脉，休闲农业资源地域聚集度高、特色明显、地域组合优良，各地休闲农业资源存在着互补性和优势叠加性，发展休闲农业具有得天独厚的区位优势、资源优势、文化优势以及市场优势。作为京津冀农村产业融合的重要业态，近几年京津冀三地在休闲观光农业方面积极进行优势互补，尤其是 2015 年由天津市牵头，京津冀三地共同制定了《京津冀休闲农业协同发展产业规划》，联合推出了“京津冀休闲农业与乡村旅游”精品线路，促进了三地休闲观光农业资源和产品整合开发、优势互补、共赢发展。

北京都市型现代休闲农业利用田园景观、自然生态及环境资源、农村设备与空间、农业生产场地、农业产品等直接可利用资源及农村人文资源等，在设计创新的基础上，发挥农业和农村的休闲旅游功能。北京市按照“提档升级、规范提高”的思路和“部门联动、政策集成”的工作机制，大力发展休闲农业。截至2014年底共有观光休闲农业园区1 283个、民俗旅游村207个9 970户，从业人员6.76万人。2014年全年接待游客3 635.7万人，总收入36亿元，其中采摘收入8亿元。休闲农业与乡村旅游实现总收入36亿元。与此同时，北京市大力发展会展农业，成功举办了世界草莓大会、世界种子大会、北京农业嘉年华等具有国内外影响力的农业会展。

2010年以来，天津市休闲农业在产业规模和产业效益方面都呈现良好的发展趋势，全市有休闲农业与乡村旅游经营户逾3 000家，带动农民就业人数28万人。2015年，接待游客1 600万人次，实现农副产品及旅游综合收入50亿元。目前，蓟县郭家沟、蓟县常州、北辰双街、静海西双塘、武清南辛庄等5个村被农业部认定为中国最美休闲乡村。蓟县团山子梨园、蓟县白庄子湿地、宝坻八门城水稻景观、宝坻黄庄洼水稻景观等4处景观被农业部评为中国美丽田园。滨海新区大港崔庄子枣园被农业部评为中国重要农业文化遗产。滨海新区大港四季田园生态园和蓟县穿芳峪镇小穿芳峪村等20个村点被农业部认定为全国休闲农业与乡村旅游示范点。2014年，全市休闲农业与乡村旅游经营户达到2 510家，其中星级示范户1 428家，直接从业人员超过5.28万人，带动农民就业人数26.1万人，接待游客1 473万人次，实现直接收入10.5亿元，农副产品销售及旅游综合收入39.6亿元，年接待人次和综合收入连续四年年增长速度达到30%左右。

据初步统计，截至2014年底，河北省开展休闲农业和乡村旅游的乡镇近300个，村落有1 400余个。以休闲农业为主要内容的科技园、观光园总数达到287家，年营业收入500万以上的有30余家。国家级示范县7个，国家级示范点17个，最美休闲乡村5家，国家级精品线路一条，全国十佳农庄一家，国家级星级企业64家，世界农业文化遗产1家，国家农业文化遗产2家。省级示范县6个，省级示范点6个，星级企业56家，休闲农业园31家，采摘园25家，2014年经省农业厅和旅游局协商确定启动河北省休闲农业与乡村旅游示范县和示范点工作，省级示范县（6个）元氏县、栾城县、昌黎县、怀来县、丰南区、双滦区，示范点12家；2014年开展了省级星级休闲农业园和星级休闲农业采摘园创建工作，共命名56家。河北省休闲农业的接待能力不断提高，以休闲农业为主要内容的科技园、观光园、乡村旅游总数达到2 200多家。仅休闲农业示范县和星级企业统计年接待游客超过5 000万人次。年接待十万人次以上的有59家，其中年接待50万人次以上的有15家；年接待100万人次以上的有7家。休闲农业效益稳步提高，年接待游客超过3 600万人次，旅游收入达65亿元，分别占全省旅游接待和收入总量的36%和11.7%；休闲农业带动就业人数达26万人，占全省旅游就业人数的13%。全省共有全国休闲农业与乡村旅游五星级企业5家，四星级企业29家，三星级企业20家，全国休闲农业与乡村旅游示范县5个，示范点13个，总数排在全国前列。

近10年，京津冀经济地区凭借区位优势和经济优势，加大科技投入，利用市场机制优化配置资源，发挥农业的多功能性，设施农业、创意农业、农产品加工业、观光休闲农业等都市农业产业发展壮大。依托城市广阔的消费市场和要素供给市场，农村、农业和旅游、文化联系得日益紧密，逐步形成独特的从田间到餐桌、从原料到成品、从生产加工到消费的产加销一体化经营、一二三产业融合发展的都市圈都市农业产业体系，城市之间的互动更加频繁，现代生产要素开始在行政区域间优化配置和流动。一方面，农业与加工业、物流业、服务业、旅游业等产业紧密联合在一起；另一方面，农业内部结构渐趋合理，不断由数量型农业向效益型农业转变，蔬菜及食用菌、瓜类及草莓等产业发展良好，供给量比较稳定，苗木、药材等新兴产业迅猛发展。

第四节　京津冀现代农业协同发展问题分析

尽管近年来京津冀在现代农业建设方面取得了较大进展，但总体看，受到“中心—外围”二元结构影响，三地在现代农业建设中仍主要以自身产业发展建设为主，京津冀产业结构存在较大梯度差，京津冀现代农业产业升级一体化面临较大挑战。

一、区域产业优势尚未充分发挥

（1）区域农业生产性服务业尚未形成互动机制。北京现代农业服务业发达，河北、天津与北京的农产品加工业互补性较强，京津冀三地农业产业的比较优势、竞争优势以及分工、定位仍不够明确，尚未形成互补、互利、互融的区域农业发展机制。目前，京津冀三地仍存在跨区域农业生产性服务市场尚未形成、区域内部供需存在较大缺口等问题。尤其在农业生产性服务产业市场相对独立，科技、金融、信息等服务要素尚未实现自由流动，导致区域不均衡的现象较为严重。比如北京丰富的金融资源难以辐射津冀，严重制约了天津和河北现代农业的协同发展。

（2）优质农产品产销对接尚需进一步推进。河北作为区域内农产品供给主产区，优质农产品供给能力尚未发挥，区域内部供需存在较大缺口。随着城镇化的快速发展和消费水平的不断扩大，京津地区对优质农产品消费需求日益增长，而河北省生产的农产品已难以满足，从而使区域内供需产生缺口，进而削弱了三地现代农业协作的动力和基础，导致跨区域产业链难以形成。作为京津冀农产品主产区，河北省虽然有六大蔬菜区和八大果品带，但是，由于产品层次不高、特色不突出、品牌效应不足，农产品的供应以大众化产品居多，无法满足京津居民食品消费结构不断提升的变化。此外，河北省虽有大量的综合性农贸市场，但规模化、专业化程度较低，布局分散，易受供货源、加工地和消费地影响，市场交易量波动大，尤其是面向京津供应的肉类、畜禽、蔬菜、水产等农产品的供给弹性较大且不稳定，难以满足京津市场的消费需求。

（3）京津冀物流配置的“绿色通道”尚需完善。公路交通是京津冀农产品运输的主要途径。目前，虽然已建成以北京为辐射中心的京津冀公路交通网，但是对于农产品便捷的运输物流体系还很不完善。虽然国家级、省级高速公路的“绿色通道”2005 年基本建成，但目前还没有形成省内各市、区及县域间的网络格局，这就影响了农产品流通的快捷，甚至造成鲜活农产品的一定损失和成本增加，影响了农民收益。从目前包围在京津与河北交界的收费站来看，运费和过路费偏高削减了河北农产品进入京津市场的价格优势，削弱了京津市场的亲和力。此外，京津冀专业化的农产品物流企业和供应链条还未形成，河北省作为京津“菜篮子”“米袋子”的功能无法发挥。天津港在农产品物流交易中的作用尚未充分发挥。天津作为北方最大的港口城市，也是辐射三北的口岸，并且津沧、京沪、津晋、荣乌、津汕五条高速交会，其中，中国北方 57%的农产品流通必经京沪高速。但是天津尚未充分发挥这些优势。直到 2014 年以来，才先后建设天津静海国际商贸物流园、天津海吉星农产品进出口贸易中心、天津自贸区等。

二、科技、人才、资金等资源配置不均衡

京津冀区域科技创新资源丰富，且近年来三地间资源流动越来越频繁，但资源分布不均衡和地区间资源流动的行政壁垒，导致区域间科技资源开放共享程度不高，成为创新资源协同及区域科技协同创新的掣肘因素。

（1）制度不健全导致要素配置不均衡。由于京津冀在户籍管理、劳动报酬、医疗保险、资格认定、子女入学等各方面存在差异，且一直未形成协调统一的人才管理规定，限制了人才流动。在科技基础设施共享方面，仍存在地域局限性，资源使用效率低。行政管理的分割和政策的不协同，导致京津冀地区长期存在创新人才流动受阻、科技公共设施共享不足、技术成果跨区域转移转化不畅等要素流动不畅等问题。

（2）科技资源差异大导致科技投入不协同。北京市教育产业发达，科研的投入与产出、科技成果与科技应用都居全国首位，北京市有 89 所高等院校，无论是人才培养、科研水平和成果数量，还是科技投入产出能力、技术辐射和扩散能力、科技产业化均居全国领先地位。北京作为全国科技创新中心，具备坚实的基础。2015 年，研究与试验发展（R&D）经费投入占北京地区生产总值的比重达到 5.95%，位居全球领先水平，而津冀两地与其分别相差 2.95 个和 4.81 个百分点。全市国家高新技术企业 12 388家，占全国近 20%。众创空间 200 余家，各类孵化器、大学科技园等 151 家，创业投资和私募股权投资管理机构 3 942家，管理的资金总额超过 1.6 万亿元。天津市科技、人才也较有优势，有较强的科研开发和转化能力。天津市有高等院校 55 所，科研人才、科研水平与科研成果位居全国前列。河北省虽然有 113 所高等院校，在总量上多于京津两市，但是河北省的人口是北京市的 3 倍多，是天津市的 5 倍多，从人口比例来看，与京津两市相比高等院校教育机构缺乏，科研投入与产出较少。在河北省属于京津冀区域的 8 个市中，人力资源教育程度较高和科技力量较强的仅有石家庄市、秦皇岛市和廊坊市（图 3-16）。

（3）三地农业科技创新与成果转化能力差异大。农业科技创新是都市型现代农业发展的内在驱动力，北京作为我国创新资源最富集地区，农业科技的创新主体众多、创新平台趋于完善、创新水平全国领先。近年来，北京农业科技创新成果增多、推广力度加大，以科技示范型、环境友好型、资源节约型农业为载体的农业成为农业和农村经济发展的新的增长点。2015 年，

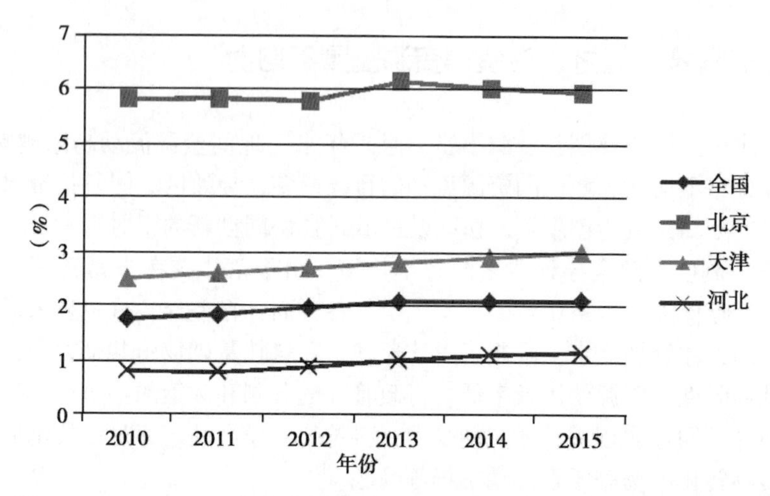

图 3-16　2010—2015 年京津冀研究与试验发展经费支出占生产总值的比重

* 数据来源：中国统计年鉴

北京农业科技进步贡献率达到 70%多，比全国平均水平（56%）高出 14 个百分点，已基本达到发达国家 65%~85%的水平。相对北京和天津，河北省农业科技创新能力稍显不足，产业化程度低。既懂“三农”又懂信息化的复合型人才严重缺乏，农业信息技术产品科研成果转化率和产业化程度不高，集成示范应用能力偏弱，适合于农业生产经营的多功能、低成本、易推广、见实效的信息技术和设备严重不足。

作为资源依托型的农业，京津冀三地具有资源互补性和发展梯次差异性，有很好的合作前景和合作愿望，但是符合区域发展的资源节约、环境友好的创新成果的缺乏，技术效率低下、产业化水平落后的农业生产，直接导致了科技创新成果不足，制约了科技成果的转化应用。这在很大程度上制约了京津冀都市圈农业同步推进、梯次发展。

三、区域生态补偿机制尚需完善

随着城市化进程不断加快，城市人口不断增加，农业自然资源有限，农业发展空间萎缩，农业生产成本提高，农业生产受到较大限制。水资源紧缺已经成为制约京津冀都市圈发展的瓶颈。河北省环绕京津，地理位置十分重要，坝上地区、燕山、太行山是大北京地区水源的主要发源地，是京津及华北平原的主要生态屏障。但由于历史的原因，造成大面积的林地、荒坡地、草地被开垦，出现了空气可吸入颗粒物增加、北京城区连日雾霾、土地沙漠化、水土流失、地表水污染等生态问题。随着经济发展，粗放的经济增长方式又进一步加剧了生态环境恶化和上下游地区资源环境的矛盾，对下游地区人民生活和首都的安全构成威胁。

近几年，河北省环京津地区积极实施可持续发展战略，认真贯彻落实污染防治与生态保护并重的方针，采取一系列政策和工程措施，以小流域综合治理为主，重点开展了坝上生态农业、首都周围绿化和太行山绿化、退耕还林等工程，加大了工业污染防治力度，取缔、关停了多家污染严重而又没有治理前景的“15 小”企业；加大了流域水污染治理保护，地区生态建设和环境保护取得了一定进展，生态环境急剧恶化的趋势有所减缓。但在此过程中，京津两地未对河北省经济社会发展做出相应补偿，导致河北在现代农业发展中，相对于京津两地发展缓慢。

由于历史原因和产业结构不合理，京津冀地区生态建设和环境保护方面还存在严重问题，主要表现在：①水土流失与河流淤积严重。该区域水土流失主要发生在西部和北部的太行山东坡、燕山山地。不仅吞食农田、降低肥力、淤积塘坝、引发洪涝和泥石流，而且造成水库淤积难以控制，水库调节能力下降，对官厅和密云两大水库的行洪和供水造成巨大压力。未来 30 年如果不从根本上实现对全部水土流失区的高标准治理，必将进一步降低官厅和密云水库的调节能力，增大供水难度和洪涝灾害隐患。②土地沙化与沙尘暴问题突出。京津冀地区历史上就是生态环境脆弱区域，区域内平均森林覆盖率 23.65%，相比珠三角和长三角差距仍然较大。同时，京津冀地区绿色空间布局不尽合理，北京市森林覆盖率最高，天津市森林覆盖率较为低下，且造林绿化空间有限。河北省绿化主要集中在张承地区，近一半的县（市）森林覆盖率不足 10%。河北省环京津区域的冀北地区，既是首都的主要河源地，又是首都的主要河流地和风道。冀北地区对京津风沙天气影响比较大，最为直接的是三大沙区、六大风口、五大沙滩和九条风沙通道。③水资源短缺和地表水污染。由于社会经济的快速发展，对水资源的需求量急速增加，造成了水资源的日趋紧张。水的供求矛盾加剧，水资源短缺已成为本地区发展全局性制约因素。河北水资源不平衡主要体现在，上游地区用水量继续增加，可供水量持续减少，且上游的贫困地区为实现脱贫，走向富裕，必然增加对水资源的需求，进而也导致供水水质恶化，贫困与生态环境问题交织。目前，张承地区处于生态经济恶性循环之中。其次，首都地区的用水量仍将进一步增大，但通过继续扩大深层地下水的开采方式求得水的供需平衡，难以为继。④湿地减少、植被退化、动物资源和生物多样性减少。河北地区植被面积减少，水域土壤含水量降低，旱生植物物种入侵，湿地植被演变成中生性草甸，使物种大幅度增加；湿生和水生植物向水源地上移，生长空间缩减；对水深、污染物敏感的植物群落的物种、生物量减少，生物多样性退化。⑤流域管理和区域合作机制薄弱。河北省环京津区域尤其是张承地区的贫困、资源生态问题与京津经济发展中面临的水资源短缺及污染密切相关，但由于长期观念的影响及缺乏生态补偿机制等种种原因，造成生态保护与经济发展的冲突，造成全流域系统的综合管理难以实现。

京津冀地域相连，一脉相承，生态环境是一个整体，在生态问题上谁也不可能独善其身。农业生态安全、水源地安全和食品安全是京津冀区域发展需共同面对的问题，生态问题成为区域发展的重大瓶颈问题。农业作为重要的化石能源消耗主体及温室气体排放源之一，在京津冀生态环境保护一体化过程中其作用举足轻重，如何实现产业发展与资源利用、环境保护的协调是京津冀一体化发展的重要课题。

四、协同发展体制机制不健全

当前，京津冀协同创新面临的外部环境总体还有很多不足之处，存在行政区划割裂下科技战略不协调、政策体系不衔接、法律环境不适应、创新文化不融合等问题。现代农业协同发展主体的利益是多元的，导致了各个行为主体的利益诉求有差异，在各自利益面前未能达成相互协调的利益机制，这就需要三地政府坚持相互协商、共同引导，应把远期利益与整体利益的实现作为区域利益最大化的最终目标，建立地位平等、公平的利益协商机制和相应的补偿机制。

总体上看，京津冀三地之间缺乏对创新链、产业链及资金的有效整合机制，成为区域间农业协同创新的短板。第一，创新链尚未完全形成。为了促进京津冀现代农业科技合作，连接三地的创新主体和科技资源，京津冀共同采取了一系列合作措施，但总体上还处于“点—点”链接的状态，尚未从打造区域间完整创新链的角度进行考虑。科技中介机构存在个体规模小、发展速度缓慢、资源整合力差、市场定位不准、功能单一且分散、专业服务人员素质不高等问题，为企业提供技术中介的服务能力还有待加强；第二，产业链协同度不高。产业协同是创新链协同的延伸，并引导创新链发展。目前，京津冀之间存在产业同构和不良竞争的现象，导致产业协同度不高，波动性强。另一方面，河北省处于产业链低端环节，技术相对落后，对北京、天津的产业承接能力有限。

第五节　协同创新需求分析

一、科技资源及成果共享需求

京津冀协同发展已经上升为国家重大战略，科技资源整合共享、科技协同创新是京津冀协同发展的关键和核心内容之一，为京津冀协同发展提供创新驱动力。随着创新驱动战略的实施与推进，科技资源共享和优化配置的需求更为强烈。尽管目前京津冀三地间的科技资源流动越来越频繁，但是，由于三地科技资源分布的不均衡以及行政体制的限制，区域间科技资源的开放共享度不高。从实际运行来看，京津冀三地科技资源共享仅限于搭建平台，实质性的进展不大。省（市）内和省（市）际的科技数据信息共享均不畅通，科学数据资源尚缺乏有效的整理和建库，数据标准化和规范化方面存在的问题较多，阻碍了区域内和区域间的有效共享，也阻碍了科技数据的高效和高质量的使用。此外，科技成果的跨区域转移、转化能力仍较弱，科技人才的流动与供应与发展需求差距依然较大，还不能满足区域需求和京津冀协同发展的需求。

为加快京津冀科技资源共享和协同创新，目前在三方面存在较大需求：一是顶层设计的协同推进，亟须加强以共享为核心的京津冀科技资源协同创新机制的构建，完善京津冀科技协同创新规划，建立集公益性与市场化相结合的共享规则，以及由三方政府、企业、商会、民间组织等多方机构参与的科技资源共享联系会议制度。二是河北自身增强与京津科技资源共享的能力，河北需要加强对科技研发的投入力度，加快科技成果转化，加速培育市场主体。三是需要强化科技资源共享的外部激励。亟须制定科学的惩罚奖励机制，引入第三方评估模式，根据科技资源开放程度对其进行资金奖励等。

二、跨区域农业产业链建设需求

北京都市型现代农业、天津外向型都市农业和河北省基地型农业的发展趋势使其在资源分配和功能定位上形成了明显的优势互补，有利于京津冀区域农业协作的顺利推进。河北省是我国北方农业大省，可耕地面积达600多万 hm^2，所生产的粮食、蔬菜、水果、禽蛋和肉类产品，除满足本省需求外大多供应京津市场。近年来，随着我国农产品大市场、大流通的发展，京津两市农产品大多从山东寿光蔬菜市场和南方各省蔬菜生产基地调运，从而使得河北省与京津两市长期以来的固有合作受到了严重挑战。从产业链角度究其原因，这与跨区域的产业链环节对接与整合、调整与优化是否合理有效有着密切联系。在京津冀一体化国家战略实施背景下，农业产业链结构更加合理有效、区内外环节之间联系更加紧密的发展趋势对产业链升级提出了迫切需求。目前，河北农业在科技化、循环化、设施化和精品化等方面发展水平还比较低，相对于京津两市较高水平的农产品及食品市场需求而言，既有前向拓展产业链条、接受京津地区科技辐射、提升农产品质量安全水平的迫切需要，也具有后向延伸产业链条、吸纳京津农产品加工技术转移、促进农产品加工增值的强烈需求。

京津冀三地亟须以市场为导向，充分利用自身优势资源和已有产业基础，选择适宜的农业协作模式，以技术、管理和服务为支撑，借助创新服务平台进行资源要素高效利用与产业功能融合发展、产业链环节对接与区内外空间联通。京津冀区域通过构建环节完整的跨区域农业产业链，并且在产业链进一步延伸、优化和整合中实现产业链升级，必将全面提高京津冀农业产业链运行效率和整体价值，进一步增加农业生产经营主体收益。

三、可持续发展的生态协同创新需求

京津冀处在同一自然单元分属不同行政区，区域生态环境密切相关、相互制约，长期以来水资源严重短缺，区域生态建设极不平衡，近年来生态环境恶化，加强京津冀区域生态系统建设，改善生态环境质量，已成为当务之急。京津冀地区京津双核心经济实力雄厚，而作为京津两大城市防风沙、生态屏障和水源地的环京津地区尤其冀北地区，经济发展相当落后，分布的多是贫困县。区域发展的不平衡严重影响了京津冀区域一体化的竞争力。河北省作为京津两市的直接腹地，只有河北发展更快更好，才能形成更大的需求和动力，推进京津更好地发展。在推进京津冀协同发展过程中，加强以造林绿化、防沙治沙、湿地恢复为主要内容的绿色生态建设，提高区域生态承载能力，具有重大需求。

依托国家重点林业工程，加快生态脆弱区绿化和治理步伐。借助京津风沙源治理、退耕还林、三北防护林、沿海防护林、太行山绿化、自然保护区建设等国家重点工程，加快宜林荒山、荒地、荒滩、荒坡绿化步伐。启动实施身边增绿工程，提升人口聚集区绿化水平。培育和发展一批林果生产基地，打造一批生态文化休闲旅游基地，加快京津后花园建设。通过京津冀三省市之间的协商与合作，合理化配置生态资源，最大化生态系统服务效益，实现京津冀一体化管理，最终达到生态共建、环境共保、资源共享、优势互补、生态经济共赢的目标。

四、协同创新的体制机制建设需求

当前，京津冀协同发展面临着众多亟须破解的体制机制问题，如地方规划、产业规划与区域要素的冲突，缺乏跨区域的公共基础设施建设资金机制，缺乏跨区域的财政支出机制等，导致环首都贫困圈和生态涵养区经济发展水平低下等问题的存在。总的来看，目前京津冀现代农业协同发展存在的问题主要是由地方政府的双向代理角色和自利动机的双重作用引起的，这就需要通过体制机制创新加以解决。国家要区域协同发展，京津要生态，河北要发展，人民要生活，京津冀地区要想实现协调可持续发展，必须妥善处理好四者之间的关系。

根据三地功能定位，结合本地区域要素禀赋和比较优势制定区域化的农业产业政策，建设科技协同创新的科技机制，形成分工明确、布局合理、功能互补的新型产业发展机制，以及可持续发展的生态协同发展机制，以加快科技协同创新，区域产业发展和生态环境建设，支撑京津冀现代农业协同创新发展，同时也带动周边地区的经济发展与产业升级，与周边地区形成良性互动。

第六节　本章小结

本章从京津冀现代农业发展环境入手，分析了京津冀现代农业发展具有的基础，利用区域产业优势指数的方法对比分析了三地现代农业产业结构，并重点介绍了三地设施农业、农产品加工业、现代种业和休闲农业发展情况和取得的成效，提出了京津冀现代农业协同发展面临的主要问题，针对这些问题提出了协同创新发展的几点需求，主要结论如下。

（1）京津冀三地现代农业发展基础总体较好，但自然资源有限。三地依托自身资源优势，积极利用现代信息技术，提高资源利用效率，减少农业投入品使用量，提高农业劳动力水平。三地农业生产总值不断增长，农业农村经济社会水平稳步提高，农业产业结构不断优化，农业产出水平不断提高，农村生态环境不断改善。科技支撑农业发展的能力不断增强，农业农村信息化基础设施建设和信息传播能力加快发展，农业物质装备水平逐步提高。

（2）北京和天津在农业产业发展上存在比较劣势，河北省相对来说具有比较优势。从产业综合比较优势指数来看，北京市农业产业综合比较优势指数为0.54，天津为0.73，河北为1.01，河北在发展现代农业产业方面具有较大优势。从分项指标看，三地的种植业、养殖业和水产业优势指数分别为北京0.26、0.78、0.79，天津0.59、0.85、0.78，河北1.01、1.02和0.99。其中，北京在蔬菜种植、禽肉和奶类产品方面占有优势，天津在棉花、蔬菜种植和猪肉、禽肉和奶类方面占有优势，且京津两地在淡水养殖方面占有产量优势，河北具有总体规模和产量优势。

（3）京津冀三地的农业主导产业各有侧重，在追求全面发展的同时注重协同发展。从设施农业发展来看，北京、天津以设施农业为主，设施农业的科技装备水平较高，河北也在不断巩固“菜篮子”供给保障能力。从农产品加工业来看，北京具有传统资源和科技优势，食品企业总部文化突出，品牌化能力强，天津和河北后发优势明显，农产品加工业发展速度较快。从现代种业发展来看，北京定位“全国种业之都”，种业发展引领全国，并辐射带动津冀两地。天津建有十大良种繁育基地，已形成蔬菜、畜牧、水产、农作物和林果等五大优势种业格局。河北省加快与北京科技企业、科研院校合作，建立籽种研发基地。从休闲农业来看，北京主要发展都市型现代休闲农业和会展农业，天津发展现代都市型农业，拥有中国最美休闲乡村、中国美丽田园、中国重要农业文化遗产以及全国休闲农业与乡村旅游示范点等。河北省以休闲农业为主要内容的科技园、观光园、乡村旅游数量庞大。近几年京津冀三地在休闲观光农业方面积极进行优势互补。

（4）京津冀三地在现代农业建设中仍主要以自身产业发展建设为主。产业结构存在较大梯度差，京津冀现代农业产业升级一体化面临较大挑战。目前来看主要面临以下问题：区域产业优势尚未充分发挥，区域农业生产性服务业尚未形成互动机制，优质农产品产销对接和物流配置的“绿色通道”仍不完善；科技、人才、资金等资源配置不均衡，由于三地科技资源分布的不均衡以及行政体制的限制，区域间科技资源的开放共享度不高，科技成果的跨区域转移、转化能力仍较弱，科技人才的流动与供应与发展需求差距依然较大；区域生态补偿机制不完善，由于历史原因和产业结构不合理，京津冀地区生态建设和环境保护面临严峻挑战，河北省相应国家和地区号召积极开展生态环境建设，但京津两地未对河北省经济社会发展做出相应补偿，导致河北在现代农业发展中相对于京津两地发展缓慢；协同发展的体制机制不健全，京津冀协同创新发展面临行政区划割裂下导致的科技战略不协调、政策体系不衔接、法律环境不适应、创新文化不融合等问题，目前仍缺乏对创新链、产业链及资金的有效整合机制等。

（5）京津冀现代农业协同创新发展在科技、产业链建设、生态建设和体制机制建设四方面具有重大需求。科技资源及成果共享需求，京津冀现代农业协同发展面临科技资源等配置不均衡的问题，科技资源共享和优化配置的需求强烈，亟须在顶层设计的协同推进，河北自身增强与京津科技资源共享能力以及科技研发的外部激励机制建设方面加以推进。跨区域农业产业链建设需求，北京都市型现代农业、天津外向型都市农业和河北省基地型农业的发展趋势使其在资源分配和功能定位上形成了明显的优势互补。农业产业链结构更加合理有效、区内外环节之间联系更加紧密的发展趋势对跨区域农业产业链升级提出了迫切需求。可持续发展的生态协同创新需求，在推进京津冀协同发展过程中，面对水资源短缺，生态环境恶化等问题，亟须加强以造林绿化、防沙治沙、湿地恢复为主要内容的可持续发展的生态协同建设，提高区域生态承载能力。协同创新的体制机制建设需求，京津冀协同发展面临着地方规划、产业规划与区域要素冲突，缺乏跨区域的公共基础设施建设资金机制以及财政支出机制等，亟须建设完善政策协同、科技协同、产业协同、生态协同等创新发展的体制机制。

第四章　京津冀现代农业创新发展协同度测算与评价

基于系统、科学、合理的原则，本章设计了一套较为完整的京津冀现代农业发展水平评价指标体系，通过现有数据对三地现代农业的城乡协同、产业协同、科技协同、生态协同等四方面水平进行测算比较，作出量化评价，并得出分析结论。

第一节　协同度评价体系构建

协同度评价是一项基于复杂系统理论的工程，其评价指标涉及到区域农业发展的方方面面，要考虑到资源禀赋的同时也要结合地区功能定位，研究范围广，内容复杂。为此，在实施评价过程中，必须准确界定本书评价内容。通过科学测评的方法，并以大量的统计数据搜集和充分的调研工作为基础，搭建京津冀现代农业协同发展水平评价指标体系，为评价三地现代农业协同水平提供方法与指南。

一、指标体系内涵与功能

京津冀现代农业创新发展协同度是一个评价京津冀三地现代农业创新发展总体协同水平的综合性指标，是用来衡量历年京津冀现代农业创新发展的协同水平与差异的综合性指标，可用来考评京津冀现代农业发展的“区位商”，作为三地在协同创新发展过程中调整功能定位与产业发展的参考依据。京津冀现代农业创新发展协同度可以较客观地评价与比较三地现代农业发展水平与发展速度，能够反映三地农业创新协同的进程和变化特征，有利于相关部门科学合理调整方向以加快京津冀协同创新发展步伐。其功能主要体现在：

一是利用该指标体系对京津冀三地现代农业创新发展进行分析、评价和考核，可以科学、公正、客观地评价三地现代农业建设的成效、潜力和存在问题。

二是可以有效地加强三地对现代农业建设的宏观管理和科学指导，提高三地区域现代农业发展水平和管理水平，调动各级政府发展京津冀都市型现代农业的积极性。

三是通过三地的协同度测算，找出三地发展现代农业的资源禀赋与制约因素，对于制定三地农业协同创新发展的思路目标、工作任务、协同重点提供科学支撑。

二、指标体系构建原则与标准

1. 构建原则

第一，科学性与客观性。从现代农业的内涵、层次、内容等出发，各项指标必须概念明晰、范畴清楚、内容清晰，能够体现现代农业投入产出基本特征。所选取的各项指标应立足于客观现实，体现科学性原则，保证测度结果的客观性和真实性，并使综合水平的计算方法更科学合理，以准确反映三地现代农业发展的真实水平。

第二，系统性与层次性。协同度评价属于复杂系统学理论的重要内容，为此，京津冀现代农业创新发展协同水平可看做京津冀协同发展的系统，现代农业各个方面的协同创新构成不同子系统，各子系统之间相互作用、相互影响、相辅相成。因此，京津冀现代农业协同创新发展评价指标体系须从社会系统论与控制论出发，遵从系统性与层次性相结合的原则，从不同的层面反映现代农业协同创新发展的水平与速度。本书根据区域农业协同创新发展的内涵及运行机制，将京津冀现代农业协同创新发展水平划分为 4 个子系统，即城乡协同、产业协同、科技协同、生态协同子系统。

第三，通用扩展性与简明性。指标体系精选出来的系列指标具有概括性和综合性，能够用尽可能少的指标来反映综合发展水平，以避免指标间的重复性、样本的自由度减少等问题。为此，在指标选取时不仅要考虑到三地在自然资源与环境、社会经济发展水平、科技发展水平、现代农业地方特色等方面的差异，选择具有共性特征的指标，同时也要在保证评价质量前提下，使指标体系简单明了，指标间避免相互重复，坚持指标少而精的原则。

第四，可操作性与可获得性。充分考虑数据的可获得、指标的可量化，突出实用性和可操作性。指标选取时，要做到数据的可比性，一般而言采用相对指标进行衡量。各项指标尽量保持与现阶段政府部门的统计口径相衔接，现阶段难以实际测定的指标暂时不予考虑。本书采用的数据主要为统计系统及课题组监测调研所获得的统计数据。

2. 评价标准的确定

在进行实际测算的过程中，还需从统计技术的角度综合把握实际评价指标的测算及确定相应评价标准。这里需要考虑的主要因素有：

（1）各评价指标的历史数据表现及由此决定的预测值，这也是对评价客观性的保证因素之一。

（2）发达国家的现代农业指标值，某种程度上说，京津冀三地现代农业水平在全国具有引领作用，其发展目标应直接指向发达国家的农业，以此作为评价的比较对象，可以使得到的评价更具体化。

（3）配套原则，现代农业作为国家产业结构调整和现代化建设的重要组成部分，其蕴含的指标及相关的评价标准应与国家现代化评价指标相配套。

三、指标的设置与选择

1. 一级指标

一级指标就是指京津冀现代农业协同发展综合水平。

2. 二级指标

为科学反映现代农业的本质特征，根据京津冀都市型现代农业发展的具体情况，二级指标反映城乡协同、产业协同、科技支撑和生态文明四个层次。

（1）城乡协同。该指标旨在反映地区城乡居民生活水平协同的情况，是城乡一体化发展的重要表现，而城乡一体化又是现代农业发展的目标，其中收入、支出以及生活环境是衡量人民生活质量的3个重要因素，为此应从城乡居民生活质量、收入水平与消费水平三方面进行考察。

（2）产业协同。推进京津冀协同发展，是为了调整经济结构和生产力布局，走出一条集约发展的新路子，形成新的经济增长极。按照京津冀现代农业协同规划要求，推进产业协同，促进标准化、规模化、产业化、绿色化发展，构建服务大都市、互补互促，一二三产业融合发展的现代农业产业体系。产业协同发展是京津冀协同发展的基础，为此应从产业结构、产业布局、产出能力、产业融合等方面进行衡量。

（3）科技协同。推进京津冀科技协同是京津冀现代农业协同发展的六大任务之一，规划提出，推进科技协同，构建开放、畅通、共享的科技资源平台，建立工作、项目、投资对接机制。从现代农业科技来看，主要包括了农业机械化、农业信息化、农业劳动力素质现代化、经营企业化等。

（4）生态协同。推进生态建设协同，加强资源保育，净化产地环境，全面改善区域农业生态，是实现京津冀现代农业协同的基础与保障。生态方面的协同主要包含了农业节水、农药化肥利用、农产品质量安全、自然灾害防御、清洁能源生产等方面。

3. 三级指标的设置与选择

三级指标的设置要充分体现二级指标的含义和对二级指标进一步解释和拓展。京津冀现代农业协同发展水平评价指标体系分三个层次，一级指标 1 个，二级指标 4 个，三级指标 22 个。详见表 4-1。

（1）城乡协同方面的具体指标。

①城乡恩格尔系数比：该指标反映城乡消费水平的差距，是评价城乡生活水平是否协同的重要指标，两者比趋于 1 为最佳。计算公式：城镇居民恩格尔系数÷农村居民恩格尔系数（数据来源：三地统计年鉴）。

②城乡居民收入比：该指标是衡量城乡居民收入差距的重要指标，根据发达国家经验，结合我国全面建成小康社会指标，城乡居民收入比趋于 1.5：1 为最佳。计算公式：城镇居民人均可支配收入÷农村居民人均纯收入（数据来源：三地统计年鉴）。

③农村居民收入增长幅度：该指标是衡量农民收入增长快慢的重要指标，也是全面建成小康社会的主要衡量指标，按照全面建成小康社会及到 2020 年实现农民人均纯收入翻番的标准，结合京津冀三地农民纯收入增长幅度变化趋势，将农民纯收入比上年增长的标准值定为 10%。计算公式：当年农民纯收入（不变价）÷上年农民人均纯收入（不变价）×100%（表 4-1，数据来源：三地统计年鉴）。

表 4-1　京津冀现代农业发展水平评价指标体系

一级指标	二级指标	三级指标	标准值
京津冀现代农业协同创新水平	城乡协同	城乡恩格尔系数比	=1
		城乡居民收入比	≤1.5
		城乡消费水平对比	=1
		农民人均纯收入实际增长率	≥10%
		城镇化率	≥80%

（续表）

一级指标	二级指标	三级指标	标准值
京津冀现代农业协同创新水平	产业协同	农业劳动生产率	332 768 元/人（2005 年不变价）
		土地产出率	101 542.5 元/人（2010 年不变价）
		一产 GDP 比重	<10%
		农业劳动力负担系数	≥20 人
		人均肉蛋奶水产品拥有量	450kg/人
		人均蔬菜拥有量	500kg/人
		农产品加工业产值与农业产值比	≥2.8∶1
		农业服务业增加值占一产 GDP 比	≥10%
	科技协同	农村劳动力受教育年限	11 年
		R&D 经费投入占 GDP 比	>3%
		每 10 名农业从业者农业技术人员拥有量	≥0.2
		每百户农民电脑拥有量	=100 台
		耕种收综合机械化水平	≥90%
	生态协同	万元农业产值耗水量	<300m^3/万元（2014 年不变价）
		农业自然灾害成灾率	≤20%
		农药、化肥施用量比上年增长情况	0
		有效灌溉面积比	≥98%

④城乡消费水平对比：该指标是衡量城乡居民消费支出是否协同的主要指标，两者比趋于 1 为最佳。计算公式为：城镇居民消费水平÷农村居民消费水平（数据来源：三地统计年鉴）。

⑤城镇化率：该指标是衡量城乡人口协同的重要指标，反映现代农业发展的水平和质量。根据发达国家标准，将其标准值定为 80%。计算公式：常住城镇人口÷常住总人口×100%（数据来源：三地统计年鉴）。

（2）产业协同方面的具体指标。

①农业劳动生产率：农业劳动生产率是衡量农业产出效率的最直接指

标，本文以增加值计，即用农业劳均增加值。应达到社会平均生产效率，即人均 GDP=4 000美元（2005 年不变价美元），考虑价格因素，折合人民币30 000元（2005 年不变价）。计算公式为：一产 GDP÷一产就业人员（数据来源：三地统计年鉴）。

②土地产出率：土地产出率直接反映了农业生产目标的实现程度，京津冀要实现农业现代化，必须把提高土地产出率放在首位，兼顾农业劳动生产率和商品率的提高，走“产出优先，兼顾效率”的路子，这是由三地的基本农情所决定的。根据 2010 年世界发展指标数据显示，韩国、日本、波兰的土地综合产出率较高，突破 1 000美元/亩，其他主要发达国家一般在200~800 美元/亩。为此，将标准值定为 1 000美元/亩，约 15 000美元/hm^2（2010 年不变价）。计算公式为：农业产值÷耕地面积（数据来源：三地统计年鉴）。

③一产 GDP 比重：农业增加值占国内生产总值比重的高低，一定程度上反映了产业结构优化的程度。根据产业结构论，一国或一地区进入工业化后期，一产 GDP 比重将下降至 10%以下。计算公式：一产 GDP÷GDP×100%（数据来源：三地统计年鉴）。

④农业劳动力负担系数：农业从业人员占社会总从业人员比重的高低，一定程度上反映了农业经济乃至整个社会经济的发达程度。这个指标的另一个含义是农业劳动力供养能力的高低，是农业生产能力和效率的体现。这个比例越低，意味着每个农业劳动力所能养活的人口就越多，这也正是现代发达农业区别于传统农业的最主要的特征。根据人口预测值与农业劳动力转移预测值的结合计算，到 2020 年应当实现农业就业人员下降至 20%以下，1 个农业人口养活 20 个人的目标。计算公式：总人口÷一产就业人员（数据来源：三地统计年鉴）。

⑤人均肉蛋奶水产占有量：人均肉蛋奶占有量是衡量京津冀三地菜篮子供给保障安全的重要指标之一。根据 FAO 数据，选取日本、韩国 2013 年人均肉蛋奶水产品占有量分别为：156. 10kg/人、127. 92kg/人、468. 92kg/人、497. 79kg/人、501. 33kg/人、975. 48kg/人，平均值为 450kg/人作为标准。计算公式：肉蛋奶水产产量÷人口总数（数据来源：三地统计年鉴）。

⑥人均蔬菜占有量：人均蔬菜占有量是衡量京津冀三地菜篮子供给保障安全的重要指标之一。目前我国人均蔬菜占有量达世界第一，按照 2014 年水平，将标准值定为 500kg/人。计算公式：蔬菜产量÷人口总数（数据来源：三地统计年鉴）。

⑦农产品加工产值与农业总产值的比率：反映产业链延伸与产业结构优化的重要指标。按照发达国家标准，将其标准值定为2.8：1。计算公式为：农产品加工业产值÷农业总产值（数据来源：三地统计年鉴）。

⑧农林牧副渔服务业占比：反映农业一二三产业融合的重要指标。按照发达国家及城市的现代农业服务业现状，考虑到三地发展趋势，根据专家咨询结果，选取10%作为衡量标准。计算公式：农业服务业增加值÷一产GDP×100%（数据来源：三地统计年鉴）。

（3）科技协同方面的具体指标。

①农村劳动力受教育年限：农业劳动力平均受教育程度是反映农业劳动力素质现代化的直接指标，是影响现代农业创新发展的关键因素。根据发达国家相关标准，农村劳动力受教育年限应当达到"完整义务教育+2年技术培训"，即11年。计算公式：（1×识字或识字较少+6×小学+9×初中+12×高中/中专+15×大专及以上）÷43（数据来源：中国农村统计年鉴）。

②每10名农业从业者农业技术人员拥有量：农业专业技术人员的从业情况反映了农业科技的人才资源投入情况。根据国家统计局统计科学研究所《中国农业现代化评价指标体系建设与实证分析》课题组研究成果，"农业从业者综合参考全社会平均水平、工业科技人员占从业人员比重（9%），将其目标值定为0.2人。"计算公式：农业专业技术人员数÷农业从业人员数÷10（数据来源：三地科技统计年鉴）。

③R&D经费投入占GDP比：因三地在统计科技资源及其投入时仅北京市统计了农业领域的研发投入情况，缺乏天津和河北数据，考虑到研发经费投入是影响科技创新的重要因子，将全社会研发经费投入占GDP比重替代农业研发投入占农业GDP比重。根据发达国家相关统计，R&D经费投入占GDP比为3%~5%，本文选取3%作为标准值。

④每百户农民电脑拥有量：衡量农村信息化基础设施设备投入情况，是影响现代农业科技发展的重要指标，也是反映农民获取、接受和利用信息的主要指标。伴随信息化水平的不断提高，做到一家一户一台电脑将成为趋势，为此将其标准定位100（数据来源：三地统计年鉴）。

⑤耕种收机械化综合水平：机械化是衡量现代农业的一个重要标志，目前国外在重要农作物，如小麦、玉米、油料等方面基本实现全面机械化。根据国家要求，未来要推进重要农作物实现全面机械化，考虑到三地的区域特点不一，所有农作物均实现全面机械化难度较大，结合三地该指标趋势，因

此将其目标值定为90%。计算公式：机耕水平×40%+机播水平×30%+机收水平×30%（数据来源：三地统计年鉴）。

（4）生态协同方面的具体指标。

①万元农业产值耗水量：万元农业产值耗水量是评价发展高效节水农业的关键指标。近年来，伴随水资源压力的不断增加，三地加快主要农产品节水发展，全面推广应用了农业节水灌溉和旱作农业技术，初步实现了农艺、设施、管理节水相结合，确保了水资源的有效利用。根据三地关于农业节水方面的发展目标，尤其河北省提出到2020年减少30%的用水量，即2014年的标准值应当达到300m^3/万元（2014年不变价）。为此，采用该值作为标准值。计算公式：农业产值÷农业用水量（数据来源：三地统计年鉴）。

②有效灌溉面积比重：农业现代化阶段的非有效灌溉耕地将不再作为耕地使用。由于北京市节水灌溉面积数据缺失，因此采用有效灌溉面积占比表示农田水资源有效利用情况。虽然农业水利设施都应该发挥其应有的作用，但从实际情况上，做到100%有些不切实际。结合发达国家有效灌溉面积占耕地比重在90%左右（美国为87%，日本为100%），本书将其目标值定为98%。计算公式：有效灌溉面积÷耕地面积×100%（数据来源：中国农村统计年鉴）。

③农业自然灾害成灾率：农业自然灾害成灾率是反映农业生态安全的重要指标，自然灾害不可能100%被战胜，若发生5次自然灾害，其中4次能被战胜，这成绩已经非常好，相当于国际先进水平。因此本书将该指标标准值确定为20%。计算公式：成灾面积÷受灾面积×100%（数据来源：中国农村统计年鉴）。

④农药、化肥施用量比上年增长情况：农业面源污染是导致农业环境恶化的重要原因，农业部《2020年化肥使用量零增长行动方案》提出，2015年到2019年，逐步将化肥使用量年增长率控制在1%以内；力争到2020年，主要农作物化肥使用量实现零增长。为此，本书将该指标标准值确定为0%。计算公式：当年农药、化肥施用量÷上年农药、化肥施用量×100%（数据来源：中国农村统计年鉴）。

第二节　协同度评价方法与区间划分

一、指标标准化

1. 指标目标值的确定

本研究中各指标目标的确定分为三种情况：一是具有国际可比性的指标，参考都市农业较发达国家的现阶段水平。优先选取荷兰数据作为标准，同时参照世界银行及 FAO 数据库（2011、2010、2009），选取与京津冀类型相仿（气候资源相仿、人均耕地资源相仿）的法国、日本、荷兰、韩国四个国的平均值作为目标值设定的参考依据；二是在京津冀农业协同等相关文件或规划中已设定发展目标的指标，取既定目标作为目标值；三是其余指标，均取 2020 年末应达到的状态为目标值。依据上述理由，各项指标目标值确定见上表 4-1。

2. 指标标准化

标准化值采用指数法，即正相关指标的计算方法 S=P/O×100%；负相关的指标的计算方法为 S=O/P×100%（O 为各指标的目标值，P 为各指标的实际数指）。此外，标准值超过 100%时，一律按 100%计算。以防某一个指标过度完成，遮蔽其他指标的不足。此外由于有些地区数据缺失，将采取专家咨询的方法进行补充。

二、协同度测算

1. 基于复合系统的有序度测算

结合相关文献，采用复合系统方法测算京津冀区域农业协同创新度。设协同创新系统中的子系统为 Si，i∈［1，2，…，5］，其中 S1 代表城乡协同创新子系统，S2 代表产业协同创新子系统，S3 代表科技协同创新子系统，S4 代表生态协同创新子系统。S=f（S1，S2，S3，S4）则为现代农业协同创新系统。其中每一个子系统可以用一组序参量来描述，设子系统 Si 在发展过程中的序参量变量为 $e_{ij}=(e_{i1}, e_{i2}, e_{i3}, e_{i4}, e_{i5})$，其中 $j\geq1$，$\beta_{ik}\leq e_{ik}\leq\alpha_{ik}$，k∈［1，j］，是刻画协同创新系统创新机制和运行情况的若干指标。由于在测算过程中采用的是指数法的标准化方式，所以 e_{ik}

取值［0，100%］。当 e_{i1}，e_{i2}，…，e_{ij}是正向指标时，其取值越大，则子系统的有序度越高，反之相反；当 e_{i1}，e_{i2}，…，e_{ij}是负向指标时，其取值越大则子系统的有序度越低，反之则有序度越高，故定义子系统序参量的有序度为：

$$\delta(e_{ik})=\begin{cases}\dfrac{e_{ik}-\beta_{ik}}{\alpha_{ik}-\beta_{ik}}, & k\in[1,\ i]\\[2ex]\dfrac{\alpha_{ik}-e_{ik}}{\alpha_{ik}-\beta_{ik}}, & k\in[i+1,\ n]\end{cases}$$

上式中，δ_i（e_{ik}）∈［0.1］，δ_i（e_{ik}）越大，则 e_{ik}对子系统有序度的贡献越大。采用几何平均法计算各子系统的有序度 δ_i。即：

$$\delta_i(e_i)=\sqrt[n]{\prod_{k=1}^{n}\delta_i(e_{ik})}$$

2. 区域子系统协同度评价方法

将北京市、天津市、河北省三地 t 时期的 i 系统的有序度标识为 δ_{1i}^t、δ_{2i}^t、δ_{3i}^t，计算两两之间的协同差距，其中 D_{12i}、D_{13i}、D_{23i}分别表示北京与天津 i 系统非协同发展系数、北京与河北 i 系统非协同发展系数、天津与河北 i 系统非协同发展系数其中 $D12=|\delta_{1i}-\delta_{2i}|$、$D13=|\delta_{1i}-\delta_{3i}|$、$D23=|\delta_{3i}-\delta_{2i}|$，其次根据两两非协同发展差距系数，计算三者各子系统非协同发展的合力，数学函数表示为：$\sqrt{(D_{12})^2+(D_{13})^2+(D_{23})^2}$，最后通过单位值与京津冀非协同发展差距系数的差来表示京津冀农业协同发展水平。三地 t 时期现代农业协同度可表示为：

$$SD_{it}=1-\sqrt{(\delta_{1i}^t-\delta_{2i}^t)^2+(\delta_{2i}^t-\delta_{3i}^t)^2+(\delta_{1i}^t-\delta_{3i}^t)^2}$$

据此，可测算出 2010—2014 年京津冀三地各创新子系统的协同度。

3. 区域农业创新综合系统协同度评价

针对各子系统的综合得分，分别采用均值偏离标准差的方法和 Jeni Klugman，Francisco Rodríguezand Hyung-Jin Choi（2011）等人测算人类发展指数（HDI）的方法进行测算。即：

（1）建立维度系数。设定最小值和最大值（数据范围）以将指标转变为从 0 到 1，最大值、最小值是各子系统每年观察到的指标的最大及最小值，维度指数计算公式如下：

$$I_i=\frac{\text{实际值}-\text{最小值}}{\text{最大值}-\text{最小值}}$$

考虑到在测算区域子系统协同度时已将其值限定为［0，1］的区间，为此，京津冀区域各子系统每年的协同度即是一项 4×5 矩阵的维度系数。

（2）计算调整系数。其中不平等的度量为 $A=1-g/\mu$，其中 g 为分布的几何平均数，μ 为算术平均数，计算公式如下：

$$A_i = 1 - \frac{\sqrt[n]{\prod X_{in}}}{\bar{X}}$$

其中 X_{in} 为各子系统区域协同度得分值。

第三步：将次级指数合成区域现代农业协同发展指数，采用几何平均数的方法，即：

$$\text{京津冀现代农业创新协同度} = \sqrt[4]{(1-A_1)\ I_1 \times (1-A_2)\ I_2 \times (1-A_3)\ I_3 \times (1-A_4)\ I_4}$$

其中 I_i 为四个子系统的维度指数。

三、协同度等级划分

综合已有的研究成果，将协同度划分为 5 个等次，具体见表 4-2。

表 4-2 协同度等级划分及标准

协同度	等级
0~0. 19	极度不协同
0. 20~0. 39	轻微不协同
0. 40~0. 59	初等协同
0. 60~0. 79	中等协同
0. 80~1. 00	优等协同

第三节 京津冀现代农业创新发展协同度测算结果

一、京津冀现代农业各子系统发展水平及区域协同度测算

根据上述计算方法，分别计算得出 2010—2014 年京津冀三地 4 个创新子系统发展水平，见表 4-3。

表 4-3　2010—2014 年京津冀三地现代农业创新子系统发展水平测算结果

子系统发展水平	2010	2011	2012	2013	2014
1. 城乡协同					
北京	0. 7711	0. 7442	0. 7479	0. 7468	0. 7755
天津	0. 7551	0. 7658	0. 7977	0. 8376	0. 8285
河北	0. 6031	0. 6375	0. 6536	0. 6444	0. 6590
京津冀协同度	0. 7729	0. 8317	0. 8208	0. 7633	0. 7877
2. 产业协同					
北京	0. 5604	0. 5616	0. 5654	0. 5628	0. 5493
天津	0. 6232	0. 6288	0. 6386	0. 6411	0. 6425
河北	0. 4553	0. 4753	0. 4932	0. 5076	0. 5150
京津冀协同度	0. 8399	0. 8565	0. 8666	0. 8773	0. 8792
3. 科技协同					
北京	0. 6515	0. 6705	0. 6832	0. 7551	0. 7905
天津	0. 5666	0. 6011	0. 6344	0. 6547	0. 6682
河北	0. 2706	0. 3353	0. 3614	0. 3732	0. 3989
京津冀协同度	0. 5102	0. 5666	0. 5751	0. 5150	0. 5092
4. 生态协同					
北京	0. 5198	0. 5775	0. 5751	0. 6545	0. 5959
天津	0. 7749	0. 6524	0. 5861	0. 7158	0. 5417
河北	0. 6062	0. 6382	0. 6058	0. 6327	0. 6350
京津冀协同度	0. 6822	0. 9025	0. 9620	0. 8944	0. 8851

1. 京津冀三地现代农业协同创新子系统发展水平分析

（1）城乡协同创新子系统。从总体上看，2010—2014 年京津冀三地现代农业协同创新系统，城乡协同创新子系统有序度在经历了快速增长后呈稳定增长趋势（图 4-1）。其中天津市城乡协同创新有序度最高，2014 年达到 82. 85%，分别比北京、河北高 6. 83%、25. 71%。这主要由于天津市近几年十分重视城乡协同的发展，着力破除城乡二元结构，实施了集体经济股份制改革、农业户籍改非农业户籍、村委会改居委会，实现城乡一体化发展“三改一化”改革试点工作，示范小城镇取得较大发展，为城乡协同创新奠定了基础。而北京市尽管也推行了城乡一体化改革建设，但目前来看，城乡居民收入比仍较大，农民收入增幅相对天津、河北缓慢，人口城镇化快于城乡居民生活协同。对于河北省而言，得益于政府对新型城镇化建设的政策、资金投入，城乡居民生活水平正由差距扩大向缩小转变。

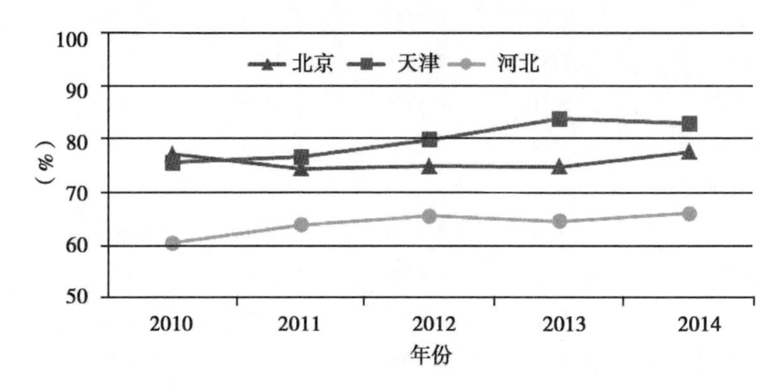

图 4-1　2010—2014 年京津冀三地城乡协同创新与系统发展水平

（2）产业协同创新子系统。从总体上看，2010—2014 年京津冀三地现代农业协同创新系统，产业协同创新子系统有序度呈缓慢增长趋势，但北京市 2014 年稍微有所下降，这主要在于调结构属于一个长期的过程，在调整过程中难免会出现系统的不稳定，如图 4-2 所示。从具体指标看，北京市农业生产率、土地产出率、农业供养能力为三地最高，但鉴于其农业生产资源的缺乏，其在人均蔬菜、人均肉蛋奶水产占有量方面远低于津冀两地，“菜篮子”供给保障方面仍需进一步提高。对于天津市而言，由于近几年加大力度推进现代都市型农业发展，在“菜篮子”建设、产业融合等方面取得较大成效，不仅确保了天津市民的菜篮子供给保障安全，更拓展了农业产业功能，初步实现了一二三产业的有效融合，为天津市现代农业高水平发展奠定了基础。数据显示，天津市在农业劳动生产率、土地产出率方面比北京稍低，但比河北高，在农产品加工业方面，2014 年天津农产品加工业产值占农业产值比高达 8.57∶1，远高于北京市的 3.37 和河北省的 1.65。同时，其蔬菜、肉蛋奶水产等“菜篮子”供给基本满足津内需求。对于河北省而言，其农业发展方式仍处于传统农业向现代农业过渡阶段，农业生产率与土地产出率较低，又由于其属于国家粮食主产省，一产 GDP 占 GDP 比重仍在 10%以上，农业从业人员占比仍高达 30%多，现代农业发展水平相对较低，农业产业融合度不高等均导致其产业协同度低于京津两地。根据测算结果，2014 年天津市产业协同创新有序度最高，达到 55.01%，分别比北京、河北

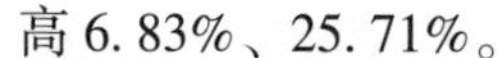
高 6. 83%、25. 71%。

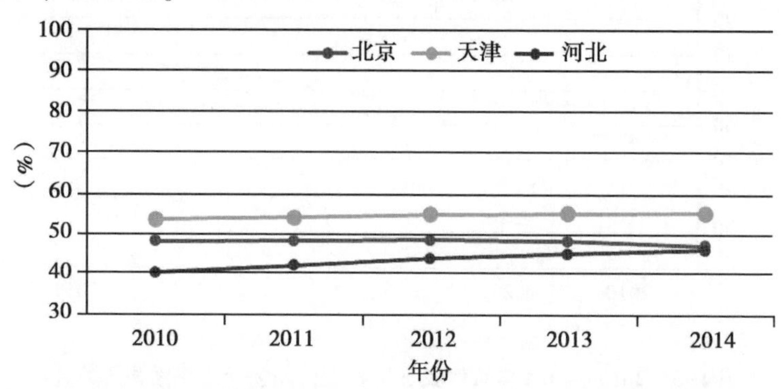

图 4-2　2010—2014 年京津冀三地产业协同创新与系统发展水平

（3）科技协同创新子系统。科技创新是区域产业结构调整和经济转型升级的催化剂，是提高区域生产力、竞争力和综合实力的战略支撑。但从三地科技协同创新子系统发展水平看，三地科技协同创新子系统的有序度整体呈现上升趋势。从三地差异看，京津两地差距呈现先减少后扩大趋势，河北省远低于京津两地，但呈快速增长趋势（图 4-3）。其中，在北京建设全国科技创新中心、农科城等政策激励下，2010—2014 年，北京市科研机构研发经费、农业科普基地建设、农业技术市场交易、农民教育水平、农业机械化水平等方面呈现较快增长趋势；与此同时，京津两地在北京农业科技辐射带动下，三地研发经费内部支撑总额及其占地方 GDP 比重持续增长，成为推动京津冀地区宏观创新环境健康发展的主要动力。在信息化建设方面，自 2004 年提出农业信息化建设以来，三地十分重视农业农村信息化建设，平均每百户农民家庭移动电话拥有量已超 200 台，随着移动互联、农村宽带计划的推广，每百户农户家用电脑拥有量呈现持续增长趋势，这不仅为农业农村现代化建设提供了重要基础支撑，更为农民联结市场提供了重要信息通信媒介，增强了农民信息获取和接受能力。

（4）生态协同创新子系统。生态协同是京津冀现代农业协同的重要内容。从测算结果看，三地生态协同有序度相对较低，但高于产业协同有序度。总体看，三地生态协同的有序度呈现波动中有所下降趋势，尤其天津市波动较大。这主要由于生态协同子系统中的自然灾害因子问题，且从侧面反映了目前三地在自然灾害预防控制方面的水平仍较低。在节水农业建设方面，三地均取得较大成效，万元农业产值耗水量得到大大减少，农田有效灌溉面积系数达到 70%左右，但与发达国家相比仍存在一定的距离。根据测

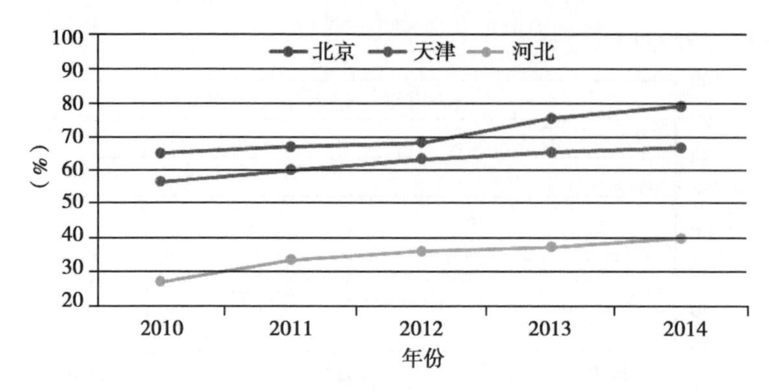

图 4-3　2010—2014 年京津冀三地科技协同创新与系统发展水平

算结果，2014 年，三地生态协同子系统有序度平均为 0.5909，处于初等协同向中等协同过渡阶段。其中，河北省最高，为 0.635，分别比京津高 6.56%、17.24%，这得益于河北省作为京津两地的生态屏障，相关部门高度重视生态环境建设，一方面近几年河北省加大力度发展高效节水农业，另一方面其在防灾减灾方面的能力有所提高，自然灾害抗风险能力有所提高。

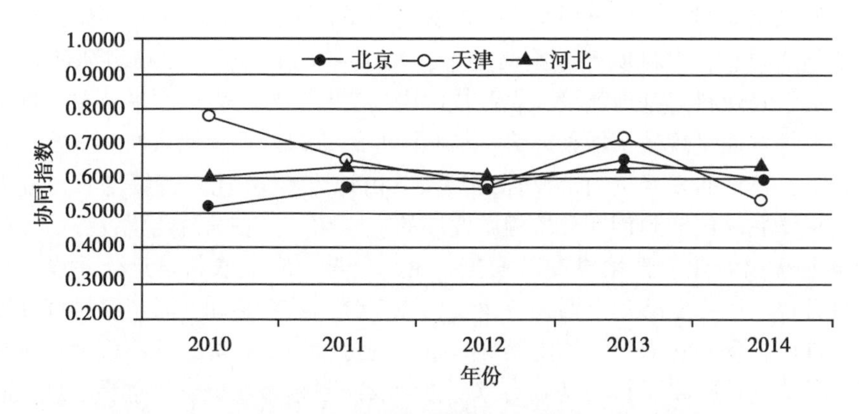

图 4-4　2010—2014 年京津冀三地生态协同创新与系统有序度

2. 京津冀现代农业各子系统区域协同度分析

（1）京津冀区域城乡协同创新发展水平。从三地城乡协同子系统的协同度来看，三地在城乡建设方面的协同度较高，2010—2014 年平均为 0.7953。处于中等协同水平。2011—2012 年位于较高水平，这表明三地在城乡协同发展方面的协作存在不稳定性，其主要原因在于三地政策多变，农村人口市民化进程中出现的各种不适，以及近年来返乡创业、户籍制度改革等方面带来的波动（图4-5）。

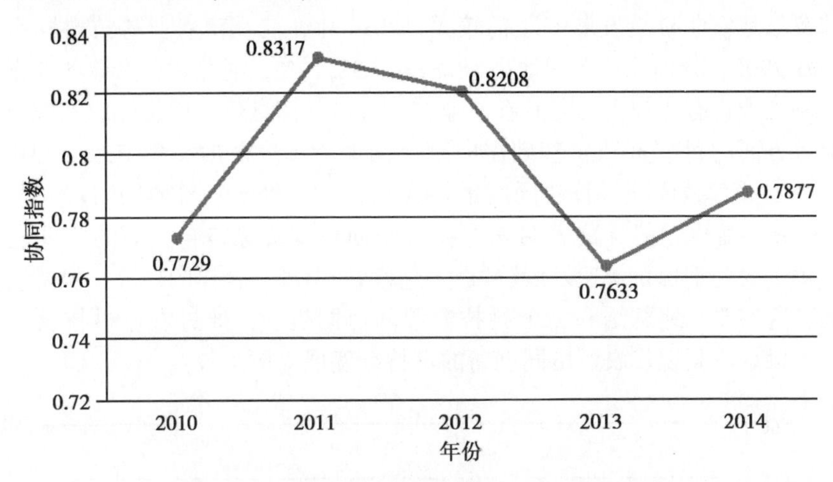

图4-5　2010—2014年京津冀城乡协同发展水平

（2）京津冀区域产业协同创新发展水平。从三地产业协同子系统的协同度来看，三地在现代农业产业建设方面的协同度相对于其他三个子系统来说最高，2010—2014年呈现持续增长趋势，平均为0.8639，处于优等协同水平。但也要看到，这种协同水平是处于低水平的协同水平，即“三地内部的产业协同度较低，三地整体协同度较高”，这表明三地产业合作正逐步趋于协同，但在自身的现代农业建设方面仍需进一步提高（图4-6）。

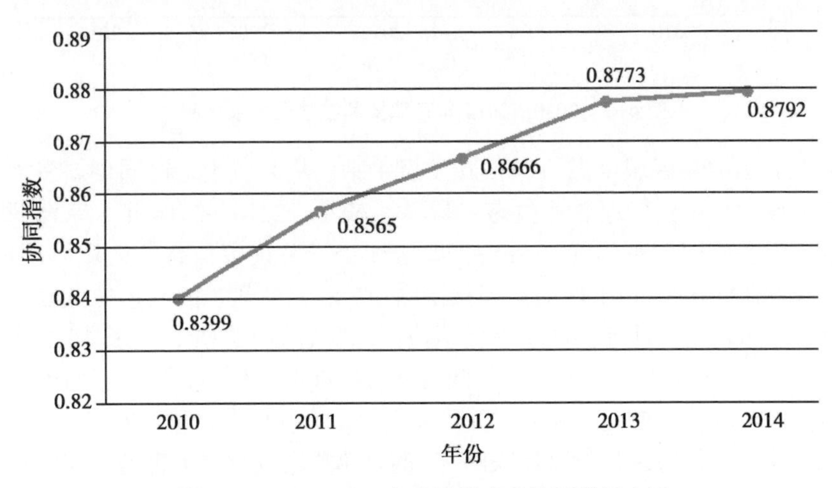

图4-6　2010—2014年京津冀产业协同发展水平

(3) 京津冀区域科技协同创新发展水平。从三地的农业科技协同度看,京津冀三地农业科技发展差距仍较大,2014 年,北京市农业科技协同水平高达0. 7905,分别比津冀两地高18. 31%、98. 19%,河北省在农业科技发展方面的能力仍有待提高,尤其在农业技术人员、信息化基础设施以及农业机械化等方面的科技资源及基础需向京津两地看齐。根据测算结果,2010—2014 年,京津冀农业科技协同度平均为 0. 5352,处于初等协同阶段,并呈"倒 U 形"变化趋势,这表明三地在科技创新及资源整合方面的力度仍不够,仍主要处于各自快速发展阶段,尽管期间出现了合作的趋势,但持续性不强,这需要三地总结和完善科技资源的协同机制,通过农业科技长期合作,确保京津冀现代农业协同创新的可持续发展(图 4-7)。

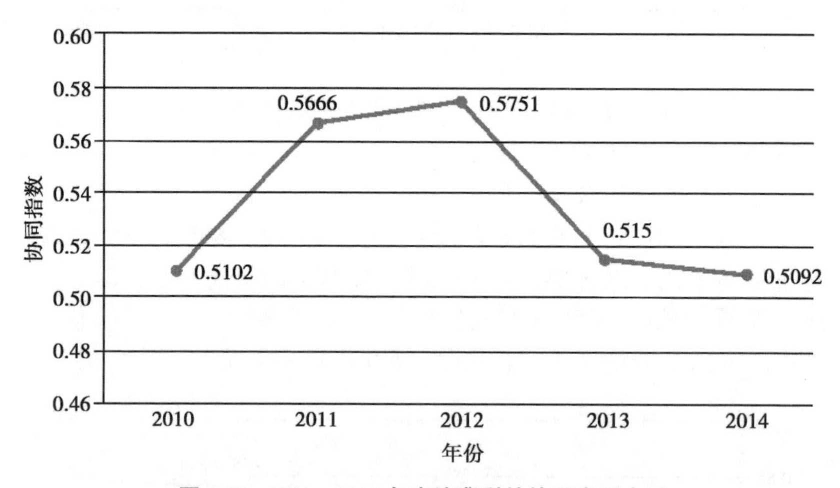

图 4-7 2010—2014 年京津冀科技协同发展水平

(4) 京津冀区域生态协同创新发展水平。从区域生态协同创新发展协同度来看,京津冀三地农业生态发展差距较小,2010—2014 年,京津冀区域农业生态协同度平均为 0. 8652,属于四个子系统中最高的区域协同度,位于优等协同水平(图 4-8)。但从协同趋势看,呈现"倒 U 形"趋势,尽管这五年来均处于优等协同水平,但协同的状态尚不稳定。尤其 2012 年区域协同度达到最高,为 0. 962,但随后又有所降低。根本原因在于自然灾害防范方面的波动性较大。根据相关研究表示,信息技术有利于提高自然灾害抗风险能力,若构建基于"互联网+"的京津冀农业自然灾害防灾减灾在线监测系统,通过跨区域的协作实现农业自然灾害的有效防控,将对于区域生态协同持续发展具有重要意义。

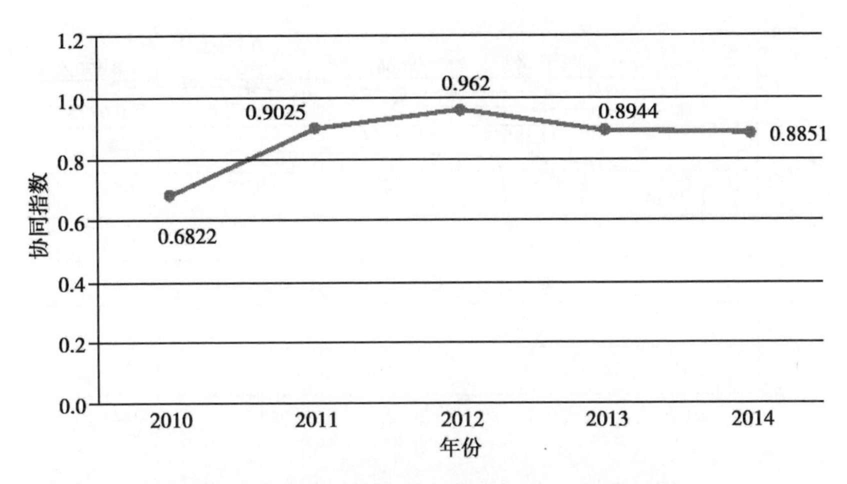

图 4-8　2010—2014 年京津冀生态协同发展水平

二、京津冀区域现代农业协同度分析

1. 京津冀三地现代农业协同发展水平

将京津冀每个地区的现代农业作为一个整体系统，按照分层综合指数合成法，将每个子系统赋予同等权重，即 1/4，可计算出京津冀三地现代农业的协同发展水平，如表 4-4 所示。

表 4-4　2010—2014 年京津冀现代农业协同发展水平

现代农业发展水平	2010	2011	2012	2013	2014
北京	0. 6257	0. 6385	0. 6429	0. 6798	0. 6778
天津	0. 6800	0. 6620	0. 6642	0. 7123	0. 6702
河北	0. 4838	0. 5216	0. 5285	0. 5395	0. 5520
京津冀现代农业协同度	0. 6879	0. 7752	0. 7903	0. 7436	0. 7458

由表 4-4 知，2014 年北京市现代农业协同发展水平最高，分别比津冀高 1. 13%、22. 8%。从三地发展趋势看，河北省现代农业协同发展水平呈现持续增长趋势，而北京市 2014 年稍微有所下降，天津市波动较大。总体而言，京津现代农业协同发展水平已进入中等水平，而河北省仍处于初级水平，与京津仍存在一定差距，需进一步优化调整系统间的发展水平与速度（图 4-9）。

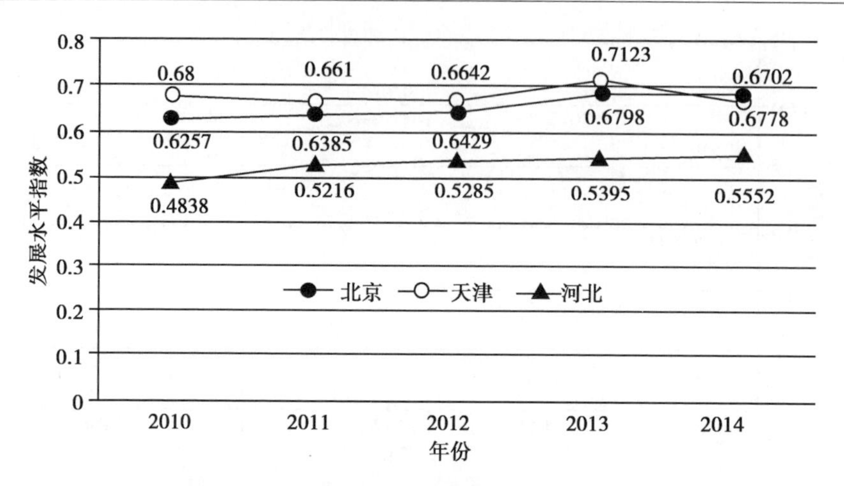

图 4-9　2010—2014 年京津冀现代农业发展水平

2. 京津冀区域现代农业协同度

从测算结果看，2014 年京津冀区域现代农业协同度达到 0. 7458，接近于优等协同水平，比 2010 年增长 8. 41%，年均增长 2. 04%。2010—2014 年京津冀区域现代农业协同度呈现“先增长，后下降，再增长”趋势，现代农业协同度平均为 0. 7485，位于中等协同水平。这一趋势表明，京津冀现代农业在区域协作方面初步形成合力，三地主要农产品区域格局正不断优化、产业分工逐渐明朗，区域比较优势得到发挥。但同时，京津的科技资源对于河北的正向带动作用尚未发挥，这需要三地达成农业科技协作共识，尽早实现系统内部的高水平协同（图 4-10）。

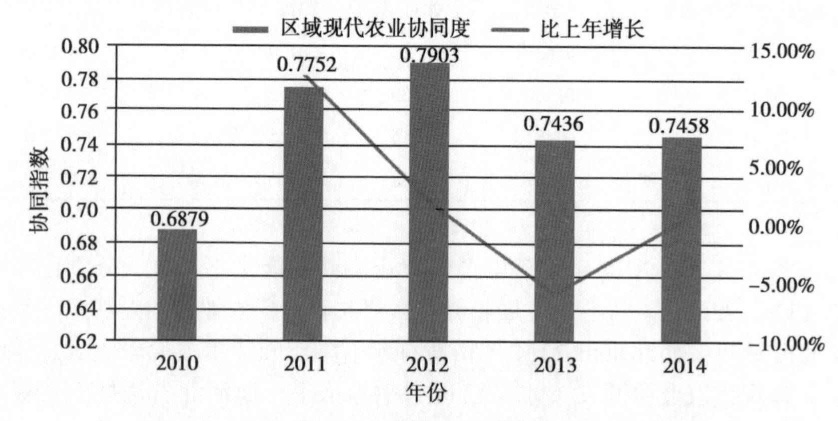

图 4-10　2010—2014 年京津冀三地区域现代农业协同度

三、小结

综合京津冀现代农业创新发展协同度测算结果，得出以下结论。

（1）京津冀三地各子系统发展水平呈增长趋势，产业与科技两个子系统水平相对较低。从京津冀三地各子系统有序度看，各地在四大子系统的发展中呈现波动中增长趋势，其中城乡协同与科技协同系统增长速度最快，而产业协同处于低速、缓慢增长阶段，生态协同则处于波动发展水平。除生态系统外，河北省在其他三个系统中处于较低水平，与京津差距较大。而天津市则是产业系统、城乡系统发展水平最高的地区，北京市则是科技系统发展最优的地区，相关结果均符合京津冀三地发展实际情况。

（2）京津两地现代农业协同发展水平相当，河北省发展速度最快。从京津冀三地现代农业整体发展水平来看，北京、天津现代农业发展水平均达到0.6以上，处于现代农业发展较高水平。而河北省尚处于0.6以下，现代农业四大子系统尚未进入协同发展期。从发展速度看，2010—2014年，三地现代农业协同发展水平平均增长速度分别达到2.02%、-0.36%、3.35%。从发展差距来看，2014年京津两地相差0.76个百分点，津冀相差11.83个百分点，京冀相差12.58个百分点，两两之间的差距平均为8.9%。

（3）京津冀区域现代农业发展步入中等协同水平，三地农业合作机制初步形成。2010—2014年京津冀区域现代农业协同度均位于0.69以上，平均为0.7485，处于中等协同水平，三地现代农业创新发展初步形成合作机制。从发展趋势看，2010—2014年京津冀区域现代农业协同度呈现先增加后减少再增加的过程，这表明三地已经历了短暂的农业合作探索性试验，正逐步形成长效的现代农业协同合作机制，区域现代农业发展格局将不断优化，各地比较优势将得到进一步发挥。

第四节　本章小结

依照科学合理的原则，本章设计了包含城乡协同、产业协同、科技协同、生态协同等四个层面在内的京津冀现代农业协同发展水平评价指标体系，并对2010—2014年京津冀现代农业协同度进行了测算及评价，主要结论如下。

（1）京津冀现代农业协同发展水平评价指标体系由城乡协同、产业协同、科技协同、生态协同4个二级指标、22个具体指标构成。京津冀现代农业协同发展水平评价指标体系可用于定量监测京津冀三地在城乡发展、产业发展、科技发展、生态发展等四个层面的发展水平及趋势，亦可用于评价京津冀区域现代农业协同发展水平及其变化态势，可为三地认清其现代农业发展与其他两地存在的差距，以帮助相关部门及主体调整战略部署适应京津冀协同发展战略，加快推进京津冀现代农业的协同发展。

（2）京津冀三地在自身的现代农业系统建设方面呈增长趋势。从各子系统系统发展来看，天津在城乡发展、产业发展方面率先实现协同，北京在科技发展方面率先实现协同，河北作为京津两地重要生态屏障，在农业生态建设方面的发展水平相对较高，基本实现了城乡协同与生态协同。从三地各系统平均增长态势看，京津冀三地四大现代农业协同系统建设中，城乡协同与科技协同系统增长速度最快，平均增长率分别达到1.53%、5.69%，而产业协同处于低速、缓慢增长阶段，生态协同则处于波动发展水平。从现代农业发展水平看，京津两地现代农业发展水平处于较高水平，分别达到0.6778、0.6702。而河北省仍处于现代农业发展加速阶段，2014年达到0.5520，分别与京津两地相差22.79%、21.41%。

（3）京津冀区域现代农业协同发展水平步入中等协同阶段。从三地各层面的协同水平看，京津冀产业协同、生态协同两个方面的区域协同水平处于低水平的优等协同，分别达到0.8792、0.8851；京津冀区域城乡协同处于较高水平的中等协同，2014年平均发展水平为0.7543，区域协同发展水平达到0.7877；而京津冀区域科技协同则处于低水平的初等协同阶段，未来三地在农业科技协同方面仍需进一步发力，加快实现京津冀农业科技协同创新。从区域现代农业协同发展水平看，近五年京津冀区域现代农业协同发展水平处于中等协同阶段，2010—2014年京津冀区域现代农业协同度平均为0.7486，年均增长2.04%，实现了先增加后减少再增加的过程，区域现代农业合作的长效发展机制正不断形成。

第五章　基于“互联网+”的京津冀现代农业协同创新体系构建

本章结合相关理论及需求调研，廓清了现代农业协同创新的科学内涵及要义。以“互联网+”为切入点，基于云计算、大数据基础设施，互联网、物联网基础设施以及智能终端、APP 应用“云”“网”“端”的技术体系框架，搭建了包含农业物联网、大数据、信息服务、农业电子商务在内的“互联网+”京津冀现代农业协同创新体系框架，剖析互联网在各子体系的关键创新。

第一节　基于“互联网+”的京津冀现代农业协同创新体系的构建逻辑

一、基于“互联网+”的京津冀现代农业协同创新的意义

1. “互联网+”促使京津冀现代农业资源实现最佳配置

传统的区域创新资源配置方式有两个显著特点：以天然禀赋资源和资本为核心的资源配置。这种创新资源配置的空间主要限定在区域内部，造成创新资源分布的集中区域和集中产业可以吸引更多的优势资源，形成垄断，不利于资源的扩散融合与协同创新。京津冀三地的农业资源各有优势，京津在科技、资金、人才、政策等方面有较强优势，河北在土地、劳动力、资源等方面有巨大优势。互联网强势进驻农业领域后，农业生产中所需要的一切资源都可通过互联网实现最佳的配置与组合。

“互联网+”可以打破京津冀地区地域界限，突破时空限制，跨界融合多种资源，根据三地自然资源、区位条件、经济基础，谋划出具有本地特色、与相邻区域互补共融的经济结构和产业类型，提高农业资本、劳动力、

土地等生产资源与要素的利用效率，实现更优化的资源配置率，创新主体之间可以通过互联网实现信息的共享和合作，实现京津冀三地的产业协同、市场协同、科技协同、生态协同、体制机制协同的同步发展，构建京津冀现代农业协同发展共同体。

2. "互联网+"是京津冀现代农业协同创新发展的最佳途径

"互联网+农业"是通过"互联网+"来实现农业的现代化，"互联网+"的出现给农业现代化的加快发展带来了历史性的机遇。2015 年 7 月 4 日国务院印发的《关于积极推进"互联网+"行动的指导意见》、2015 年 8 月 7 日国务院下发《关于加快转变农业发展方式的意见》、2016 年 3 月《"互联网+"现代农业三年行动实施方案》等文件，都提出了要运用跨界、融合、创新、共享的互联网思维，推进"互联网+"现代农业行动，促进物联网、云计算、大数据、移动互联网等现代信息技术在农业各行业、各领域、各环节的应用。此后相关政策文件密集出台，为"互联网+"现代农业大发展提供了历史性的发展机遇。

从现实机遇看，伴随着现代农业信息技术及智能装备广泛应用，"互联网+"现代农业技术模式不断集成创新，农业信息化带来的一系列智能农机装备、农业物联网技术产品及成套精准作业装备、农业信息服务平台为农业保"三安"、促"三率"发展提供有力的技术支撑。如通过采用智能化标准型微灌技术、水肥耦合精准灌溉等精准节水灌溉技术可减少农业用水量 30%~70%，土地利用效率提高 10%以上；通过测土配方施肥技术推广可将肥料利用率提高到 40%以上；通过使用自动嫁接机器人，可提高日均劳动生产率 400%以上；通过电商与贫困人口的结对帮扶，可实现人均电商扶贫纯收入 200 元以上。当下，"互联网+"现代农业正进入加速转型和创新发展的黄金期，正发挥着"创新强农、共享富农、开放助农、协调惠农、绿色兴农"的创新驱动作用，正推动着供需平衡与一二三产业融合。利用现代信息技术改造传统农业，以互联网信息技术应用为重点，加快推进"互联网+农业"发展，积极开展农业物联网、农产品电子商务和农业信息综合服务，促进一二三产业融合，是实现京津冀三地传统农业向现代农业跨越发展的重要契机。

3. "互联网+"创新京津冀现代农业协同创新发展的新模式

目前三地涌现出一批协同创新发展模式，如政府推动型协同创新模式、涉农企业主导型协同创新模式、高校主导型协同创新模式、农业科研院所主导型协同创新模式等，这些模式促进了京津冀三地在农业上的合作广度和深度。而基于“互联网+”的协同创新正逐步成为各行各界合作创新的发展趋势，越来越受到重视。通过“互联网+”围绕一个共同的目标，将农业领域分布于不同行业、不同部门、不同地域、不同单位的创新主体，依靠现代信息技术构建的资源平台，通过直接沟通、多方位交流、多样化协作，形成“大众创业，万众创新”的共创共享模式。就京津冀农业协同创新来说，“互联网+”是打造农业科技创新平台、配置科技创新资源、构建科技创新分工协作体系的重要途径，通过“互联网+”与生产、流通、服务和数据等农业环节的有效对接，不断创新了京津冀现代农业协同创新发展的新模式。在生产领域，“互联网+农业”以互联网为核心，推进了农业生产的自动化、标准化、智能化进程，节约了大量的人力成本、提高了农产品的品质；在流通领域，创新了一批农业商业化模式，目前已涌现的商业创新模式有农资电商平台、农产品电商平台、土地流转电商平台等；同样，大数据在农业生产、农业管理、农业服务等方面也对农业起了标志性变革。

“互联网+农业”正成为农业现代化、跨跃式发展的新引擎，它通过实时化、便利化、物联化、感知化、智能化等方式，为农业生产各环节提供了更动态、精准、科学的信息服务，实现了一系列革命性的模式创新，因此，每个参与主体都需要将自己原有生产模式与“互联网+”实现最佳接入，真正实现新农业运作模式的落地与执行，并最终赢得挑战。

二、基于“互联网+”的京津冀现代农业协同创新体系顶层设计

当前京津冀农业协同创新的环境总体还有很多不足，存在行政区划割裂下的农业产业布局不协调、政策体系不衔接、创新文化不融合等问题。本研究认为“互联网+”京津冀现代农业协同创新，需要从宏观、中观和微观三个层面建立协同创新体系。

1. 在宏观层面上，建立京津冀三地跨区域的协调机制

由于京津冀三地农业协同创新需要涉及到不同的部门与单位，具有不同的利益关系，因此，在京津冀农业协同创新过程中，需要打破“一亩三分地”思维定式，建立三地农业协同创新的宏观统筹协调机制，加强战略顶层设计，在区域发展战略及规划、区域政策法规体系、文化环境等方面进行协调，推进三地农业协同创新的政策法律文化环境协同，确定三地重大任务路线图和时间表的协同，实现三地间的政策衔接、法律公平、任务同步，营

造有利于协同创新的宏观环境。

2. 在中观层面上，建立京津冀利益共享与补偿机制

京津冀现代农业协同发展是否能够成功关键在于是否能够实现三地协同发展，做大协同创新成果和收益，实现共享，实现优势互补。在未来京津冀农业的产业布局中，根据产业链不同环节的价值能力差异，进一步明确三地功能定位，充分发挥各自比较优势，调整优化区域生产力布局，加快推动错位发展与融合发展，创新合作模式与利益分享机制。首先，在京津冀的产业布局中，根据产业链不同环节的价值能力差异构建区域间的转移支付、补贴等各项支持措施，促进区域利益均衡；其次，涉及到环境问题的创新项目和产业布局，应考虑生态补偿，通过政府和市场的作用，以补偿基金、碳排放权交易等方式弥补利益受损一方。尤其是对河北的生态补偿，河北省在京津冀协同发展规划中的定位之一是京津生态屏障。而生态屏障主要解决的是农业发展与生态保护的平衡问题，建立生态补偿机制有利于三地污染综合治理。

3. 在微观层面上，形成多主体共同参与的创新局面

京津冀农业协同创新中，各政府部门、农业生产主体以及各种创新主体都是协同创新的参与者，通过实施农业协同创新的具体工程、举措和项目等，促使京津冀三地现代农业主体共同参与“互联网+”协同创新，促进跨域协同创新取得实效。其中，企业是最核心的创新主体，应以企业为核心，激发企业的协同创新意愿与活力。

三、“互联网+”京津冀现代农业协同创新体系构建目标

本着“优势互补、资源共享、互惠互利、共同发展”的原则，根据协同发展、促进融合、增强合力的要求，立足京津冀农业资源状况和产业基础，结合经济、社会、生态发展的需要，以三省市“一盘棋”的思想，加快在农业生产、管理、流通、服务领域的协同创新，最终实现京津冀三地功能互补、相辅相成的格局，将三地建设成为现代农业高精尖科技创新高地、成果转化高地、产业孵化高地，引领世界现代农业科技创新与发展。

（1）农业产业格局优化和生产智能化水平显著提升。以“互联网+”为理念，按照稳粮保菜、扩特强果、优牧精渔、加工提质、休闲增收的思路，明确三地农业产业发展的优势和定位、优化三地产业布局，形成三地各具特色、优势互补、一二三产业融合发展的现代农业产业格局；根据各产业对

“互联网+”技术的需求，借助大数据、物联网等新兴信息技术改造传统农业，推进农业标准化、规模化、产业化、绿色化发展，大幅提高生产效率，实现农业生产领域的智能化、网络化、高效化。

（2）农业信息服务体系更加完善有效。促进农业技术、农业资源、农业政策等各方面信息的有效传递，解决各种信息不对称问题。完善物联网、政务网、信息服务网三个平台的服务功能，实施信息进村入户工程，开展农民手机应用技能培训，创新服务模式，培育信息人才，推进信息服务便捷化、个性化和可互动，实现农业农村服务的管理高效化和服务便捷化。

（3）农业大数据共建共享机制更加健全。立足京津冀农业发展状况和产业发展阶段，坚持创新驱动，加快数据整合共享和有序开放，充分发挥大数据的预测功能，深化大数据在农业生产、经营、管理和服务等方面的创新应用，为政府部门管理决策和各类市场主体生产经营活动提供更加完善的数据服务，为实现农业现代化取得明显进展的目标提供有力支撑。

（4）农业经营网络化水平大幅提升。推动农业电子商务快速发展，构建集散结合、冷链物流、产销对接、信息畅通、追溯管理的现代农产品市场流通网络，实现农业市场化、倒逼标准化、促进规模化、提升品牌化，带动地区特色产业发展取得明显成效。建设部省纵横联通的农产品市场信息服务平台，加快构建环京津1小时鲜活农产品物流圈。发展农业直营直销和电子商务，引导各类农业生产经营主体与电商企业对接，推进电商企业服务“三农”进程。

四、“互联网+”京津冀现代农业协同创新体系构建原则

1. 坚持因地制宜，实现优势互补

根据京津冀各省市经济社会发展水平和信息化基础，顺应农业现代化发展需要，统筹规划区域自然资源、生产要素和发展空间，明确本区域“互联网+”现代农业发展方向、思路、目标和任务，合理布局现代农业生产力，调整农业产业结构，有序推进三地产业转移承接升级，形成分工明确、优势互补、市场一体、链条完整、合作共赢的农业协同发展新局面。联合开展重大共性技术联合攻关与推广应用，深化重点领域和关键环节改革，加快破除行政管理、资源配置、服务共享等体制机制障碍，促进发展模式、服务模式与管理模式转型，努力构建协同发展新机制。

2. 坚持融合创新、促进转型发展

围绕农业转型升级、农民增收致富、城乡协调发展的实际需求，瞄准农业供给侧结构性改革的目标任务，把握农业农村互联网应用的特点和趋势，鼓励传统产业运用跨界、融合、创新、共享的互联网思维，积极与"互联网+"相结合，促进信息技术在农业各行业、各领域、各环节的应用，有效对接生产和流通，创新"互联网+"现代农业新业态，拓展"三农"发展新空间，引领区域传统农业改造升级，推动融合性新兴产业成为经济发展新动力和新支柱，形成大众创业、万众创新新局面。

3. 坚持市场主体、强化政府引导

充分发挥市场在资源配置中的决定性作用，引导农业产业化龙头企业、农民合作社、家庭农场、专业大户、互联网企业等市场主体积极参与，培育形成市场主导的运营机制和模式。同时发挥政府在战略引领、规划指导、政策支持、标准规范制定、市场监管、公共服务等方面的引导作用，引导社会资源向农业重点领域、薄弱环节、发展凹地集聚，激发农业经营主体创业创新创造活力，促进区域内现代农业融合发展、缩小差距、整体提升。

4. 坚持统筹规划、突出示范带动

将京津冀三地作为一区域整体进行规划和设计，做好三地前期总体谋划和顶层设计，最大限度优化资源配置，加快形成开放、共享、互补的协同运行新模式。加强重点领域前瞻性布局，以互联网融合创新为突破口，在农业物联网、农业电子商务、农业电子政务、信息进村入户、农业大数据、农产品质量安全、一二三产业融合发展等重点领域开展试点示范，总结成功经验，优化配套政策，强化推广应用，将"互联网+"现代农业的典型模式推广为普遍实践，巩固提升互联网发展效果，实现跨越式发展。

第二节 "互联网+"京津冀现代农业协同创新体系建设

一、"互联网+"京津冀现代农业协同创新体系总体框架

协同创新是解决京津冀现代农业发展难题的有效路径。从影响京津冀现代农业协同创新的要素和协同创新过程来看，农业协同创新包括协同目标、协同主体、协同基础、协同领域、协同路径 5 个基本要素。具体框架图见图 5-1。

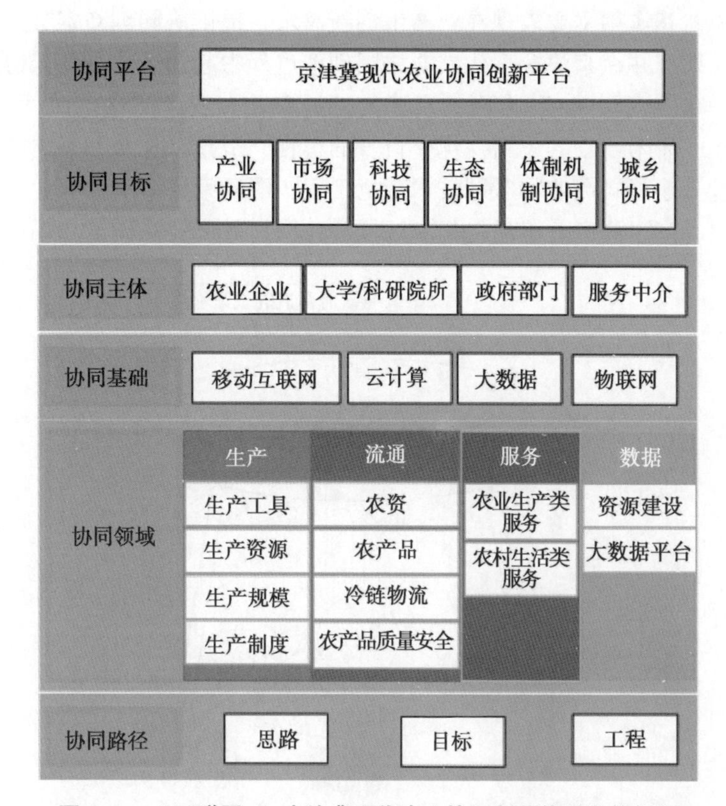

图 5-1　“互联网+”京津冀现代农业协同创新体系总体框架

二、“互联网+”京津冀现代农业协同创新主体

京津冀现代农业协同创新主体架构为，在当前政府营造的政策环境中，农业企业、大学、科研机构、政府、中介机构等发挥各自的能力优势，通过政府构建的优良政策环境与中介机构提供的优质中介服务，以知识转移与知识增值的方式充分发挥农业企业、大学高校、科研院所三者的深度合作，强化三地现代农业领域的协同合作，实现各方的优势互补，进而整合资源，加速农业技术及成果的推广应用和产业化。

1. 产业协同创新主体分析

产业协同创新主体主要为农业企业（含农业专业合作社、家庭农场、新农人等新型农业经营主体，图 5-2）。农业企业是京津冀农业协同创新的重要主体，其作用主要表现在：产生创新需求、提供协同创新资金、转化科技创新成果，并在京津冀现代农业协同创新过程中起到产业创新与协同耦合的作用。在"互联网+"方面，京津冀三地农业企业应严格按照稳粮保菜、优牧精渔、休闲增收的思路，优化自身的粮食、蔬菜、林果和畜禽的产业布局，通过三地不同产业物联网技术示范工程，明确京津冀三地农业产业发展定位，形成京津冀产业格局优化、区域特色明显的产业协同创新局面。

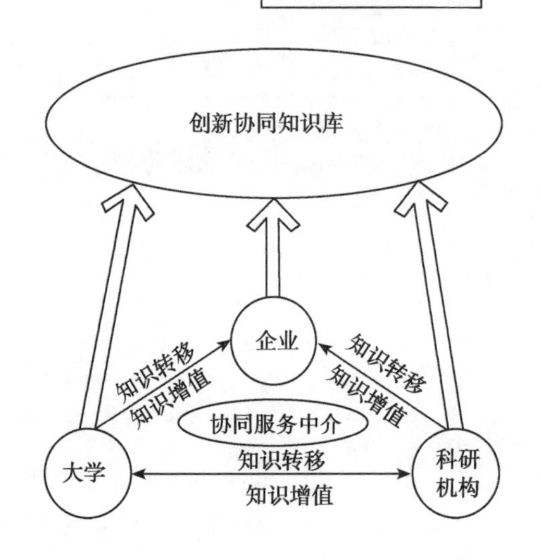

图 5-2　京津冀现代农业协同创新主体架构

2. 科技协同创新主体分析

科技协同创新主体主要是大学高校与科研院所。大学高校与科研院所作为京津冀农业协同创新的重要主体，其作用主要表现在：进行科技创新、转化科技成果、传播涉农知识，在京津冀现代农业协同创新过程中起到了技术创新与知识传播作用。在"互联网+"方面，京津冀三地的科技协同创新主体可以通过搭建开放、畅通、共享的科技资源平台，建立工作、项目、投资对接机制，推动综合服务平台互联互通。建设区域农业科技创新联盟（中心），支持鼓励区域内农业科技人才合理流动，探索完善科研成果权益分配激励机制，完善农业科技成果转化和交易信息服务平台，推进三地农业技术市场一体化建设，形成成果共研共享共用的科技协同创新局面。

3. 政策协同创新主体分析

政策协同创新主体主要包括国务院及京津冀三地各级政府。政府是京津冀农业协同创新政策环境营造的重要主体，协调科技创新资源在各主体间合理、适时、有效的配置。在协同创新过程中，政府主要承担创新规划、资金引导、组织协调与营造政策环境等职能。当前京津冀农业协同创新的环境总体还有很多不足，存在行政区划割裂下的战略不协调、政策体系不衔接、法律环境的不适应、创新文化不融合等问题。因此，在“互联网+”基础上，京津冀三地政府部门应设立专门机构，负责研究、制定推进农业协同发展的各项政策，不仅实现三地同一政策的协调性，而且加强三地不同政策的配合，保持政策定力，发挥好政策的引导、协同作用，实现政令统一的政策协同创新局面。

4. 农业中介服务协同创新主体分析

农业中介服务协同创新主体主要包括为京津冀现代农业协同创新提供重点发展研究开发、技术转移、检验检测认证、创业孵化、知识产权、科技咨询、科技金融、科学技术普及等专业科技服务和综合科技服务的机构。农业中介服务主体的作用为提升科技服务对三地现代农业科技创新和产业发展的支撑能力。但需要指出的是，目前我国农业服务体系由多元主体组成，包括政府有关专业经济技术部门，如：农业技术推广站、农机站、林业站、水保站、畜牧兽医站、水产站、各种经济合作社等，村集体服务组织，民间私人组织、企业或个人。

综上所述，农业企业在京津冀现代农业协同创新过程中起到了产业创新与协同耦合作用，大学高校与科研院所在京津冀现代农业协同创新过程中起到了技术创新与知识传播作用，政府起到了产业先导与组织协调作用，中介服务机构起到了科技经济深度融合的助推作用。通过这四类主体的协同创新，充分调动企业、高校、科研机构等各类创新主体以及政府、中介机构辅助创新的积极性和创造性，对于加快京津冀三地农业创新链各环节之间的技术创新、融合与扩散，显得尤为重要。

三、“互联网+”京津冀现代农业协同创新领域

“互联网+”现代农业是互联网与农业的一次跨界与融合，其作用方式是将互联网的技术创新、理念创新、模式创新充分应用到农业产业链的生产、流通、服务、大数据等各个环节，最终把农业引领到智慧农业的道路。

京津冀在"互联网+"现代农业协同创新的领域可分为："互联网+农业生产""互联网+农村服务""互联网+流通""互联网+大数据"，利用互联网提升农业生产、服务、流通和管理水平，促进农业现代化水平明显提升。

1. "互联网+"京津冀现代农业生产领域协同创新研究

"互联网+"是提高农业生产效率的重要手段。就目前"互联网+"在北京、天津和河北农业生产领域应用情况来看，总体来说，互联网技术在北京和天津农业生产中的应用相对广泛和成熟。但是也存在着一些共性问题制约着"互联网+"在京津冀地农业协同作用的发挥，生产规模化程度低，就个体经营者来说，单位种植面积上智能设备的投入成本相对来说就会过高。因此，目前互联网技术主要应用于项目示范区，基本是通过政府项目资金推动实施的，因而技术的示范带动作用性强、实际应用差，即使是部分企业确实是由于实际生产需要安装了设备，但是由于互联网产品精确度和稳定性差也制约了设备的继续投入使用；另外，互联网产品在设施和水产产业方面应用相对广泛和成熟，在大田种植方面应用少，造成了产业信息化应用不平衡。因此，本书将立足京津冀三地农业资源状况和产业基础，对"互联网+"如何促进京津冀农业生产协同发展进行探索研究。

2. "互联网+"京津冀现代农业流通领域协同创新研究

"互联网+"流通对促进农业市场化，倒逼农业标准化，推动农业规模化，提升农业品牌化，推动农业转型升级、农村经济发展、农民创业增收有重要作用。就目前北京、天津和河北的"互联网+"在流通领域的应用情况来看，总体来说，河北的流通领域总体水平与京津尚有差距；农产品流通基础设施建设有待完善、急需通过信息化手段实现区域资源共享，区域间生鲜农产品运输损耗大、急需提高农产品全程冷链覆盖率减少流通损耗，农产品电子商务标准化水平有待提高、需要搭建大数据平台实现区域协同发展等。这些问题的存在严重制约了三地"互联网+"在流通领域协同发展的应用。因此，本书将基于京津冀区域内农产品流通的发展现状及存在的问题，对"互联网+"如何促进京津冀农业流通协同发展进行探索研究，实现京津冀农产品流通管理服务质量和效率的全面提升。

3. "互联网+"京津冀现代农业服务领域协同创新研究

"互联网+"是农村信息服务的重要手段，能够有效解决农村信息"最后一公里"的问题。目前，"互联网+"在京津冀三地的农业服务领域主要是集中于农业生产与农村生活，三地公共服务的落差较大，且还存在诸如服务平台运行问题较多、供需主体对接信息协调不对称、农村信用评估体系不健全等问题。因此，本书就如何利用“互联网+”技术促进京津冀三地农业信息服务的协同、均衡、一体化发展进行分析研究。

4. “互联网+”京津冀现代农业大数据领域协同创新

“互联网+”数据是提升农业发展效率、转变农业发展方式的重要手段，能有效解决区域农业生产中本底数据缺失、管理方式粗放等问题。就目前“互联网+”大数据在京津冀三地中的应用现状来看，京津冀三地已经探索了大数据在农业生产、经营、管理和服务等方面的创新应用，北京、天津数据采集技术应用丰富、河北技术应用程度低，存在缺少协同数据标准、数据融合难度大，天津和河北数据服务市场化发展缓慢、专业数据分析公司较少，三地数据共享机制薄弱、数据壁垒高等问题。因此，本书将就如何建立三地农业数据信息共建、共采、共享机制，进一步发挥农业大数据在三地农业协同创新中的基础作用进行分析研究。

第三节 基于“互联网+”的京津冀现代农业协同创新模式

现代农业协同创新模式是指在以市场经济为导向，政府相关政策为引导，有法律保障的前提下，政府、高等院校、农业科研院所、涉农企业，在自愿平等、公平合作的基础上，通过研发协同、创新外包、技术转让、专利许可等方式，将农业资源进行交互，实现京津冀资源进行有效的配置，以追求社会效益与经济效益达到资源最大化、职能最优化为目的合作模式。

根据参与协同合作的主体在合作中的地位不同，将现代农业协同创新模式分为：政府推动型协作模式、高等院校主导型协作模式、农业科研院所主导型协作模式和涉农企业主导型协作模式。

一、政府推动型协同创新模式

政府推动型协同创新模式是指政府为调整农业生产结构，推进农业科技进步，增加经济效益与社会收益，政府作为协作的推动主体和主导者联合社会优势资源攻克农业生产难题的模式。如北京市政府牵头成立的“全国科技创新中心”，该中心任务之一便是根据京津冀协同发展的总体要求，以中关村国家自主创新示范区为主要载体，辐射天津和河北，建设京津冀创新共同体，形成区域协同创新中心。

按照政府作用力的着力点不同，政府推动型合作模式又分为政府直接推动型与间接推动型。政府直接推动型协作模式是指政府作为牵头方，联合高校、农科院、涉农企业、推广部门进行项目的实施，政府全程负责项目的运营与管理以及其他工作。政府直接推动型合作模式目前在我国的应用还是比较广泛，例如国家农业产业技术体系的建立，全国农业基础设施的覆盖等。政府间接推动型是指政府虽为发起方，但是政府委托某个单位重点负责项目的管理与实施，政府只需进行监督与验收的工作。政府一般会根据项目性质的不同委托不同的单位。当项目偏重研发类时通常会由高校或者农业科研院进行承接，譬如三农政策的研究、粮食食品安全、外来生物入侵的影响，接着由负责的单位再将科技链进行延伸；当项目是偏向于市场运作时，政府一般会采用招标的形式承包给企业去完成，例如在农业产品的销售渠道的拓展领域、农产品的深加工等。2013 年 9 月 25 日，天津市人民政府与农业部、中国科学院共同签署了推进天津市农业物联网建设合作框架协议，根据协议，天津市做好农业物联网区域试验平台的建设运营管理，并组织农业物联网建设的整体规划设计、技术研发、试验等工作；农业部支持天津市开展农业物联网建设应用理论、标准规范、共性技术和设备研发，合作共建农业信息化科研创新基地，组织开展相关培训；中科院充分利用自身技术、资源与人才优势，在农业普适化感知、云计算、大数据处理等方面进行关键技术研发、集成及示范，并提供相关数据、系统、智力资源和专业团体支持。

二、涉农企业主导型协同创新模式

涉农企业主导型协作模式是指涉农企业作为主导方，在科技链的产业化链条上，积极主动与其他主体进行合作，有效链接科技链中的各链条，进而实现科技链增值的合作模式。如北京最大农业国企首都农业集团在京津冀地区布局已有 10 年，建设了一批畜禽养殖、食品加工、物流项目，为了进一步促进京津冀三地农业协同，2015 年 7 月 15 日首都农业集团与承德市政府、天津港集团签订协议，启动了"天津港首农食品进出口项目"，项目区位于天津自贸区，涵盖北京、天津、河北等地，主要经营以水果和牛羊肉为主的食品、农副产品进出口业务，这对京津冀地区食品供给起到支撑作用。

在这类合作模式中，涉农企业联合其他主体，在新产品的产前、产中、产后各个环节，充分发挥主体间的比较优势，扩大科技链增值的乘数效应，为最优化农业政产学研合作的绩效作出贡献。产前，涉农企业主动进行深入的市场调研，充分了解市场的需求从而确定需要转化的技术，寻求合适的技术供应方，进而将科技的产业化链与研发链对接；产中，农业技术从实验室走向了大规模生产，难免会出现技术衔接问题，此时，涉农企业又积极联系高等院校、农业科研院所等进行技术指导与改良，再次加强了产业化链与研发链的衔接紧密度；产后，市场中反馈回的信息，不仅有助于提升涉农企业自身对信息的利用效率，动态调整产品的升级方向，还有助于技术供给方紧贴技术的市场需求。此外在产后阶段的科技链的推广环节，涉农企业还主动吸纳推广体系、高校、农科院中的科技培训的力量，提升企业的技术售后的服务质量，扩大品牌的知名度，提升用户的满意度。整个协同合作的过程中，涉农企业十分关注政府的政策走向，充分利用政府部门提供的平台与环境，努力提升企业的综合实力。在以涉农企业为主导的合作模式中，涉农企业发挥其主观能动性，采取多样的合作方式，这些都推动了科技链的全面延伸与发展。北京首都农业集团有限公司、四方祥隆畜牧科技股份有限公司与河北省定州市人民政府合作建设的“现代循环农业科技示范园区”，示范区运用物联网先进技术，以节水灌溉和大型智能农机化作业为主体建设高效农作物种植区；为奶牛养殖基地配套完善自动化精准环境控制、精准饲喂系统管理和无害化粪便处理等方面的数字农业建设，整体提升奶牛养殖的规模和质量，探索奶牛养殖的数字农业技术集成应用解决方案和产业化模式，全面提高农业现代化水平。

三、高校主导型协同创新模式

高等院校主导型协作模式是指高等院校作为主导方，与其他主体形成技术创新联盟，共同实现农业科技的增值的合作模式。如 2013 年 6 月河北经贸大学牵头成立的“京津冀一体化发展协同创新中心”，该中心是由中国人民大学、浙江大学、南开大学、中国社会科学院中心所、中国社会科学院分析战略研究院、河北省委政策研究室、河北省政策研究室、河北省推进京津冀协同发展工作小组办公室等八家单位共同组建，致力于打造京津冀协同发展的智库，推动京津冀协同发展。

该模式中高等院校主动寻求政府的助力，对农业进行细致的研究，分析目前农业发展中的优势与不足，从而为促进农业技术进步，调整农业结构与发展方式提供理论依据。在进行农业技术研发的同时，有些以项目合作的方式与农业科研院所形成利益共同体，借助农业科研院所的科技资源优势，弥补高校在试验田、基地等应用技术条件的不足，实现科技资源的流动与共享。对于有市场增值潜力的农业技术，高等院校依托涉农企业进行农业科技的产业化。在高等院校主导型合作模式中，高等院校不仅创造提升自身科研水平的机会，还十分重视教书育人这一职能的发挥。高等院校不断培养市场需要的综合性人才，为农业系统输送新鲜的血液。此外，高等院校也非常关注农业科技的社会服务，采取讲座、当场示范、参与政府的农业推广体系等形式促进农业技术的应用与扩散。因此，高校主导型合作模式可以很好地促使农业科技的健康持续发展。2016 年 5 月 7 日发起成立"京津冀现代农业协同创新研究院"，该院是由中国农业大学牵头，联合河北农业大学、北京农林科学院、天津市农业科学院、河北省农林科学院等单位，以中国农业大学涿州基地为载体成立的，该院将构建现代农业大数据分析与服务平台，利用大数据、云计算等信息技术，开展农业生物、农业环境、食品安全、农产品交易等信息的数据存储和高性能计算，打造联通全国农业科教、生产与服务系统的大数据平台，为国家农业现代化提供技术支撑，打造"中国农业硅谷"。

四、农业科研院所主导型协同创新模式

农业科研院所主导型协作模式是指农业科研院所与政府、高等院校、涉农企业缔结合作关系，并且最大程度上整合主体间的农业科技资源，推动农业技术进步。比如 2016 年 6 月成立的"京津冀农业科技创新联盟"，该联盟是北京市农林科学院牵头，天津市农业科学院、河北省农林科学院共同发起，联合京津冀地区农业科研院所、高等院校、涉农企业等 23 家单位成立的，该联盟将围绕京津冀现代农业调结构转方式和三农发展科技需求，开展协同创新与成果转化工作，推进三地区域农业现代化进程。

农业科研院所主导型的合作模式与高校主导型的合作模式很相似，但是又存在着不同。相同点是由于两者都是农业科技的研发创新主体，处于科技链的研发链，这一产业链整个的链接过程是相似的。农业科研院所也借助政府部门的资金、网络平台、政策等资源，积极推动农业科技研发水平。在科技研发过程中，联合高等院校，发挥较优势，形成科研上的强强联手。与高等院校相比，农业科研院所更加注重应用性研究，他们的研究能够较为紧贴

农业发展与农户的实际技术需求。在农业科技应用与推广方面，农业科研院所一方面是与涉农企业合作对科技成果市场化，另一方面，由于农业科研院所逐步在改制，分为非公益性与公益性两类，在非公益性农业科研院所中，更多是成立产业化实体，进行面向农户的直接推广。天津农业科学院信息所、北京农业信息技术研究中心等单位共同组建了“天津市设施蔬菜农业物联网技术工程中心”，依托北京农业信息技术研究中心在农业物联网领域已有的应用研究基础，与天津农业科学院信息所共同承担项目开发与研制任务，并根据实际需求，派遣工程师到工程中心工作，共享已有的软件平台、实验数据和实验环境，共同推动工程中心协同创新建设，该工程中心的成立对于加强北京市农林科学院和天津农业科学院科技创新和产业化合作，推动京津冀协同创新发展具有重要意义。

第四节　本章小结

结合相关理论及需求调研，本章构建了基于“互联网+”的京津冀现代农业协同创新体系进行了总体架构，廓清了基于“互联网+”京津冀现代农业协同创新的意义、顶层设计、构建目标、构建原则，搭建了“互联网+”京津冀现代农业协同创新体系总体框架，提炼了“互联网+”京津冀现代农业协同创新体系的四种理论和实践模式。

（1）基于“互联网+”的京津冀现代农业协同创新体系的构建逻辑。概括了基于“互联网+”京津冀现代农业协同创新的意义、提出了协同创新体系的宏观、中观和微观的顶层设计；立足京津冀农业资源状况和产业基础，提出了“互联网+”京津冀现代农业在生产、服务、流通和大数据四个领域的协同创新目标。

（2）提出了“互联网+”京津冀现代农业协同创新体系框架。从影响京津冀现代农业协同创新要素和过程的角度，构建了包括协同目标、协同主体、协同基础、协同领域、协同路径 5 个层面的“互联网+”京津冀现代农业协同创新体系总体框架；基于农业企业、大学高校、科研院所、政府、中介服务机构五类主体，从产业协同创新、科技协同创新、政策协同创新、农业中介服务协同创新角度对各主体分别进行了分析；基于农业产业链的生产、流通、服务、大数据四大环节，对“互联网+农业生产”“互联网+农村服务”“互联网+流通”“互联网+大数据”四大领域的应用现状和存在问题进行了分析。

（3）提出了基于“互联网+”的京津冀现代农业协同创新模式。主要有政府推动型协同创新模式、涉农企业主导型协同创新模式、高校主导型协同创新模式、农业科研院所主导型协同创新模式，对每一种模式进行了理论解释，并列举了京津冀已经出现的该种模式的实际存在形态。

第六章　基于“互联网+生产”的京津冀现代农业协同创新发展路径

本章首先界定了“互联网+生产”的内涵与特点，基于京津冀现代农业发展的需求调研，深入分析了信息技术在农业全产业链中的应用现状、问题和需求，最后结合京津冀三地资源禀赋和区域优势，提出了三地“互联网+生产”创新发展的思路、目标及实施路径。

第一节　“互联网+生产”的含义及特点

一、内涵

“互联网+生产”是将互联网新技术（信息通信技术、云计算、大数据、物联网等）运用到农业生产环节之中，把传感器、控制器、机器、人员和物等通过新的方式连接在一起，形成人与物、物与物相连，实现智能化、信息化、远程管理控制，从而提升生产效率、产品质量、种植效益、管理效能，实现真正意义上的“智慧农业”。“互联网+”农业中的“+”，并非两者直接的拼凑组合，而是基于互联网平台和通信技术，传统农业与互联网深度融合，包括生产要素的合理配置、人力物力资源的优化调度等，使互联网为农业智能化提供支撑，创新产业链，提高生产效率，推动农业生产和经营方式革命性变革，以创新驱动农业新业态发展。简言之，“互联网+生产”是现代信息技术与农业生产全面融合的过程，其本质是“信息化+农业生产”，就是将互联网新技术融入农业的生产的各个环节，并最终实现农业生产的“智能化”。

二、特点

近年来，物联网技术在现代农业中的应用逐步拓宽，改变了几千年来传统农业的生产模式，将劳动力从田间地头解放出来，提高了农业生产的效率，加速农业生产方式的转变，实现了农业科技化、智能化、信息化。它具有以下特点。

（1）生产过程的数字化、精细化。在传统的农业生产中，对温度、湿度、光照、通风、灌溉等要素的掌握往往依靠农民的经验，将互联网技术引入农业生产，用互联网技术彻底改造生产环节，实现对生产各环节实时监测，农事数据实时在线化，可以实现生产流程的标准化、管理过程的精细化、装备产品智能化、资源利用的可持续化。

（2）生产流程的标准化、系统化。互联网将农业生产的各个环节打通，用信息技术彻底改造生产环节，农业生产的整地、施肥、浇水、收获等一系列环节可按照设置的参数启动自动化管理。

（3）生产过程的高效率。信息技术的使用改变了传统种养殖中依靠大量人力进行管理的局面，通过实时监测和自动控制功能，一人可以通过控制终端设备完成大量任务，这大大节省了劳动力，提高了生产效率。

第二节　基于“互联网+生产”的京津冀现代农业发展现状

根据课题研究内容，课题组多次赴北京、天津和河北进行了实地调研和座谈走访，在产业方面，调研涵盖了大田、设施、畜牧、水产和种业；在涉农主体方面，调研涵盖了科研单位、涉农单位、合作社、个体农户等不同经营主体。总的来说，作为农业部农业物联网区域试验工程的试点省市，北京和天津的“互联网+”在农业生产中应用相对成熟，而河北相对弱；从产业应用方面来讲，“互联网+”在三省市设施和畜牧中应用相对较完善，大田和水产较少。

一、大田

大田种植物联网应用环节包括农田环境监测、作物苗情监测、农田作物病虫害监测预警、专家远程诊断、自动化灌溉、精准施肥决策、精准作业农机装备、农机调度管理等方面。在大田种植方面，“互联网+”技术目前在北京、天津和河北的应用主要是起示范、展示作用，大田种植信息化的应用基本都是政府项目资金支持实施的。

1. 北京

农机精准作业、墒情监测、节水灌溉自动化在北京的大田种植中应用相对完善，比较典型的是顺义万亩方的小麦和玉米种植、房山窦店小麦种植。

在农机精准作业方面，早在2011年，北京市农机推广站就为平谷、顺义和房山等区县的农机合作社组织安装了约60台GPS监控终端、通信导航仪（其中20台为北斗GPS兼容终端），可对农机进行统一调度。根据“十三五”时期北京市农业农村信息化发展规划，大兴、房山、通州、延庆等区县也将根据顺义万亩示范区的规划内容与要求，在本区县建设都市型现代农业千亩示范区。

顺义都市型现代农业万亩示范区主要种植小麦和玉米，全程实现农机精准作业和节水灌溉智能控制，示范区运用物联网技术、北斗导航、无线通讯技术全面融入生产领域，在示范区9个行政村选择典型地块分别安装了9个气象监测站、18个墒情监测站、18个苗情监测站，实现了示范区内核心示范村典型地块的气象、墒情、苗情远程监测，并以此数据为基础，采用喷灌方式，通过无线通信技术进行灌溉控制，实现了大田节水灌溉智能控制。

窦店镇窦店村，农田覆盖总面积为109.73hm^2，主要种植玉米、小麦等大田作物。“互联网+”在窦店的应用主要是作物病虫害管理及远程诊断系统、农田墒情监测与灌溉管理决策系统、农田苗情监测系统。项目区共安装1套太阳能自动虫情测报灯、配套5套手持病虫害信息采集终端、1套气象墒情监测站、1套作物生理信息监测站、9套作物长势视频监测站实时监测农田苗情、墒情、病虫害情、灾情等“四情”信息，通过对“四情”信息的分析、处理、挖掘和决策，指导项目区11处井房通过灌溉阀门控制器实现田间固定高架式微喷启停的自动启停控制，从而实现高效节水灌溉自动控制，对作物进行精细化水肥调控。

2. 天津

天津大田种植主要集中在武清区和津南区，“互联网+”技术应用比较好的主要是农机深松整地及激光平地、环境监测和水肥一体化。另外，在插秧机无人驾驶技术、拖拉机自动导航技术、基于机器视觉的导航技术、基于传感测定技术的小麦变量施肥机、精准对靶施药、农机作业定位监控与作业服务系统方面也有突破。

农机深松整地及激光平地作为提升全市耕地质量的首要措施在天津得到了大面积的推广。2010—2015 年，实施农机深松作业 24.4 万 hm^2、激光平地作业 5 万 hm^2，全市适宜深松耕地轮松一遍，在深松、平地作业中实现了全面智能化作业面积监管。深松平地技术的大面积应用有效增强了农田土壤蓄水保墒能力，提高了耕地、水、肥利用率，促进了农作物高产稳产。

天津市在大田种植环境监测方面，传感器、通讯协议、网络管理、智能机器人等在大田种植中得到了广泛应用，单参数土壤含水量测试仪、土壤理化性能在线测试、土壤电导率快速测量装备、电力载波传感器、农田小气候观测仪等进入规模化应用。利用 CAWS 2000 农田小气候自动观测站具有气象监测和病害预警等多种功能，实现了对农作物生长密切相关的多种气象要素，如温度、湿度、风速、风向、气压、雨量、太阳辐射、光照、土壤温度、土壤湿度等环境参数进行定时自动采集。静海、津南区建设了土壤墒情监测自动站，研发了土壤墒情预警系统和平台，通过土壤墒情环境监测仪自动监测和记录农田土壤 20cm、40cm、60cm、80cm 的土层墒情、土壤温度以及光照、风速、风向、空气温度、降水量等，并通过无线传输及时上报数据，利用这些数据能准确分析农田土壤墒情变化情况，及时掌握农作物需水状况。

在水肥一体化方面，天津实施了物联网水肥一体化技术示范项目，在天津市武清区和静海县建设了物联网水肥一体化技术大田作物和设施示范园。武清区大碱厂镇勾兆屯村的水肥一体化试验田，是全国第一个大田农作物水肥一体化试验田，集中了多种节水灌溉方式和集中智能施肥物联网水肥一体化技术模式。设计搭建了我国第一个物联网水肥一体化技术示范平台，并实现了与天津市农业物联网平台的对接。试验田实现了 24 小时自动检测农田干湿度，然后自动将相关数据传到中心控制室，中心控制室根据数据判断土壤的干湿度，继而发出指令及时打开阀门开关浇灌，从而达到无人化管理、科学浇灌的目的，节水、节肥达到 50%左右，亩产量突破 700kg，比未使用水肥一体化的玉米田每亩增收 100 多 kg。

3. 河北

为了进一步推广物联网技术在大田中的应用，河北省大力推广了大田物联网的实际应用，唐山市玉田县富达农民专业合作社建立了大田物联网示范点、陈家铺集强农民专业合作社小麦监测预警物联网示范点、丰南应用了"小麦苗情数字远程监测系统"、迁安市隆兴农业科技示范场建立了大田示范区、肥乡市土壤墒情气象监测与智能节水灌溉系统。

肥乡市土壤墒情气象监测与智能节水灌溉系统主要是针对针对农业大田种植分布广、监测点多、布线和供电困难等特点，利用物联网技术，采用高精度土壤温湿度传感器和智能气象站，远程在线采集土壤墒情、气象信息，实现墒情（旱情）自动预报、灌溉用水量智能决策、远程/自动控制灌溉设备等功能。在大田种植的区域划分土壤类型、灌溉水源、灌溉方式、种植作物等不同类型区，在不同类型区内选择代表性的地块，建设具有土壤含水量，地下水位，降水量等信息自动采集、传输功能的监测点。通过灌溉预报软件结合信息实时监测系统，获得作物最佳灌溉时间、灌溉水量及需采取的节水措施为主要内容的灌溉预报结果，定期向群众发布，科学指导农民实时实量灌溉，达到节水目的。

丰南大田种植中应用了“小麦苗情数字远程监测系统”，苗情数字化远程监控系统能够实现苗情实时在线远程诊断和决策管理，通过无线传感器网络、遥感技术和远程数据传输等技术集成，在监控点的大田内，监测仪器每10分钟保留一组数据，每小时保留一幅照片，农技人员可以根据监测到的图像和数据进行苗情会商、诊断，科学指导农业生产，也可通过全国联网的农业数据信息远程监控中心，分析各监测点的图像和环境指标数据，随时了解农作物的生长进程和生长环境。农民种植户和农技专家足不出户就可观测到大田里的实景和相关数据，准确判断农作物是否该施肥、浇水或打药，可以为开展大面积苗情监测预警提供科学依据。

二、设施园艺

“互联网+”在设施园艺方面的应用主要涉及到环境监测、病害预警和智能化控制三个环节，通过对温室内空气温湿度、土壤水分、光照度、二氧化碳浓度的实时监测，当出现阙值过高或过低时实现报警，并系统自动控制设备，实现智能化管理和生产。由于设施生产环境便于监测调控且园艺作物附加值较高，设施生产信息化在北京、天津和河北的设施种植生产环节中都得到了普遍应用，主要有环境监测和智能控制两个环节。

1. 北京

环境监测在北京设施种植中的应用已经相当成熟，已在多个园区和基地，甚至郊区县的农户都普遍使用，例如金福艺农、北菜园、天安农业等，形成了一批具有自主知识产权的科研成果，温室智能控制、环境远程监控、智能传感器等系列产品已经达到国际同类产品先进水平。为促进农业物联网技术在设施农业中的应用和示范，北京市于2016年选取了郊区县的23家园区（基地），建设了5 000亩设施农业物联网技术核心应用示范区，开展了农业物联网在设施农业环境调控、农业生产视频监控、设施农业智能控制、远程栽培管理中的应用示范。2013年8月30日，农民日报数据显示，北京市初步建设了5 000亩设施农业物联网技术核心应用示范区，据测算，通过物联网技术的应用，核心示范区蔬菜产量平均提高约10%，5 000亩核心区基地每年增收1 600万元以上，节约投入人工成本1 250万元，平均可以减少农药使用量50%以上。

北京农业信息技术研究中心与北京市及各区县农委合作，积极开展了设施蔬菜信息化的试验示范，在大兴、通州、顺义、昌平等8个区的多家龙头企业、合作社规模设施蔬菜生产基地集中应用了一批信息化与农业物联网技术产品，如温室娃娃、室外气象自动监测系统、温室环境监测与智能控制系统、移动式温室精准施肥系统、负水头精准灌溉系统、移动式温室精准施药机等，显著提高了设施蔬菜生产效率与管理水平。北京金福艺农园区安装的二氧化碳浓度和土壤水分的信息采集设备以及自动灌溉系统、自动降温系统、数字虚拟展示系统、病虫害预警系统及成熟度预警系统等7种适用于设施生产的物联网设备。通过温度传感器、湿度传感器、pH值传感器、光传感器、离子传感器、生物传感器、二氧化碳传感器等设备节点构成无线网络来测量土壤湿度、土壤成分、pH值、降水量、温度、空气湿度和气压、光照强度以及二氧化碳浓度等来获得作物生长的最佳条件，从而达到增加作物产量、改善品质、调节生长周期、提高经济效益的目的。

2. 天津

天津在设施种植信息化领域，重点开展了智能化监控与管理、设施作物主要病害特征信息提取技术、生命感知研究和作物模型开发等。

天津在一些基础条件良好的温室，示范了无线生理生态监测系统，通过安装在温室大棚中的传感器系统实时地将检测数据通过局域网传输给智能控制系统，智能监测和控制作物的生长环境。通过红外遥感技术和图像识别技术，研究光合作用、蒸腾作用等植物生理规律，实现设施农业主要作物的主要病虫害信息实时提取与预警。通过实施水肥一体化技术集成示范，实现节水、节肥、节药、节省人工等，实现节水30%以上、节肥20%以上、节省人工平均300元/亩以上。多兴庄园农业科技开发有限公司建设了“产前”园区资源计划管理系统，通过安装空气温、湿度传感器、土壤温、湿度传感器、光照传感器等设备，实现设施了蔬菜生产管理过程中的信息采集、监控、自动化控制。静海县生宝谷物种植农民专业合作社通过开展信息化建设，实现了环境信息采集监测、行远程病虫害诊断、温室设备智能化控制。几十个蔬菜大棚的情况“浓缩”在几台电脑屏幕上，一张张动态曲线图清晰记录着24小时棚内空气、土壤温湿度等信息，并能够通过自动浇水、自动卷帘等远程控制调整作物生长条件和环境。

3. 河北

河北省在多个日光温室、塑料大棚中应用了温室环境智能监测和控制系统。例如藁城市杜村禾苗种植服务专业合作社、迁安市农业科技园区、肃宁县东泽城村诚誉果蔬种植合作社、管线前庞家务村顺斋瓜菜种植合作社等不同结构和作物的温室、大棚都应用了信息化设备，一是用工、卷帘、开膜的劳动效率显著提高，一个人由管理2个温室，增加到3~4个温室；二是改善了农民的生产条件，农民不用在高温30℃和零下低温环境之间穿梭，可以远程掌握温室内情况，遥控设备。三是提高了有效积温，提高了产量。自动开膜改变了过去一天开一次关一次的粗放式模式，可实现风口的小幅度调整，每天增加积温2~3℃。通过综合示范点应用情况统计，该系统每年平均为每个温室节省劳动力用工可达48个，增加产量11.2%，增收约2 200元，年均增收节支约6 600元。

河北省唐山市丰南区鑫湖生态园占地面积为160亩，共建日光温室24个，先后投入17万元安装了1套水肥一体化控制系统、6套温室监测控制系统。水肥一体化控制系统通过对土壤信息的采集以及墒情和气象监测，支持Android智能手机客户端接口可知养分与灌溉预警，实现了使用手机远程操作灌溉控制、施肥控制、运行监测等功能。利用灌溉管理平台将配兑好肥液与灌溉水一起相溶后，通过可控管道系统形成滴灌，均匀、定时、定量浸润作物根系发育生长区域，使主要根系土壤始终保持疏松和适宜的含水量，同时根据不同的蔬菜需肥需水特点，土壤环境和养分含量状况，把水分、养分定时定量，按比例直接提供给作物。

三、水产

水产养殖物联网应用环节包括水环境实时在线监测、异常报警、智能控制等，主要对水体的溶解氧指标进行实时监测，当水体达到缺氧阈值时增氧机便自动开始实施增氧，并结合健康养殖过程精细投喂，提高水产品规格、产量和质量，减少巡塘时间，降低人工成本。目前，北京、天津和河北三地，应用比较好的是天津的水产信息化养殖，北京和河北由于规模化水产养殖少，技术应用和推广相对较少。

目前，天津现有100多万亩工厂化养殖车间，"互联网+"技术重点在工厂化车间应用，主要实现了水质监测、环境监测、溶氧监测，视频监测、远程控制、短信通知等功能，综合利用电子技术、传感器技术、计算机与网络通讯技术，实现了水质信息采集、异常数值自动报警、自动投喂、增氧、给排水无线远程自动控制，养殖生产管理电子记录等功能。并通过Zigbee、WiFi、GPRS、3G等无线传输方式上传信息，养殖人员可以通过手机等终端设备实时查看养殖生产信息，及时获取异常报警信息。

1. 水质环境监测应用普遍

天津市目前已有68家水产养殖企业安装了水质在线监控系统和视频监控系统，部分可实现池塘增氧自动化或远程控制，其中，工厂化养殖31家，池塘养殖37家。据统计，天津市水产养殖共安装了水质在线监控系统200多套，视频监控系统110套，可以实现pH值、温度、盐度、电导率、氧化还原电位、溶解氧等的监测。通过信息化建设，每年每亩新增产量50kg，每亩新增产值300元；每亩节约用药费用10元，减少用药次数2次，每亩节约用药成本20元；每亩节省人工费用150元。

在天津北辰区水产养殖基地，东赵庄村水产养殖基地里8个露天养殖池塘都安装了水产养殖物联网系统，根据每个池塘里安装的监测探头，能实时测出池塘水体的pH值、溶氧量和水温等基础数据，并可以通过无线技术传导信息管理平台再显示到屏幕上，数据实时更新，让农民实现了"智能养殖"。池塘边还安装了能够360度旋转带夜视功能的高清摄像头，能随时监控池塘以及周边的情况，尤其是养殖户向池塘投放水质调节药剂的时候，摄像头的清晰度高到能够看清楚药盒上的每一个字，这大大替提升了渔业生产的信息化水平。同时，按照网络系统提供的数据，饲养人员可以给鱼池及时加氧、喂食。天津市海发珍品实业发展有限公司安装了32组可实时监测溶解氧、温度、pH值、盐度的水质在线监测和16套饵料自动投喂系统等智能装备，可减少液氧用量1/3以上，每年可节约液态氧40万~50万元，每天可减少6个值班人员，每年可节约人员费用40万元。

2. 专家远程诊断

天津市开发水生动物远程诊断系统，目前该项目已在天津市建设1个市级中心站和42个分站，该平台与渔民联网，覆盖了20个乡镇，约10万亩养殖基地。一方面，可以利用该系统对病患水生动物原始信息进行采集，把采集到的信息和系统自带的海淡水水生动物典型病例的图谱进行比对，得出初步的诊断，并由指定的专家给出规范的诊疗方法。另一方面，渔民可以拿着生病的鱼去当地乡镇技术服务部门，然后由乡镇技术服务部门通过平台连接专家，进行病害远程诊断。通过该水生动物疫病远程监控、会诊系统的建设，规范了水生动物疫病检测方法，实现了对水生动物疫病的准确快速诊断；建立了水生动物疫病会诊专家信息库，以便用户查询和咨询；建立了水生动物疫病病历档案和养殖安全用药管理档案，保障水产品质量安全。

四、畜牧

畜禽养殖物联网应用环节包括养殖环境监控、畜禽个体行为监测、发情监测、定量饲喂、粪便清理、健康管理、繁育管理、身份追溯等方面，通过个性化、智能化、精准化控制，降低以传统经验为主的养殖模式带来的损失，提升养殖和疫病防控水平，减少劳动用工。目前，北京和天津在畜牧养殖信息化方面应用比较成熟和先进，主要应用在奶牛、生猪的规模化养殖场，如天津北辰区精细化奶牛养殖、北京“4S 养猪物联网”。

1. 北京

目前，养猪智能化精确饲喂系统已成为中国养猪业与国际接轨的一个发展趋势。该系统以计算机为控制中心，以饲喂站为控制终端，以称重传感器和射频读卡器采集猪的各种信息，根据公式算出饲料日供量，再由控制器精准下料。大北农在养猪信息化方面始终走在前列。

（1）猪场远程数字化视频监控。通过在猪场架设视频监控摄录设备，采集养殖人员、猪群状态信息，通过网络传输至监控终端，同时将影像存储至视频数据服务器内。养殖环节视频摄录设备的应用可以帮助企业有效的进行关键点控制，并通过电脑或 3G 手机即可实时获取视频信息。

（2）猪舍工作环境数据采集。它将分散在一定区域内多个传感器节点通过网络方式进行数据擦剂和传输，可以实现数据采集、错误报警、远程控制灯功能，通过对温度、湿度、CO_2 浓度以及 NH_3 等数据的采集，如果传感器上报的参数超标，系统出现阈值告警，用户在任何时间、任何地点通过任意网络终端自动控制相关设备进行智能调节。

（3）示范场猪只电子标识与数据采集。用 RFID 技术制作的电子耳标，相当于为每个个体猪制作了一个“身份证”，有这个“身份证”，就可以对猪进行识别、记录和跟踪，记录的相关数据信息通过互联网存储到数据中心。在养殖场外缘及关键区域铺设 RFID 读写器，当带有 RFID 的猪只进入读写器的射频区域后，养殖人员可以实现对每一头猪的喂食区、饮水区的概略位置，并可以记录猪只运动轨迹，为在科学养殖管理提供数据支撑。

（4）繁殖母猪自动饲喂。针对种猪个体的精细化饲养，是提高母猪繁殖率的基本技术手段，猪只佩戴电子耳标，有耳标读取设备进行读取，来判断猪只的身份，传输给计算机，同时有称重传感器传输给计算机该猪的体重，管理者设定该猪的怀孕日期及其他的基本信息，系统根据终端获取的数据（耳标号、体重）和计算机管理者设定的数据（怀孕日期）计算出该猪当天需要的进食量，然后把这个进食量分量分时间的传输给饲喂设备为该猪下料，实现进食时刻、进食用时、进食量，并根据体重及怀孕天数自动计算出当天的进食量。

北京密云西康各庄村的海华云都生态农业股份有限公司的奶牛养殖基地现已实现智能化挤奶。每头奶牛出生后都会戴上一只储存其出生时间、谱系、初次产奶时间等身份信息的电子"耳钉"。奶牛进入挤奶大厅，其"耳钉"里的信息就会通过挤奶杯上的感应装置传输到后台，从而实现对每次挤奶奶质的监测。

北京绿田禽业有限公司采用的禽舍环境自动检测与智能化调控技术，可以针对舍内不同环境条件，在实现对禽舍环境自动化监测的基础上，根据不同日龄肉鸡、不同周龄蛋鸡对温湿度、光照、有害气体等的需求及耐受性，在预先设定控制参数临界值的情况下实现对风机、湿帘、清粪等环境控制设施及生产设施的智能化控制，并同时实现对舍内环境超标情况及设施运转故障情况的报警，通过给风机安装控制系统，实现对通风量、通风时间的调控。

2. 天津

天津在畜牧信息化应用方面，只有在规模化养殖场应用了信息化，散户养殖还未使用。在畜禽方面，奶牛养殖规模化信息化应用多，羊群、鸡等也使用，但是相对来说较少。主要有饲喂系统、自动环卫、自动只能挤奶、疾病分区控制挤奶等，使用信息化设备的畜牧养殖企业比例占 80%~90%。

近年来，信息化技术在天津奶牛生产、种猪生产、肉鸡生产等领域得到了广泛应用，覆盖了一批规模养殖场，建设物联网示范企业，做到了定点采集畜禽身份信息、采食信息、称重信息、运动信息等畜牧生产过程中的关键信息，实现了畜禽养殖的饲养环境自动监控、管理精细化和产品可追溯管理。目前，信息化应用技术十分成熟且具有代表性的具有代表性的畜禽养殖企业主要有以下几种。

（1）奶牛饲养的信息化应用。以嘉立荷牧业和光明梦得等 21 个牧场为主，通过引进国内外先进牧场综合管理系统，例如阿菲金等牧场管理系统，自动采集牧场的生产数据，实现对产奶、牛群健康等管理智能化，降低了乳房炎发病率，提高了配种率和单产水平，实现质量安全可控可追溯。

（2）种猪信息化应用。以天津市农夫种猪场为代表应用了智能化母猪饲养管理系统，通过传感器对无线射频耳标的识别，实现对该母猪个体的精确饲喂、发情鉴定等（荷兰 Velos 系统）；对猪舍内温度、湿度、通风等环境自动控制；以射频技术为载体，开发了智能化养猪管理系统，自动采集种猪每日采食信息和称重信息，通过料塔、输送分配绞龙、饲喂器、分离器的有效组合，实现对每头猪的精准饲喂、准确发情监测。

（3）肉、蛋鸡信息化应用。通过信息化技术的应用，实现对舍内喂料、光照、温度、供水、压力、湿度、清粪、集蛋等自动监测和控制，并根据鸡舍环境实时变化情况进行自动控制，为鸡舍提供恒温、恒湿和清洁的环境，提高了肉、蛋鸡生产的管理水平。

（4）肉羊信息化应用。以奥群种羊公司为主，采用 RFID 技术自动识别系统、自动称重系统、种羊选育和视频监控等系统，实现对种羊生产过程信息采集和数据分析，与客户扩繁场信息共享，互动挖掘数据。

3. 河北

河北畜牧养殖信息化也有应用，但是在规模和普及率上相对北京和天津较低，应用环节主要是集中在环境监测、发情监测、智能饲喂和自动环卫等方面。

河北承德天添乳业有限公司的御道口良种奶牛繁育场，通过物联网连接牧场管理系统实时监控牧场运行状况，整套系统以动物耳标管理为基础进行单体身份识别，其组成部分包括识别系统、发情检测系统、挤奶系统、牧场管理软件、远程连接系统等组成。其中，系统控制器是连接各挤奶点、识别门、活动量探测器、自动隔离门、精饲料补饲站、犊牛喂料站和 PC 个人电脑等节点的枢纽单元，肩负着数据采集、数据缓存、信号传输等重要作用。发情监控管理系统是通过给每头牛颈部佩戴一个 15 位激光打印号码的电子耳牌，电子耳牌可感应奶牛任何部位任何方向的运动。这样可确定奶牛准确发情时间，从而在最佳时间给奶牛配种，提高配种成功率，

保定市春利农牧业开发有限公司在物联网应用方面，先后采用了奶牛发

情监测系统、奶牛生产性能测定（DHI）与现代化牧场管理信息系统（软件）等技术。在奶牛发情监测系统方面，主要由颈圈、牛号阅读器和控制终端等部分组成。通过颈圈记录奶牛活动的各种指数（如行走、奔跑、卧倒、站立、反刍等），它利用独特的传感器技术精确测量奶牛的各种运动和运动强度，以时间段为基础进行统计、测量，通过大量奶牛行为数据可以监测到奶牛发情、生病等情况，甚至可以监测到发情征兆并不明显的奶牛。同时还可提供发情高峰期的时间等准确信息，为确定最佳授精时间提供参数。

石家庄双鸽食品有限责任公司应用了种猪智能饲喂、自动环控及生态化处理系统，公司从硬件设施上采用先进的自动化养殖设备，自动环控系统、自动喂料系统、自动饲喂站、种猪测定系统、自动消毒系统、生态沼气工程和污水处理工程。软件环境上采用先进的育种及生产管理软件，采用国内先进的KF和BS育种及ERP生产管理软件等，养殖水平走在了行业前列。智能饲喂站和种猪测定设备通过电子耳标识别系统，实现饲喂量、进食时刻、进食用时、日增重、测定状况、猪只异常全面检测及系统报警、数据实时备份，数据统计运算的全自动功能。自动环控系统实现自动控制猪舍内温度、湿度、CO_2、光照、有毒气体等信号的自动检测、传输、接收、报警，自动喂料。自动喂料系统通过定时定量喂饲，节省饲料，有效避免猪发生应激反应。沼气工程及发电对粪污等废弃物实现自动化处理，生产沼气、沼气发电等。

五、现代种业

种业是国家农业战略性、基础性的核心产业，是促进农业长期稳定发展，保障国家粮食安全的根本。“互联网+”现代种业产业，即是以互联网为平台，通过“互联网+”带来的便利化、物联化、实时化等手段，为育种研发、制种繁种、种子营销与市场推广等提供科学信息服务的产业体系。种业信息化工程包括种质资源信息化、品种选育信息化、种子繁育加工信息化、品种推广信息化。

1. 北京

现代种业是北京市的优势产业，同样是规划发展的重点产业。北京市政府以及各涉农委办局均强调要构建新型种业体系，加快推进“种业之都”建设。近年来，在育种信息化方面，北京成立良种创制中心提高种子研发效率、打造了全国首个作物商业化育种互联网服务平台、建成种业科技成果托管平台，这些都为北京种业的迅速发展提供了良好环境。

北京通州国际种业园区在育种信息化方面走在前列，在育种温室安装了基础设施、传感器、无线通讯网络及中控中心展示设备等硬件设施，并在核心展示区 70 个日光温室大棚内安装了环境数据采集设备及可视化集成摄像头，用于采集并回传作物种子生长图像及环境数据，如土壤温湿度、空气温湿度、光照等，为育种温室环境调控，灌溉指导等提供数据基础；部署了土壤、环境等感知节点，为育种提供高精度数据基础。同时，在通州国际种业园区物联网中控中心接通了网络光纤，安装了专家远程科研育种软件系统、种业园区生产环境监测系统、虫害预警防控系统和虚拟种业园区观光游览系统等系统，这为推动建立“育繁推”一体化商业育种机制奠定了基础。

国家农业信息化工程技术研究中心研发的金种子育种云平台（作物育种信息管理平台）为商业化育种提供了完整的信息化解决方案，该平台集成应用计算机、人工智能等技术，通过大数据、物联网等现代信息技术与传统育种技术的融合创新，构建了“互联网+”商业化育种大数据平台，可以提供种质资源管理、试验规划、数据分析、基于 Android 系统/PAD 的性状数据采集系统、系谱和世代追溯系统、品种选育等育种全程可追溯服务、田间小区/株行电子标签（RFID）标识系统、二维条码种质资源管理系统，可有效解决育种材料数量多、测配组合规模庞大、试验基地分布区域广、性状数据海量等带来的工作繁重、效率不高等问题。

2. 天津

天津市惠康种猪育种有限公司，通过构建猪场远程视频监控系统、猪舍工作环境数据采集系统、示范场猪只电子标识与数据采集系统，实现了种猪养殖的信息化。

种猪对疾病的监管至关重要，通过猪场远程视频监控系统的构建，在种猪养殖区域内架设视频监控摄录设备，采集养殖人员、猪群状态信息，通过网络传输至监控终端，同时将影像存储至视频数据服务器内，养殖人员可通过电脑或 3G 手机即可实时获取视频信息，实现了视频/音频的数字化、系统的网络化、应用的多媒体化以及管理的智能化，对于减少疾病传播并及时发现疫情的重要技术手段。猪舍工作环境数据采集系统将分散在一定区域内多个传感器节点通过网络方式进行数据擦剂和传输，实现对区域内环境状况进行实时监控机信息处理，猪场管理人员、技术人员可以通过手机、PDA、计算机等信息终端，实时掌握各猪舍环境信息，及时获取异常报警信息，并可以根据监测结果，远程控制相应设备，实现健康养殖、节能降耗的目标。

示范场猪只电子标识与数据采集系统用RFID技术制作的电子耳标，为每头种猪制作了一个“身份证”，可以对猪进行识别、记录和跟踪，记录的相关数据信息通过互联网存储到数据中心，如果猪从生产到消费整个过程都可以得到记录，这样用户只要接入互联网，都可以查询猪的历史或当前的相关信息。

3. 河北

南和县弘健蔬菜示范园主要种植番茄、黄瓜、茄子、辣椒等优质蔬菜，建有3 100m^{2}的现代化智能连栋育苗温室1栋，高标准日光温室育苗棚5栋，新品种示范拱棚12栋，年生产不同品种种苗1 500万株，可供蔬菜产业园2 000亩大棚使用。在育苗信息化方面，主要是使用了24小时智能温湿度预警和水肥一体化技术，24小时智能温湿度预警设备，可以全天候电脑监控每个棚的温度湿度变化趋势，实现不同时段、不同品种蔬菜苗种的合理温湿度区间预警，农户可以通过手机客户端实时观测数据变化。水肥一体化技术是自动灌溉系统、自动控制系统及自动化信息系统的集合，可以做到更合理的施肥，哪个阶段需要多少肥，需要什么样的肥，全部由电脑控制。

藁城区农业高科技园区主要进行蔬菜新品种新技术的引试和生产以及蔬菜种苗集约化繁育，建立了庄合育苗中心示范园。2013年建立了标准型物联网试验温室，通过安装温室物联网控制系统，实现了温室内空气温度、空气湿度、光照度、二氧化碳、视频图像的实时连续监测；实现高温、低温、光照不足、二氧化碳亏缺的预警、报警，通过现场警铃、手机、电话、电脑的远程实时警情发布；实现卷帘机、卷膜机、二氧化碳施肥和水肥一体化管理的现场手动、远程手动和自动控制。

从以上对北京、天津和河北的应用情况分析，可以看出以下几个特点。

（1）“互联网+大田种植”在“三地”以示范为主。在大田种植物联网应用方面，北京、天津和河北三省的大田物联网应用主要是集中于项目示范区，基本是通过政府项目资金推动实施的，一般的大田种植农户没有应用物联网，因此主要起的是示范、带动作用。

（2）“互联网+设施园艺”在“三地”实际应用普遍。互联网+技术在设施园艺产业应用最为普遍，在北京、天津和河北三地应用都非常广泛。由于设施生产的环境相对封闭，比较可控，另外，设施种植的生产周期短，投入见效快，因此，不仅是大规模的种植基地，而且有些小规模的个人种植也在生产中主动使用了物联网技术。

（3）“互联网+畜牧”在“三地”应用广泛且技术最先进。“互联网+”

技术在畜牧产业中的应用以北京和天津相对成熟，且应用的技术不仅实用，而且比较先进。

(4)“互联网+水产”在“三地”实际应用范围最小。由于北京、天津和河北三省市的产业布局原因，北京和河北的水产养殖基本没有，所以应用相对比较弱。相对于北京和河北来说，水产养殖是天津市大农业的重要组成部分，也是农业物联网技术重点试验、加快推广的领域，因此，无论是从水产养殖的实际需求方面，还是在实际的广泛生产应用方面，农业物联网技术在水产养殖方面的应用比较成熟。

第三节　基于“互联网+生产”的京津冀现代农业发展存在的问题和需求

互联网在农业生产中的潜力非常大，但是因为在财力、人力、物力等方面都存在着发展的短板，因此未能充分发挥其作用。由于地区资源条件的差异，总体来说，北京在农业信息化建设方面比较完善、存在问题较少，天津其次，河北相对来说在基础设施建设和新技术应用等方面落后于北京和天津，普及力度不够。

一、生产规模化程度低，提高农业生产组织化规模化程度是“互联网+”技术应用的前提

农业物联网的实际应用在很大程度上取决于生产经营的规模化，只有在一定规模的农业生产中才能发挥节本增效的作用，实现边际成本递减。北京、天津和河北的调研结果显示，信息化成果应用普遍和成熟的基地或企业都是具备了一定的生产规模，比如天津的奶牛养殖，只有在规模化养殖的企业才应用了信息化，散户养殖则没有使用。农户同时也表示没有使用信息化的原因是因为种养殖规模小，而农业物联网基础设施建设具有一次性投入大、回报周期长的特点，不仅涉及物联网设备的采购，还需要网络的铺设，平台的建设等多项投资，信息化设备初次投入成本相对于小规模经营来说，投入和产出的权衡比不高，这严重影响了生产经营主体应用的积极性。

因此，如果进一步推动信息化在北京、天津和河北的普及应用，一方面，要适度发展规模化养殖，在大田种植方面，建立土地流转平台，在畜牧养殖方面，发展养殖合作社等方式发展集约化、规模化的生产经营主体，激

发种养大户的信息化应用的积极性和潜力。另一方面，政府加大对率先使用信息化设备企业的资金扶持和投入力度，解决生产经营主体应用物联网技术资金短缺等问题，让生产用户体验到该项技术的优势，然后起到示范带动作用逐步推进信息化的广泛使用。

二、产品精确度和稳定性差，保证产品实用性和精准性是“互联网+”技术可持续应用的基础

经调研发现，信息化设备使用的企业表示，相对而言，国外的信息化设备质量相对较好，精确度、敏感度和稳定性方面较好，但是价格较高，而国内价格适中但是在稳定性、可靠性、精度、功耗等性能指标上远远低于生产实际应用预期，与国外产品存在着一定的差距，这是影响生产者继续使用的主要因素之一。例如，天安农业有限公司在设施蔬菜的环境监测方面，温室内的传感器在使用一段时间后，经常出现数值检测错误，稳定性差，尤其经常在夜间出现故障，难以维修等问题。天津的水产养殖用户也表示，水质传感器反复出现故障，很多国产传感器大概半年就需要更换一次，传感器灵敏度低、监测数值不准确，传感器的频率响应低、可测的信号频率范围窄。此外，除了设施种植、水产和畜牧养殖环境比较可控外，对于大田的环境的不可控来说，很多物联网设备更是难以满足农业应用的应用需求，暴露在自然环境中更容易损坏，而且面积的广泛也不利于具有代表性数据的采集等。因此，设备质量不达标不仅对实际生产起不到促进作用，而且耽误了生产的实际有效安排，这也是影响其继续投入资金使用设备的重要影响因素。

因此，在信息化推广阶段，设备研发机构更应该关注信息化设备产品的质量和实用性的研发，天津市农业科学院信息所的专家也表示，在天津的信息化产品的研发和应用方面，更加关注实际应用的产品，而不是非常先进复杂的技术，能够切实保证产品对实际生产应用的有效性，满足生产过程的需要。

三、产业间信息化应用不平衡，优先推广主导产业信息化是“互联网+”技术普遍性应用的重点

从目前的情况看，信息技术在北京、天津和河北的设施、畜禽和水产三个产业应用比较广泛和成熟，而在大田种植中相对弱。一方面是由于相对于

设施、畜禽和水产生产环境的封闭式和周期短，大田的生产环境和环节更加开放和宽泛不利于信息化设备的集成应用。另一方面，相比其他三个产业，大田种植的农产品附加值更低，因此市场回报率不仅低，而且慢，这也影响了种植户使用信息化设备的积极性。粮食生产是农业的关键，因此，政府对于大田种植信息化设备的购买应该给予更多的补贴和扶持。

因此，政府应选取产品附加值高、见效快、收益好的规模化产业进行优先推广和应用示范，就京津冀现有的产业发展基础来看，养殖业的农业物联网需求比种植业大，设施农业比大田种植需求大，应优先选取畜禽养殖、水产养殖、设施农业、种业这四大产业，通过建立农业物联网区试工程专项，围绕农业产业化龙头企业、农民专业合作社、种养大户和家庭农场等新型农业经营主体的应用需求，在上述四大产业的优势产区优先推进物联网技术的全程（生产、加工、包装、物流、销售）示范应用。

四、技术示范性强，政府加大推广力度是“互联网+”技术广泛化应用的关键

调研过程显示，农业物联网在基层单位的应用还处于初级试验阶段、推动阶段。信息化成果应用比较成熟的基地和企业大多是政府项目资金支持建设作为示范基地，实际应用需求还是低层次的，部分实力雄厚的企业自己投入大量资金建设了信息化，但是这种情况比较少。天津现有的100多万亩工厂化水产养殖车间，也全都是政府推动、项目支持建设的。另外，信息化发展扶持政策倾向于“管建不管用”，长效发展机制缺乏，导致“重建不重用”和“只建不用”的现象很普遍，很多企业表示在项目验收后设备大部分被搁置，缺乏与具体自身的生产实践的推进和改进。因此，这使得生产主体难以体验到信息化技术在自身生产过程中真正的实用性，生产过程中信息化的应用需求得不到激发。

因此，政府应加大对项目建设的后续管理和评价，设置专门人员对项目的运行进行定期检查和跟踪，将资助项目的后续使用效果作为项目后期考核的一项重要标准，以此切实保证技术不仅起到先进技术的展示示范作用，而且能切实带动区域农业物联网发展，促进技术的推广和应用。

第四节 基于“互联网+生产”的京津冀现代农业协同创新发展的路径选择

一、思路和目标

立足京津冀农业资源状况和产业基础，结合经济、社会、生态发展的需要，以“互联网+生产”为发展理念，以信息技术推进三地为主线，以农业物联网应用为基本抓手，以建设京津冀现代农业协同发展机制创新区为主要目标，以推进产业、科技、生态、体制机制协同发展为重点任务，着力明确三地农业产业发展定位、优化产业布局，着力推动生产要素合理流动与高效利用，着力深化生态安全合作、破除体制机制障碍，探索协同发展新模式、“四化同步”新路径，打造国家现代农业新的发展极，为京津冀现代农业发展提供基础支撑。

二、实施路径

按照接长补短、互补互促、提质增效的原则，发挥比较优势，优化三地农业产业布局。通过产业协同、资源协同、生态协同，最终形成京津冀三地现代农业生产的协调发展。

1. 基于区域优势开展农业物联网示范工程，打造京津冀现代农业示范圈

对北京、天津和河北三地“互联网+生产”的发展现状调研显示，在三地各自资源禀赋的基础上，已经形成了各具特色、优势互补的现代农业产业格局。开展“互联网+生产”，应该基于三地资源优势和产业优势，有重点、有计划、有目标地开展农业物联网示范工程，构建现代农业产业体系圈。

（1）北京重点推进种业物联网示范工程。北京已初步成为全国种业的科技创新中心、种业交易及信息交流中心以及种子企业聚集中心，在引领现代农作物种业发展中具有重要地位。北京应围绕打造“种业之都”的目标，依托中关村种业园区、通州国际种业园、丰台种业会展等载体，在现有公开可使用的“中国作物种质资源信息系统”的基础上，完善种质资源库数据内容，如增加遗传背景清楚的优异种质等资源数，促进种质资源共享；推广

应用现代育种信息平台，充分发挥龙头企业及高影响力的科研机构使用信息化育种平台提升数据标准化与操作标准化水平，降低育种劳动强度，提高育种数据精度；在制种环节开发种子质量安全溯源系统平台，建立种子质量溯源管理系统，保障种子产品质量，将北京打造成种子企业科技创新的摇篮、现代种业的示范窗口、现代种业发展的“种业硅谷”。

（2）天津重点推进设施农业和水产养殖业物联网示范工程。天津在设施农业和水产养殖业方面发展完善，形成了以设施农业、休闲观光农业、水产养殖和海洋渔业等为核心的现代产业体系。天津应根据自身的资源优势、产业基础，以现有的设施农业和水产养殖农业物联网区域试验工程为依托，充分发挥互联网技术做法成熟企业的区域带动作用，如蔬菜标准园（多兴庄园）、高档花卉温室（滨海国家花卉科技园）、规模养殖场（奥群种猪）、水产健康养殖示范场（海发珍品实业发展有限公司）等，引导农业企业、农民专业合作社、家庭农场、种养大户等新型经营主体探索物联网技术应用创新驱动农业生产方式转变的应用模式，提升天津设施农业和水产养殖业的精准化、智能化水平。

（3）河北重点推进大田种植物联网示范工程。河北在区位、土地、劳动力资源方面有很大优势，并且河北农业“十三五”发展规划也一再明确了河北作为“农业生产基地”的目标，因此，河北应以高产高效优质基地型农业为主攻方向，利用物联网、云计算等现代信息技术手段，应重点推进农业节水灌溉、土壤墒情气象监测、大田环境“四情”信息采集、作物病害远程诊断等技术在大田种植中的应用和推广，用远程视频监控、数据实时传送、计算机辅助处理等办法，进行空气温湿度、土壤温湿度、风力、风速、风向、大气压力、日照、降水量、蒸发量、视频图像等数据采集，并实现部分功能智能化，进而实现信息数字化、生产自动化、管理智能化，达到精耕细作、合理灌溉、精准施肥等目的。

通过开展农业物联网技术示范工程，推广一批先进适用的农用传感设备和软硬件系统，形成一批可用可复制的应用模式和行业解决方案，打造产业格局优化、区域特色明显、资源利用高效、品牌影响力和市场竞争力显著提高的京津冀现代农业示范圈。

2. 开展京津冀智能农机具产学研推一体化，打造全国农机智造标杆样板

作为我国现代农业发展的装备基础产业，智能农机具是现代农业的关键手段和重要标志。京津冀三地应根据三地各自资源优势和产业特点开展京津

冀智能农机具产学研推的协同创新，按照全程、全面机械化的总思路，进一步提高智能农机具的研发、应用、和服务水平，切实稳定提升农机化水平。

（1）北京重点开展高端智能农机具研发。在智能农机具研发方面跟天津和河北相比，北京在科技资源、技术研发人员力量、政策落实方面具有一定优势，涉及智能农机具高端研发的涉农科研单位、高校、农机企业比较完善。因此，北京应在智能农机具高端研发方面重点发力，通过对河北和天津调研，有针对地研发农用自动导航拖拉机、耕整地机械、联合收割机械、智能播种栽植机械、植保机械、智能灌溉机械、农业机器人等田间种植类智能农机产品，除此之外还有自动饲喂机械、农产品加工机械、农业运输机械等适用农机具的制造，引导农机装备研发，支持农机制造企业与科研院所合作，围绕机械化薄弱环节，加强关键核心技术和产品攻关，如农用传感器、机器视觉技术、无损检测技术等关键农机具及部件的研制开发活动，开发一批具有自主知识产权的多功能、智能化、经济型农机产品。

（2）天津、河北结合农业产业需求开展智能农机具推广和成果转化。在智能农机具推广和应用方面，天津和河北的农业生产对智能农机具的应用需求比较强烈，因此，在北京承担智能农机具研发的基础上，河北和天津应促进智能农机具的转化和应用，提高农机具的应用水平。在智能农机具的应用和推广促进方面，河北和天津也应根据各自产业的需要各有侧重点：天津的设施农业和水产养殖业占比大，因此，在设施农业领域，天津应重点支持温室自动控制设备、蔬菜移栽（嫁接）机、卷帘机、微耕机、微滴灌设备和苗木嫁接、果实采摘等设备的应用和推广；在水产养殖领域，天津应重点引进水质自动监测设备、废水处理及加药设备、自动鱼饲料投喂机等。河北在大田种植和畜禽养殖方面完善，在大田种植方面，重点支持大马力拖拉机、大型联合收割机、高效植保机械、复式深松整地机等大型节能环保机械；畜禽养殖领域，重点支持饲草收集处理机械、饲料搅拌、挤奶机、自动清粪机等。

（3）三地联合开展智能农机具管理服务。在智能农机具服务方面，需要京津冀三地共同协商，实现农机的协同管理服务。目前，京津冀三地农机管理部门已于2015年签署了《京津冀晋蒙农机安全监管联动机制协议书》，下一步三地应该更有效措施建立农机安全监管联控机制，在农机管理和服务各方面展开广泛而深入的合作，促进农业机械作业的有序流动，提升农机安全服务能力。

3. 开展京津冀生态环境实时监管，实现生态协同发展

京津冀作为一个局部区域，生态环境是衡量区域发展的一个重要指标。京津冀三地经济发展不平衡，在环境治理资金投入、污染控制等方面都有很大差异，现行的环境管理制度难以突破属地管理模式，各自为政的治理效果有限。通过互联网技术，开展三地生态环境实时监测，加大协同力度，共同开展生态建设。

（1）同步监测评估和信息共享。京津冀地区应在国家统一的大气、水、土壤环境质量监测和污染源监测技术规范的指导下，应用物联网、无线网络等信息通信技术建立“京津冀区域环境监测平台”，确定统一的监测质量评估和管理支撑体系，加强对空气、河流、湖泊、森林等环境资源的动态监测，共同构建区域生态环境监测网络。同时建立三省市环境信息监测共享平台，共享环境质量、污染排放以及污染治理技术、政策等信息，构建区域生态联保体系，实现京津冀环境一体化发展。

（2）同步三地生态政务网站。三地政务网站同步开设京津冀生态建设协同发展专题栏目和微信公众号，定期公布治理的状况和政策措施，开通生态违法举报热线电话及网络信息交换平台，利用公众力量及时发现京津冀污染及生态违法行为。

第五节 本章小结

“互联网+”是提高农业产生效率的重要手段，具有解决区域农业生产中的各种问题，使农业生产更加标准化，管理不断规范。本章基于“互联网+”的视角，首先界定了“互联网+生产”的内涵与特点，基于“互联网+生产”的京津冀现代农业的需求调研数据，深入分析了互联网在农业全产业链中的应用现状、问题、需求进行深入分析，最后结合京津冀三地资源禀赋条件，提出了三地农业物联网的创新发展的思路、目标及实施路径。

（1）基于大田、设施、畜牧、水产和种业五大产业的角度，深入分析了互联网在北京、天津和河北五大产业全产业链中的应用现状。得出以下结论：“互联网+大田种植”的“三地”主要起的是示范、带动作用；“互联网+设施园艺”在“三地”实际应用普遍；“互联网+畜牧”在“三地”应用广泛且技术最先进；“互联网+水产”在“三地”实际应用和探索相对较弱，天津应用相对成熟。

（2）提出了基于“互联网+生产”的京津冀现代农业发展存在的问题和

需求。总体来说，存在以下问题和需求：生产规模化程度低，提高农业生产组织化；产品精确度和稳定性差，保证产品实用性；智能设备投入成本高，加大政府扶持力度；产业间信息化应用不平衡，强化大田种植信息化应用；技术示范性强，推动技术的广泛应用。

（3）提出了基于“互联网+生产”的京津冀现代农业协同创新发展的路径。立足京津冀农业资源状况和产业基础，提出了三地“互联网+生产”协同创新的思路和目标，并根据三地“互联网+”农业生产的发展现状，从产业协同、资源协同、生态协同的角度提出了具体的实施路径。主要有以下三个：工程一，基于区域优势开展农业物联网示范工程，实现产业协同。北京重点发展种业，天津重点发展设施农业和水产养殖业，河北重点发展大田种植，工程二，开展京津冀智能农机具产学研推一体化，实现资源协同。北京重点在智能农机具研发方面发力，天津和河北在智能农机具推广和应用方面发力，智能农机具服务方面三地共同协商。工程三，开展京津冀统一生态安全监管，实现生态协同。三地应统一规划和制定标准、同步监测评估和信息共享、联合宣传和联动执法。

第七章　基于“互联网+服务”的京津冀现代农业协同创新发展路径

“互联网+”是农村信息服务的重要手段，能够有效解决农村信息“最后一公里”的问题。本章界定了“互联网+”农村服务的内涵与特点，基于京津冀三地农村信息服务调研数据，从农业生产与农村生活两类服务出发，其中，农业生产类服务包含综合信息平台、村级服务站、土地流转、农资监管、农机调度管理、作物病虫害防治、质量追溯七个方面，农村生活类包含农业金融保险、远程教育培训、农村政务、农村社保四个方面，在阐述京津冀三地在“互联网+服务”方面应用现状的基础上，总结农业农村信息化发展过程中存在的问题和需求，并结合京津冀三地资源禀赋条件，提出了三地“互联网+服务”创新发展路径、方向及目标。

第一节　“互联网+服务”的内涵及特点

一、内涵

“互联网+服务”是通过互联网技术（多媒体技术、大数据技术、通信技术等）将经过采集、加工、整理的涵盖农业生产环节、农产品运输环节及质量追溯环节的信息传递给用户，如农业生产技术、农资信息、供求信息、补贴信息、质量追溯信息等，并能够为用户生产、生活起到辅助决策的服务模式，区别于以报纸、广播、电视等传统信息传播方式，具有服务渠道多样化、服务内容多元化、信息推送定制化的特点。“互联网+服务”主要包含信息服务主体、信息服务渠道、信息服务客体及信息服务内容四部分。

信息服务主体是指涉农服务提供者，主要包含涉农政府管理机构、科研院所、农技推广站、基层信息服务站点等涉农组织，以及企业、合作社、种养大户等信息传播主体。信息服务渠道是信息服务主体（服务提供者）为服务对象能够顺利获取服务信息所提供的获取路径，分为传统信息服务渠道及现代信息服务渠道，传统信息渠道主要是以报纸、期刊、广播、光盘影像、电视节目、农业经纪人等大众传媒为代表的信息获取渠道，例如《农民致富信息》《天津市农产品市场动态监测简报》《农产品每日价格》以及12316服务热线等方式；现代信息渠道主要是以互联网为支撑的信息获取渠道，如IPTV、农业综合信息服务平台、微信公众号、微博、涉农APP、党员远程教育、村级服务站等。信息服务对象指的是接受信息服务的群体，主要包含以生产为主的农户群体、农村专业合作社、专业种养殖大户、涉农企业等。信息服务内容是信息服务主体为服务对象农业生产需要所提供的服务，不仅包含以农业生产生活的内容为主，如农业生产技术、农资信息、供求信息、补贴信息等；也包含农业生产全产业链，生产环节、农产品运输环节及质量追溯环节的信息服务。

二、特点

（1）服务渠道多，更新快。随着计算机技术的发展，当前农村信息服务渠道不仅仅局限于书、报纸、广播宣传等传统服务渠道，也存在网络服务平台、农村信息智能推送、微信、微博等新型服务渠道，服务渠道不断更新发展。

（2）服务内容多元化。农村市场主体是多元的，他们对信息的需求是巨大的、多层面的、多样性的，需要组织和提供五花八门、各种各样的信息，同时，多元化信息服务能够或者有条件弥补单一信息服务渠道容易出现的信息不全、不准或者失真的缺陷。

（3）信息推送定制化。服务主体的多元化，导致服务主体服务需求的多元化，大数据技术的应用使得服务内容不需要将所有信息全部传输给信息需求者，只需要将所需要的信息按照定制方式提供给需求者，实现精准推送。

第二节　基于“互联网+服务”的京津冀现代农业发展现状

一、农业生产类服务

1. 农业综合信息服务网

综合信息服务平台是政府出资搭建，为农民、农民合作组织、涉农企业、科研院所及社会大众提供农业产前、产中和产后的全产业链数据信息服务，京津两地已经建成较为完整的农村信息服务平台，已建成以农村综合信息服务整合、党和政府富民政策、专业技术指导、传播科技信息、“三农”政务公开等为主的众多信息服务类平台，而河北在平台建设方面落后于京津两地，随着农业信息化的发展，信息服务平台也在不断完善中。

截至2015年年底，北京涉农网站近2 000个，农业农村信息系统（平台）近70个，建立了较为完善的农村信息服务平台群。如覆盖北京全部村级服务平台的“北京市农村管理信息系统”，为郊区涉农企业和专业合作组织提供信息服务的“北京现代农业信息网”，服务于农村土地流转的“北京市农地流转信息网”，以宣传郊区民俗旅游接待村、接待户、观光农业园区，为市民出游提供信息查询渠道的“北京乡村旅游网”。北京都市型现代农业“221信息平台”，以郊区资源底牌为基础，内容涉及13个郊区县和15个委办局，共有105大类、494项数据，涵盖了土壤、气象、水、地貌等自然资源条件和人口、劳动力、经济发展状况、种植业、养殖业、林业、相关第二和第三产业等社会经济数据资源，目前数据量达到了208T；12316和12396服务平台在全市13个区、400多个乡镇、700多个生产经营主体进行了推广应用，截至2015年年底，共提供农业信息技术咨询52. 8万次，热线推广农业新技术60多项，累计发布各类服务信息26000多万条（次），辐射受众达到1 600多万人，直接和间接经济效益累计2. 8亿元。

天津市自2012年被列为全国农业物联网区域试验工程试点省市、信息进村入户试点省市以来，高度重视专业化信息服务平台在促进农村信息服务效能提升方面的作用，目前已建立了一批面向“三农”信息服务的专业化门户网站群，形成了以农村综合信息服务整合为目的的“津农网”（www. tjjnw. cn），以传递党和政府富民政策为代表的“天农网”，以提供专业技术指导为主的“天津农业信息网”“天津渔业网”“天津畜牧兽医网”“天津奶业信息网”“天津水产网”等，以农村综合服务汇聚为主的“津农网”，以传播科技信息与农业公共服务为主的“天津农业科技信息网”“天津兴农网”“天津气象信息网”等农业行业部门及农业区县的农业网站群。其中农业物联网公共服务平台是天津市农业物联网“12345”工程之一，该平台主体由企业应用平台、行业示范平台、创新研究平台、公共服务平台、生产支撑平台、资源集成中心、质量安全追溯平台和农业电子商务平台 8 个模块组成，建立了面向种植、养殖各行业农业生产、加工等各生产过程的专业子平台和行业示范应用子平台，对行业和企业基础数据进行深度挖掘和开发利用，为政府管理部门决策、科研和农业生产提供服务支撑。目前该平台已集成了市场价格、感知、知识等 17 个数据库，集成各类农业应用系统 182 个，其中天津本地应用系统 44 个，集成中国科学院各类应用系统 138 个，建立了视频和数据在线系统，实现了 25 个基地传感数据的在线采集，开发了 16 个基地、21 路数据的视频接入系统，涉及设施种植业、畜牧、水产养殖等内容。同时，紧抓核心试验基地建设，建成了核心试验基地 30 个，总面积达到 22 000亩。并且不断总结经验，陆续在 10 个郊区县 50 余家种植企业、100 多家畜牧企业和 90 家水产养殖企业开展农业物联网应用示范工作，目前用户达到 3 000余个，访问量达到 20 多万次。天津市农业综合服务平台的建设多渠道、高效率、有效地畅通了对农信息传播的渠道，为天津的“三农”服务提供了具有区域特色的信息资源。

2. 信息进村入户

信息进村入户工程是指通过在农村选择有信息应用条件的农业经济主体为载体，建立和完善农村信息服务网络和服务队伍，将农业信息服务延伸到乡村和农户，通过开展技术培训，提高农户的现代信息技术应用水平，为农户发布和搜索信息提供服务。益农信息服务社作为信息进村入户示范工程的载体，充分利用现有信息服务站、农村金融网点、农资店、邮政服务站、农村超市、村委会等，按照“有场所、有人员、有设备、有宽带、有网页、有可持续运营能力”的“六有标准”要求建设。京津冀地区作为益农信息服务社工程的最初实施城市，北京地区已经建立了以“智慧农场管理系统+农业生产技术信息服务+农场渠道对接+质量安全溯源”模式为代表的较为完善的益农社服务体系；天津、河北地区处于信息服务社探索期，正在试点发展适合本地区域的益农信息服务体系。

北京市益农信息社采取“智慧农场管理系统+农业生产技术信息服务+

农场渠道对接+质量安全溯源”模式，联合了北京市土肥所和植保所等农业技术推广服务单位、北京周边规模化生产农场和农业专业合作社、京合农品等电商平台以及社区生鲜供应商等多方力量，将农业物联网、农场管理云平台、大数据分析、智能控温配送柜、新型电子商务、二维码溯源等高新技术应用于农产品的生产、销售环节，促进农业全产业链条的智能化升级，打造智慧农业新模式。截至2015年年底，共建设了350余个益农信息社，其中专业型210个，标准型140个，并建立了30个示范社，其中10个专业型、20个标准型，为社员免费提供从生产安排、农事管理、智能控制到冷链物流、社区配送、农产品质量安全追溯的全产业链服务。天津市、河北省作为益农社示范省市，在建设益农社方面做了初步探索，天津武清区已完成了50个村级信息服务站“益农信息社”的建设，实现了每个益农信息社覆盖2~3个自然村，通过益农信息社与网农对接，网上营销企业达到1 000家，品种2 000种，农产品网上交易额达到5亿多元，逐步探索适合天津实际的“食管家”“蓟县农品”“际丰蔬菜”等6种农产品电子商务模式，益农社建设为全面推进天津农业电商发展奠定了良好基础。河北省在唐山市丰南区、玉田县、承德市围场县按照“六有”标准建设村级服务站，信息员均从村组干部、大学生村官、农村经纪人、农业生产经营主体带头人、农村商超店主中选聘，基本做到了“有文化、懂信息、能服务、会经营”。服务范围覆盖了试点县种养大户、合作社、家庭农场和20%以上的普通农户，其中玉田县已建成标准的村级信息服务站140个，简易的村级信息服务站520个，为广大农户提供农业政策、技术、信息发送及生产生活服务，组织电商培训达3 000余人次，服务热线实现7×24小时服务，形成了以围场县淘实惠、玉田县大槐树农村电商、丰南县好乡亲365为代表的农村电商品牌。

3. 土地流转

土地流转平台在土地流转方面起到的作用越来越重要，不仅能够有效及时地处理地源与有土地需求的客户资源之间的关系，也能够在线提供农地流转服务，以及各类在线咨询服务。北京建立了农村农地流转信息网站，建成了较为完善的互联网土地流转规程，能够及时处理发布的农地流转信息或土地需求信息，也能够提供在线预约、价格咨询、政策咨询、法律咨询、合同咨询等功能；天津市与河北省农村土地流转信息网站建立较晚，处于互联网土地流转发展期，网站功能处于不断完善中。

北京市农地流转信息网由北京市农村工作委员会组织建设，按照“依法、自愿、有偿流转”的原则，为农户土地承包经营权流转的供需求双方，提供信息发布和供需对接的平台，网站共分为转出信息、需求信息、流转动态、政策法规、区县流转网站、流转规程和常见问题六大板块。对目前土地流转的三种方式，即实行确权确地的，农户在承包土地后按依法、自愿、有偿的原则进行流转；实行确权确利的，农户把土地直接流转给集体，流转收益按确利份额分配给农户；实行确权入股的，农户把土地直接流转给集体，按股份每年参与分红，采用信息化手段进行有效管理。

天津农村产权交易所是由天津市农委、宝坻区人民政府、天津产权交易中心共同出资组建的国有全资股份制企业，能够提供农村土地承包经营权、水资源使用权、大型农用设施租赁权、农业技术及科技成果转让交易服务；提供农村集体和农业生产领域相关企业股权托管及转让交易服务；农产品交易市场管理与服务；履行政府批准的其他交易项目和产权交易鉴证等。其中网络竞价平台就是一个专门为本地农村土地线上流转交易的服务平台。例如，天津市首笔通过远程网络电子竞价进行的农村土地流转项目：宝坻区方家庄镇碱场村 1 818亩农村土地流转项目通过竞价平台最终以每亩 1 000元价格成交。

河北省作为北京和天津的农产品供应基地的职能，现代农业产业化的发展至关重要，需要大力引导农村土地向家庭农场、专业大户、农民合作社、农业产业化龙头企业和现代农业园区等五类规模经营主体流转。2014 年 2 月 21 日河北省成立了第一家农村产权交易所：邱县农村产权交易所，为农村土地承包经营权、农村集体林地使用权和林木所有权、农村集体经济组织股权、农村集体资产所有权和经营权、农村宅基地使用权和房屋所有权、农村集体建设用地使用权六大类农村产权交易提供一站式服务。截至 2015 年年底，河北省土地确权面积占到全省土地总面积的 50%。

2015 年 1 月下旬，北京农村产权交易所、天津农村产权交易所、河北省邯郸市邱县农村产权交易所、河北省承德市滦平县农村产权交易所签署了战略合作协议，共同推进京津冀地区土地流转一体化的发展。

4. 农资监管

农资是农业生产的基本要素，农资安全是决定农业经济能否持续稳定发展的关键因素之一，直接关系着农业增产、农民增收，并且对保障农村社会的稳定、维护国家粮食的安全都有重要意义。目前，京津冀三地的农资监管信息化尚处于起步阶段，北京大兴区建立了相对完善的农资监管系统，为农资等投入品的属地化管理提供了经验借鉴。

大兴区于 2012 年建立了农产品质量安全监管系统，构建了“3 个 1 的农产品安全监管体系”：包括1个监管平台、1支监管队伍、1套监管机制。目前该系统已纳入240个农资经营店、28个兽药生产企业、60余个饲料生产企业、140个三品一标基地、170个标准化生产基地、152个养殖场作为体系的管理对象；还包括土壤环境监测点、农产品抽查检测等信息。通过农资店使用POS机，实现了消费者索证索票，规范了农资店的经营行为，提高了农资店的管理水平。同时，平台实时接收全区各乡镇农产品安全监管员对各个农资、兽药、饲料经营店的现场检查信息，针对有疑似违规、违法行为的经营单位进行定点执法，显著提高了对农资店检查和执法的工作效率，为农资等投入品的属地化管理提供了技术保障。该体系涵盖了大兴区主要农产品产前、产中、产后的关键安全监管环节，覆盖了投入品生产经营管理、生产基地管理和农产品检测管理，形成了“源头可追溯、流程可跟踪、信息可查询、责任可追究”的完整农产品安全监管体系。

5. 农机调度管理

农业生产具有较强的时效性，农村路网错综复杂，对于大范围的农业生产作业，农机资源进行合理配置和有效调度，对按时完成农业生产任务，提高农机利用率，提高农户和农机组织的收益起到了重要作用。

自北京、天津、河北、山西、内蒙古五省区、直辖市的农机管理部门于2015年1月16日签署了《京津冀晋蒙农机安全监管联动机制协议书》以来，华北地区建立了省级农机安全监管联控机制，在促进农业机械作业的有序流动、强化农机安全监管措施、提升农机安全服务能力、预防和减少农机事故等方面展开广泛而深入的合作。建立了京、津、冀、晋、蒙农机安全监管联席会议制度，定期组织召开农机安全监管会议，实现长期稳定的协作；建立省级、地市级、区县级三级农机安全监理信息互通机制，及时沟通和通报各地农机跨区作业情况；加强源头管理和执法检查，对长期异地作业农业机械，共同做好异地检验和服务工作；推行安全协议制度，鼓励跨区作业农机手与服务对象之间签订《农机作业安全生产协议书》，明确各自安全责任及事故承担责任，切实保障作业双方权益；推广农机政策性保险，确保农机手在出现农机事故后，风险有保障。

通过跨区作业信息服务平台等方式做好省际间农机手接待、机具调度、维修、零配件供应、信息咨询等服务。如北京顺义鑫利农机合作社、兴农天力农机合作社、密云河南寨农机合作社、昌平东瑞盛农机合作社、平谷兴福顺农机合作社等大中型合作社通过农机信息服务平台调度，可以在河北张家口沽源等地区开展玉米青贮收获跨区作业，充分发挥了大型青贮收获机的性能优势。通过跨区作业，延长了作业周期，作业时间达到一个月，增加了作业面积，单台作业面积平均可达4 000亩左右，取得了显着的经济效益，展现了北京农机专业合作社的风采，也进一步提升了京津冀农机化发展水平。

6. 作物病虫害防治

病虫害防治是农业防灾减灾的一项重要工作，对于保障国家粮食安全、农产品质量安全、生态环境安全，促进农业增效和农民增收，加速农业转型升级具有重要意义。

北京在温室蔬菜绿色防控、病虫害防控等方面有较为丰富的经验和技术，绿色防控示范基地服务平台为温室蔬菜绿色防控提供了有力保障；河北省建立的植物保护网络服务平台覆盖京津冀农作物种植区域，建立三级网络服务体系，可以为县、乡级农技推广人员、植保服务组织、种植大户及技术指导员提供了农作物病虫害防治信息服务，对京津冀跨区域病虫害防治具有重大意义。

北京在设施蔬菜绿色防控、病虫害防控等方面有较为丰富的经验和技术，北京市农业局植物保护站绿色防控示范基地服务平台与生鲜领域内各类线上、线下平台洽谈对接，利用移动“互联网+”的模式在社区中推广绿控基地安全农产品，实现基地内蔬菜全程绿色防控技术使用率100%，绿色防控覆盖率100%，产品农药残留检测合格率100%，专业化统防统治比例也将达到80%以上，化学农药用量减少60%以上。截至2015年，北京市共建设了51个“绿色防控示范基地”，总面积超过2万亩，并继续以每年10~15家的速度增长。为进一步落实好京津冀协同发展战略，2015年年底，京津冀三地农业植保部门签署协议，将联手共建蔬菜病虫害绿色防控示范基地，三地将于2016年共同兴建80个蔬菜病虫害绿色防控示范基地，其中，北京40个，天津、河北各20个，每个示范基地面积不小于200亩，共同推进三地农业生产绿色防控工作。

河北省作为京津冀三地唯一的大田种植大省，作物病虫害防治成为作物植保工作的重中之重。为此，河北省建立了河北省植物保护网络服务平台，建立了“三级”植保网络服务，根据河北省作物种植情况和耕作特点设40个区域中心，每个区域中心设10~15个服务基点。省级平台负责发布服务相关信息，与用户交流，更新数据库，专家、区域中心及各服务基点的协调联动，整合其他社会资源。区域中心负责基础数据采集、数据库更新、服务基点建立与更新，向省级平台提供服务信息，向基点和用户提供服务。服务基点包括县、乡级农技推广人员、植保服务组织、种植大户及技术指导员。

构建七大板块：远程诊断、诊疗支持、信息发布、技术咨询、信息交流、技术培训、供需对接，为专家、各级植保机构、技术指导员等提供专门端口，最终形成互相补充、互为支撑的有机整体。组织专业化统防统治技术指导员体系，技术指导员主要负责：向省级平台反馈、上传当地病虫草害发生防治动态和出现的问题；按照植保机构和网络服务平台的指导和要求落实防控技术，开展专业化统防统治活动；在植保机构组织下，对突发的迁飞性、暴发性、流行性重大病虫灾害开展跨区域应急防治作业等。通过对有害生物的准确监测和科学防治，使原来的农业粮食损失由5%降到4%，每年可多挽回粮食损失1亿kg，年增经济效益达2亿元以上。通过准确指导，统一防治，大大减少化学农药的使用量，减少农药残留污染，每年减少化学防治1~2次/亩，每次节约防治成本3元/亩，每年指导防治1亿亩，年节省成本达3亿元以上。

7. 质量追溯

如何提升农产品质量安全水平，实现“化肥、农药零增长”目标，需要引导农民“科学施肥、安全用药”，同时构建以标准体系、检测体系和认证体系为支撑，涵盖产前、产中、产后全产业链，形成市、区县、乡镇、基地四级监管的农产品质量追溯体系。为此，京津冀三地加大了农产品质量追溯建设的投入，其中天津建立了蔬菜、肉鸡、水产品三类农产品的质量追溯体系，研发了覆盖3个环节的应用系统、构建4级监管体系、提供4种追溯方式的质量安全监管系统；河北省通过引进农产品质量安全监测监管指挥系统，对农产品质量进行检验检测。

天津已经建立了蔬菜、肉鸡、水产品三类农产品网上质量追溯体系。

（1）构建了“3344”放心菜质量安全保障技术体系。即研发了覆盖产前、产中、产后3个环节的应用系统，构建“市+区县+乡镇+基地”4级监管体系，提供基于网站溯源、触摸屏溯源、手机二维码识别、短信溯源4种追溯方式的天津市放心菜质量安全监管系统，实现了全市“放心菜”基地生产决策、政府监管和消费者全程追溯功能。搭建了“市+区县+乡镇+基地”四级质量安全监管体系，其中市级监管中心负责本市产地及各类市场蔬菜产品的抽检，并对区县、乡镇、基地的检测信息汇总分析，指导全市蔬菜质量安全监管工作，截至2015年年底，该系统在天津10个区县72个乡镇应用，覆盖所有涉农区县，全市214家基地应用，实现了平均亩增效1 461.6元，累计新增收入5.18亿元。其中，蔬菜推广覆盖面积高达35.47万亩（未计辐射），放心菜基地年产量180万t以上，占全市总产量31.03%。

（2）建立了“放心肉鸡”质量安全监管与追溯平台。建立了肉鸡电子信息档案，全面记录肉鸡生产从进雏、饲料兽药投入品使用、防疫、质量监测、产地和屠宰检疫到产品包装标识等重要信息，实现出厂肉鸡产品质量安全及信息可追溯。目前天津已经面向100个养殖基地，3个屠宰厂实现了政府检验检疫、统计、抽检与质量安全预警、肉鸡养殖疫情预警和追溯，其中在年产600万只肉鸡的天津市武清区大孟庄镇新农肉鸡专业合作社进行了示范。

（3）水产品质量安全追溯系统。系统采用“从养殖场到餐桌”的追溯模式，按照水产品生产流程，提取消费者关心的养殖、加工、包装、检验、运输、销售等作为供应链的追溯环节，对水产品供应链全过程的每个节点进行有效的标识，以实施跟踪与溯源。目前天津选取29家优势水产品养殖示范园区，实施从产地环境、养殖过程、卫生管理、病害防治、投入品控制、产品检测的全程质量安全控制与监管，实行水产品产地准出制度；建立了4种质量安全可追溯水产品对接市场方式，可追溯水产品专卖店（点）9个。

河北石家庄市于2012年便引进了农产品质量安全监测监管指挥系统，现共有224个检测点被纳入市级监测监管系统，平均月上传数据5万个（夏季月报送数据5.8万个左右，冬季月报送数据4.1万个左右，年报送数据60万个左右）。

二、农村生活类服务

1. 农业金融保险

2016年中央一号文件全文有20余处提及农村金融保险，可见加快现代金融武装日益成为全面深化农村改革的重要任务，成为建设现代农业的重要举措，成为完善农业支持保护政策的重要方向。北京农村金融走在前列，呈现出了商业性保险、政策性保险和合作制保险共同发展、新型金融机构与新技术融入金融保险领域的多元化发展趋势；河北通过农村金融保险的方式加快精准扶贫的步伐。

北京农村金融保险出现了多元化发展趋势。

（1）商业性金融快速发展。自2005年以后北京农村商业银行、农行北京分行、农发行北京分行等，在业务上不断加大对新农村建设、涉农经济、城乡一体化建设的支持力度，拓展了农户小额贷款等涉农金融产品。如北京银行2014年隆重推出“富民直通车”郊区特色金融服务体系，并于2016年

4月召开了“富民直通车，普惠京津冀”——北京银行助力三地农村经济协同发展推动会，针对京津冀三地农户推出一系列新举措。截至2016年4月，北京银行已在京津冀三地打造了33家“富民直通车”金融服务站，300余家助农取款点，布放MPOS（小型移动终端）7 000余台，累计为4万余农户发放涉农贷款135亿元。

（2）商业性保险、政策性保险和合作制保险共同发展。自2008年北京全面推广政策性农业保险以来，截至目前，北京市政策性农业保险“已经覆盖全市13个郊区县和首农集团等国有农口企业，险种由12个增加到19个，农业保险制度覆盖率超过70%，农业保险保障程度达40%。

（3）新型金融机构不断涌现。农业投资公司、村镇银行、小额贷款公司、农业投资基金等新型农业金融机构的出现，不断拓展农村金融服务领域，完善农村金融服务体系。

（4）新技术融入农业保险领域。北京农业信息技术研究中心自2013年以来，已经为中华保险平谷公司、大兴公司等配备固定翼和多旋翼无人机各2架，开展平谷大桃和大兴西瓜灾害监测服务。

河北农村金融保险服务方面也取得了长足的发展。

（1）信贷机构不断完善。截至2015年年底，银行业机构在农村区域设立金融服务网点和机具38万个，其中，农村区域银行业机构经营网点数量6 963个，极大促进了河北农村经济发展。

（2）金融服务模式不断创新。人民银行玉田县支行以信贷支农、政策惠农为着力点，引导金融机构创新金融服务支持农村改革试验区建设，创新金融支农方式，拓宽农业融资路径，提升银企合作效率，推进农村信用体系建设，开展奶牛、能繁母猪、育肥猪等多个农业保险品种。

（3）实现精准扶贫。通过联动保险、担保机构，发挥杠杆撬动作用，加大精准扶贫工作力度。如农行阜平支行投放500万元信贷资金支持阜平县与阿里巴巴集团联合打造全国首家县级“特色中国·阜平馆”，采取“1+1+1”（政府+企业+农户）模式，开设农家网店108家，日销售过万单。民生银行张家口分行鉴于农业客户担保物较少、价值较低等情况，对优质农业龙头企业开展了农业互助基金担保贷款业务，目前已授信并放款680万元，涉及5户企业。

2. 农村政务

农村管理信息化以村级为依托，以农村会计核算和农村财务为切入点，以农村经营管理为核心，通过统一的网络版软件介质，对农村基层组织（主要是乡村两级集体经济组织）的人、财、物和社会事务进行全方位、综合性信息化管理，主要包括经营管理、人口管理、资源管理、党群管理、社会事务管理、档案管理、村务财务公开等8个功能模块。北京地区农村电子政务建设已经取得了一定的成就，郊区4 017个村集体经济组织，192个乡镇集体经济组织已经全面实现农村管理信息化，建成了三级数据处理中心，实现了市、区县、乡镇、村四级数据的传输和共享，有效应用了村镇规划管理、社区基础设施管理、社会经济资源管理、一站式办公服务、土地监察管理等多种适合我国农村实际应用情况的数字化政务管理系统。

为了促进北京城郊乡村民俗旅游服务业的发展，在通过应用网络、系统、平台与移动互联等技术，北京建立了“五个一”智慧东辛屯农村政务管理模式，内容包括一张网络，村内建设了WLAN无线网络与政务光纤网，设立了村内的门户网站，增强了东辛屯的网络宣传力度；一套系统，开发智慧“八厘公社”物联网管理功能，使田地管理不受地域限制。建立民俗文化特色推介查询管理系统，旅游资源随时查、餐饮资源智能调配、智能点餐；一个平台，引入虚拟动漫技术，实现网上东辛屯3D虚拟数字村和民俗旅游户720度全景展示；搭建农业信息化互动体验厅，虚实结合，以便更好地了解东辛屯；一个APP，开发移动网络应用，实现了智能引导畅游东辛屯，可随时找资源、预定农家饭；实现了拇指上的“一分田”管理，身临其境分享我的菜园子。一个服务站，村内设立了益农信息社服务站，由运营商为村民提供代买代卖、农资购销和生产指导等活动，提升了农民信息获取的能力和致富增收的能力。信息化的应用实现了东辛屯村信息网络实施发布、点餐预定服务、民俗文化、特色菜网络推介等民俗旅游信息化建设，降低了东辛屯民俗旅游的管理成本，提高了餐饮管理水平，使东辛屯村的民俗旅游由传统型到信息化推动型再到智慧型的转变，推动了农民增收和村域经济的更好发展。

3. 远程教育培训

远程教育是充分利用当地科研院所科技与信息资源优势，通过政府支持，以现代卫星宽带信息网络技术为手段，建立覆盖一个区域的农村信息服务系统，系统面向该区域农民、各级政府和农业科技推广人员及涉农企业，提供全方位、多层次的信息服务。目前京津冀三地都已经建设了较为完善的农村远程教育平台，并形成了适宜当地发展的不同的农村远程教育模式，北京通过卫星宽带传输大量有效信息，覆盖全部乡镇；天津整合教育科研单位的科研成果和技术力量与互联网相结合，建立一个以信息网络为依托的农业技术推广和农业教育基干网和多媒体的现代化农业技术推广体系；河北“电大模式”打破了教学资源县级部门到农民之间的断层，十分注重基层教育建设。

北京地区凭借着强大的信息基础设施和发达的传统信息产业，在农村远程教育建设领域存在得天独厚的优势，形成了具有北京特色的农村远程教育系统的组织方式和运作模式：“北京模式”，该模式是一个以卫星宽带网络传输为主，其他网络（有线电视网络、微波网络、计算机网络等）传输为辅的宽带网络传输平台上，通过信息员管理的远程站点，面向农村各群体接收和传送其所需求的信息的一个现代化远程教育系统，目前已建立436个农村远程教育站点，覆盖100%的乡镇，推广农业新技术、新品种和新成果。远程站点设在农村社区的信息集散中心，成为多渠道接收和发送信息的中转站，农民在其中可以享受充分而不冗余的教育和信息服务，有效解决了本地有效信息量不足的问题。

天津建立的农村远程教育和咨询服务系统，整合天津已有的涉农科技网站的主要资源及有关教育科研单位的科研成果和技术力量，建立一个以信息网络为依托的农业技术推广和农业教育基干网和多媒体的现代化农业技术推广体系；实现上网馆藏书目10万条，在线期刊8 000余种；实现农学、园艺、动物科学、水产科学、食品科学、检验检疫、计算机科学与技术、信息技术、经济管理等20多个学科网上授课和技术推广等课程。

河北根据自身优势，实现了独特的农村远程教育系统的组织方式和运作模式：“电大模式”，该模式是一个在以计算机网络和卫星电视网络有机结合的三级（省、市、县）平台上，通过市电大、县电大、乡镇教学站或班，为远程的学生提供学习辅导等支持服务的一个现代化远程教育服务系统。该模式打破了教学资源县级部门到农民之间的断层，注重基层建设，利用系统办学优势，使县级电大及乡镇教学点具备满足教学需要的基础设施和师资队伍，具有完成主要教学活动的综合服务能力，做到“硬件要硬，软件不软”，确保教育资源、教学过程切实落到农民学习者身上。

4. 农村社保服务

社会保险信息化管理就是社会保障领域应时代所需的变革措施之一，它是指为了保持社会和谐和维护社会保险参保人权益，人力资源和社会保障部门借助计算机网络平台技术对养老、医疗、失业等数据信息进行的更加科学、精确、高效的管理行为。

北京、天津、河北三地"金保工程"已实现全面覆盖。金保工程以需求为导向、以应用为核心、以数据为基础，开发应用系统、联通信息网络、加强安全保障、提高公共服务质量，其金保工程建设的总体目标可以概括为1个数据中心、1个网络、4个应用体系、1个信息安全保障体系。在数据中心建设上，建立全市集中的劳动保障数据资源库，在数据库的生产区将集中包括社会保险信息系统、劳动力市场信息系统、劳动业务综合管理信息系统、社会保障卡信息系统等。在建网方面，依托电子政务专网，搭建宽带、安全的市、区（县）、街三级劳动保障市域网络，并与全国广域主干网互联。在应用体系建设方面，在建或者已建成4个应用体系：首先，比较完善的社会保险信息系统，实现了三险信息全市共享，简化了参保手续，方便了企业和职工；其次，一定规模的劳动力市场信息系统，实现了市、区县职介机构联网，失业人员管理建立了覆盖市、区县及街道（乡镇）的三级信息网络；第三，宏观决策统计分析电子政务办公系统，对劳动保障统计指标进行了梳理、整合和规范，初步形成了涵盖劳动保障主要业务工作内容的统计指标体系；第四，功能比较全面的公共服务系统，通过电话咨询服务、自动语音通道、传真、电子显示屏、滚动显示屏、咨询坐席等方式不断完善网上服务功能。

随着京津冀一体化发展，推动京津冀区域社会保障有序衔接，以养老、医疗、失业保险为重点，推动实现三地社会保险关系转移接续。目前正在建设的京津冀社会保障一卡通，将进一步完善基本医疗保险管理措施，推动京津冀医疗保险定点机构互认，按照国家统一部署，推进跨省异地安置退休人员住院医疗费用直接结算（表7-1）。

表7-1 京津冀主要农业信息服务平台

平台名称	建设省份	服务方式	服务内容	服务成效
221物联网应用服务平台	北京	网络平台服务	以公益性为主，数据涵盖了土壤、气象、水、地貌等自然资源条件和人口、劳动力、经济发展状况，为涉农主体提供包含种植业、养殖业、林业、相关第二和第三产业等相关产业的信息服务	共有105大类、494项数据，数据量达到208T，平台串联了农业产、供、销链条，打通了上下游关键节点，开展了农产品线上销售，并将合作社产品对接到生鲜电商，服务近600家农场

（续表）

平台名称	建设省份	服务方式	服务内容	服务成效
12316服务平台	北京、天津、河北	网络平台服务、热线电话	通过热线和网站平台的方式，提供农业生产技术、农产品市场营销、农资供求、防灾减灾和政策法规等信息服务	以北京为例，截至2015年年底，共提供农业信息技术咨询52.8万次，热线推广农业新技术60多项、累计发布各类服务信息26 000多条（次），辐射受众达到1 600多万人，直接或间接经济效益累计2.8亿元
益农信息社	北京、天津、河北	信息进村入户	利用现有信息服务站、农村金融网点、农资店、邮政服务站、农村超市等场所，搭建农村信息服务队伍，传递农业信息资讯，培训农民新技术，发展农村电商	北京地区已经建立了较为完善的益农社服务体系；天津、河北地区处于信息服务社探索期，正在试点发展适合本地区域的益农信息服务体系
农业物联网公共服务平台	天津	网络平台服务	由企业应用平台、行业示范平台等8个模块组成，面向涉农企业、基地、合作社、农户等，建立面向种植、养殖各行业农业生产、加工等各生产过程的专业子平台和行业示范应用子平台	集成了市场价格、感知、知识等17个数据库；集成各类农业应用系统182个，实现了25个基地传感数据的在线采集，开发了16个基地、21路数据的视频接入系统，涉及设施种植业、畜牧、水产养殖等内容
植物保护网络服务平台	河北	网络平台服务	通过平台向县、乡级农技推广人员、植保服务组织、种植大户及技术指导员，提供远程诊断、诊疗支持、信息发布、技术咨询、信息交流、技术培训、供需对接等服务	建立了“三级”植保网络服务，根据河北省作物种植情况和耕作特点设40个区域中心，每个区域中心设10~15个服务基点
农资监管系统	北京	网络平台服务、实地执法	建立“3个1的农产品安全监管体系”：包括1个监管平台、1支监管队伍、1套监管机制	已纳入大兴区240个农资经营店、28个兽药生产企业、60余个饲料生产企业、140个三品一标基地、170个标准化生产基地、152个养殖场作为体系的管理，规范了农资店的经营行为，提高了农资店的管理水平
质量追溯平台	天津	网络平台服务、实地执法	通过网站溯源、触摸屏溯源、手机二维码识别、短信溯源4种追溯方式对蔬菜进行溯源；同时对鸡肉、水产品进行产品溯源，保证农产品产前、产中、运输信息通畅	构建了“3344”放心菜质量安全保障技术体系；建立了“放心肉鸡”质量安全监管与追溯平台；建立了水产品质量安全追溯系统

（续表）

平台名称	建设省份	服务方式	服务内容	服务成效
土地流转网	北京、天津、河北	网络平台服务	通过平台公布转出信息、需求信息、流转动态、政策法规、区县流转网站、流转规程，为土地产权拥有者和需求者提供交流平台	北京建立了农地流转信息网，功能完善；天津市与河北省通过建立农地产权交易所，逐步建立农村土地网上流转平台，并处于快速发展期，网站功能不断完善中

第三节　基于“互联网+服务”的京津冀现代农业发展存在的问题和需求

一、平台运行效率不高，亟须完善综合平台功能建设

目前，信息服务平台体系搭建基本完善，建立了较为完善的信息资源生产、加工、存储、利用、共享的运行机制。但在平台运行过程中仍出现许多问题：一是信息采集问题。如子平台物联网设备采集时间并不是最近时间，信息链接不顺畅，甚至出现断链等；在农产品供需信息抓取中，抓取信息与信息发布日期间隔时间较长，出现信息失效现象；在农产品销售平台中，只提供了农产品信息，部分产品的联系信息等详细信息缺失现象。信息采集的实时性、时效性、信息缺失以及难以形成规范性制度等造成了目前平台的功能处于“看”的阶段，不能有效发挥平台信息服务的功能，可持续性发展能力不足。二是平台互动问题，目前信息服务平台以信息公布为主，用户与涉农主体、政府之间沟通较少，网站公布信息会出现偏离涉农主体的需求，形成信息流单向流通现象，信息应用效果不好。

因此，需要完善平台建设，提高平台公信力。一是加强资源整合。建立与完善涉农信息资源共建共享机制，打破行业和部门界限，统筹规划所有业务系统和各类资源诸如技术、设备、网络信息系统、人力资源等，制定农业农村信息资源共享管理办法，确定数据开放共享的边界，实现部门间涉农数据交换，解决农业农村生产、流通、管理等全产业链、全要素数据资源共享问题，解决部门及平台各类系统衔接问题，使其形成具有农业特色的信息资源体系。二是建立标准规范。针对信息采集、处理、开放、共享、应用等多

环节建立信息标准、信息管理制度、信息安全保护机制和价值评估标准，形成农业产前、产中、产后的整个产业链的行业规范。三是完善平台功能。按照“实用、易用、灵活、稳定、开放、安全”原则，完善平台各类信息系统、服务平台功能，从政府层面进行顶层设计，推动平台深入应用，针对不同生产应用主体，提供平台二次开发、可视化应用、个性化订阅、数据交易等服务，拓展信息服务能力，综合满足不同层面应用需求，增强使用者的用户体验，扩大平台公信力，让更多的农业生产主体与消费者参与进来，使整个平台由“可看”向“好用”的状态转变。

二、供需主体对接信息协调不对称，亟须丰富信息服务模式

目前京津冀信息服务体现出了“四多四少”的现象：首先，面向经济生产的信息服务多，满足非生产性需要的信息服务少，在当前信息服务格局中，多以农业科技与经济信息为主，农民的其他信息需求（医疗、法律等）未得到重视。其次，政府直接提供的服务多，通过专业化信息职业提供的服务少，缺乏独立运行的专业化服务组织，这导致行政主管部门指令下达与农民实际需求之间不平衡的问题。再次，面向富裕农民的信息服务多，面向一般和贫困农民的服务少，当前信息服务主要是以网络传播，这在客观上造成了现有信息服务格局向富裕甚至精英农民的倾斜。那些不依赖网络的实体服务机构在经费和人力资源无法保证普遍服务的时候，也难免在服务对象中进行选择，而选择的结果，往往是那些比较富裕的农民优先得到服务，可能会导致贫富差距拉大现象。最后，咨询指导型的高级服务多，资源供给型的基础服务少，以推广、指导、问题解答和现场示范为形式的高级信息服务可以为用户提供个性化的、深人的、以解决问题为目标的服务，是农村信息服务的不可缺少的部分，但这类服务的性质和难度却使它很难成为普遍均等服务的形式，将会制约新农民的培育。

协调信息供需主体对接，丰富信息服务模式。首先，需要搭建信息供需对接机制。建立一套传统媒介服务与网络信息服务相结合的系统化的综合信息服务机制，探索市-县-乡-村-户 5 级信息云服务体系，在现有信息服务基础设施、服务方式、服务手段、服务内容、服务重点的基础上，融合、改造、升级村级信息服务站，加强信息服务内容针对性，丰富农村信息服务模式。其次，因地制宜开展信息服务。针对新型经营主体，采取政府主导、社会各方参与共同建设的办法，重点在农业龙头企业、农村专业合作经济组

织、种养专业大户和农产品购销大户等农业经济主体中建设信息服务示范点。针对农民文化素质低的现状，开发易操作、容错能力强、易维护的信息化产品。针对缺乏信息手段的涉农主体，将农业信息进村入户与帮扶困难村建设相结合，丰富服务方式，实现信息服务助推精准扶贫。再次，推进农业信息服务社会化。支持和鼓励有资质的专业化机构建立农机调度、测土配方施肥、农技推广等第三方公共服务平台，向农业企业、农民合作社、家庭农场提供智能育种、产销数据对接等公共技术服务，降低信息技术应用门槛和研发成本。

三、农村信用评估体系不健全，亟须完善农村金融体系建设

农业是一个特殊的弱质行业，受自然与市场双重风险约束，收入不稳定，同时，农村借贷主体的居住分散、经营信息难以掌握、缺少抵押与担保等弱势特征加大了信贷风险。而农村区域信用生态差，部分农户、个私企业信用缺失，容易造成金融交易的信息不对称性、逆向选择和道德风险，农村信贷市场信息不对称具有强的信息不可获得性与弱的信息不可确认性特点，正规金融机构在农村信贷业务的信息搜寻成本高昂。事前银行缺乏有关经营者能力和企业与项目质量的信息，容易导致逆向选择，即在较高的贷款利率下低风险借款者的投资项目变得无利可图，退出信贷市场，信贷申请者的整体风险水平提高；事后难以获得投资项目选择和企业经营信息，难以有效监督，可能导致道德风险，即银行不能对贷款者的投资项目进行有效监督，个别贷款者可能会投资于风险高、成功收益高的项目，造成银行预期回收贷款本息的概率下降，提高了贷款风险。这也正是导致农村信贷市场的信贷配给、信贷交易萎缩，尤其是商业银行市场退出的重要原因。

首先，建立完善的农村信用评估体系，建立完整的农村信用档案，改善农村金融信息不对称的现象，实现农村金融供需市场化，避免出现信贷资源的城市化，让市场成为资源配置的最优手段，增进资金使用效率。其次，各级农业银行要根据产业融合发展项目的要求，稳步增加贷款投放规模，将"百亿百家"行动、"万社促进计划"等金融服务和"城镇化贷款""农家乐贷款""农民工返乡创业贷款"等金融产品积极用于农村产业融合发展项目支持；对符合信用贷款条件的，要采取信用贷款方式；对重点单位的优质贷款，要在规定范围内适当下浮利率，优化期限结构。第三，积极创新产品和服务。根据农村产业融合发展各类经营主体的特点，积极推广季节性收购

贷款、项目实施单位集群客户融信保业务等特色产品；探索基于政府财政支农资金与土地整理收益为担保的农村产业融合PPP融资模式；开展以仓单质押、订单质押为核心的“供应链”融资服务，破解农产品供应链流动资金需求季节性、集中性较强的约束；向农产品加工企业提供包括债券承销、上市顾问、企业年金托管、资产证券化、金融租赁在内的高端金融服务。

四、三地公共服务的差异较大，亟须加快推进基本公共服务均等化

公共服务是制约京津冀协同发展的发展关键因素。近年来京津冀地区内整体公共服务水平逐步提升，但三地之间基本公共服务差距仍然较大，就教育、医疗、社会保障、交通和环保这5项与人民生活密切相关的重点服务方面，总体上河北省的支出水平仅相当于北京的1/3，天津的50%~71%。以人均公共财政教育支出为例，2014年北京、天津和河北三地人均公共财政教育支出分别为3 525.24元、3 408.54元和1 086.59元，北京是河北的3.3倍。这将会严重影响各种资源要素的空间自由流动，使得人口、产业及功能在区域内分布不均。因此，逐步实现基本公共服务均等化，是促进三地人口区内流动和合理聚集，带动资本技术等要素流动，是促进三地区域经济协同发展的重要条件。

缩小三地公共服务差距，加快推进基本公共服务均等化，首先，制订京津冀基本公共服务一体化目标，尤其是三地农村地区公共服务一体化目标。为此，要加强法制建设，出台相应的法律法规，规定基本公共服务的政策、范围、标准，尽快形成三地一体化的基本公共服务政策体系。其次，应改革现行的财政体制，完善横向财政转移支付制度。如京津冀三地也可以运用国家的“对口支援”或者三地之间进行自主战略协作，将京津地区的教育(如果中国农大的涿州校区)、医疗等优质公共服务资源向河北地区援助、援建、培训，或者设立分支机构，制订统一的医疗报销标准、养老金标准、城乡最低保障标准等。最后，应建立京津冀人口流动信息交流监测平台，实时交流三地人口流动信息，并对人口调控政策实施的效果进行监测。短期内，对于京津两个超大城市，应继续发挥户籍在人口调控中的作用，通过推进京津冀基本公共服务均等化，逐渐降低京津两地对外来人口的吸引力。

五、农产品质量追溯覆盖面有待扩展，亟须加快质量追溯建设进程

农产品质量安全关乎人的生命安全，但近几年的毒豇豆、问题猪肉、蓝矾韭菜、镉大米、草莓乙草胺等食品安全事件屡禁不止，广大群众“舌尖上的安全”受到威胁，造成农产品价格下挫，农民种养殖积极性下降，对农产品供应造成反向影响。京津冀作为农产品质量追溯建设较早的地区，在蔬菜、肉鸡、水产品三类农产品质量追溯体系建设较早，但参与追溯的涉农企业、农产品数量较少，覆盖面狭窄，超市、批发市场中还是以未有质量追溯的农产品为主；同时市场中出现带有质量追溯与未带有质量追溯的农产品在价格方面并没有明显优势，出现“优质不优价”的现象，导致参与质量追溯的涉农主体成本增加，积极性下降。

为此，应加快质量追溯建设进程。首先，加大对有质量追溯体系农产品的宣传力度，增强消费者对带有质量追溯农产品的消费意识，增强消费者购买欲望，增强消费者对该类农产品的依赖性。其次，扩大农产品质量追溯种类，通过设立专项资金，加大对农产品质量追溯平台建设的资金投入，开发不同种类农产品质量追溯平台，扩大质量追溯覆盖面，使得带有质量追溯农产品市场占有额得以提高。第三，政府先投入硬件设施和开发软件系统，鼓励企业加入农产品质量追溯系统，对加入农产品质量追溯体系的企业可以由政府给予鼓励和奖励，以吸引更多的企业自愿加入农产品质量追溯体系，待时机成熟时再强制所有企业都加入到农产品质量追溯体系中。

第四节　基于“互联网+服务”的京津冀现代农业协同创新发展的路径选择

一、发展思路与目标

明确京津都市型农业及河北农区型的农业地位，发挥自身优势和农业信息服务基础，结合经济、社会、生态发展的需要，充分利用“互联网+”的手段，促进京津冀三地农业信息服务的协同创新发展。通过组建京津冀区域农村流动人口信息服务中心，有利于促进京津冀农村公共服务均衡化；通过

搭建京津冀区域农业灾害预测预警平台，有力保障京津冀三地农业稳定，降低三地农业自然灾害发生几率；通过实施农村金融保险平台工程，构建覆盖三地的全面、立体化农村金融保险服务网络；通过整合京津冀三地农产品质量追溯平台，组建跨区域农产品质量追溯监管平台，完善京津冀农产品质量安全体系。通过“互联网+”下的三地农业服务，实现京津冀三地农村均衡发展，使其成为全国现代农业交流展示窗口、农业科技创新和信息化发展高地。

二、实施路径

根据京津冀农业一体化战略需求，提出组建京津冀区域农村流动人口信息服务中心、搭建京津冀区域农业灾害预测预警平台、农村金融保险平台工程以及建立京津冀农产品质量追溯监管平台四大农村信息服务工程，推进京津冀农村信息服务一体化发展。

1. 组建京津冀区域农村流动人口信息服务中心

由三地流动人口管理部门组建京津冀区域农村流动人口信息服务平台。平台功能应包含：第一，对京津冀三地人口流动进行监测，通过全面了解京津冀三地人口流动状况，方便相关政策的研究与颁布。第二，有效均衡京津冀三地公共服务现状，通过平台可以实现政策信息透明化，无论是北京人口还是津冀两地人口都可以通过该平台查询公共服务相关政策法规，查询与自身切身相关的服务内容，依法维护自身合法权益，特别是农民工的特殊性推进的社会保险政策，不能简单套用现行并不太成功的城镇社会保险体制，要有适当的制度创新和政策灵活性。譬如实行低费制的农民工医疗保险或合作医疗制度。养老保险制度也可另起炉灶，既不要简单地将他们“捆绑”“扩面”了事，也不要在城镇养老保险体制上修修补补。第三，平台可以对京津冀三地农村的义务教育，优抚救济，社会保障，社会治安，文化、卫生、体育等社会事业，供水、供电、道路等公共基础设施，生态环境建设、环境综合整治，防灾减灾、气象、公共科技资源与服务，行政、法律和社区服务等基本公共服务进行统筹管理，进行资源合理分配。第四，将现有的劳动力市场信息网络延伸到农村，为农民工提供有效信息和职业介绍服务，逐步建立起互联互通的农民工就业信息网络。信息平台建设将有助于京津冀区域农村人口流动管理和减少城乡差距拉大，实现京津冀三地公共服务均衡化。

2. 搭建京津冀区域农业灾害预测预警平台

在河北省植物保护网络服务平台的基础上，搭建京津冀区域农业灾害预警平台，确保北京农产品供应，提高天津、河北两地农作物产量与质量，加强对自然灾害预测预警能力，控制农作物病虫害发生几率，降低灾害发生引发的损失。在该平台建设过程中，北京可以利用其信息技术优势，组建一支既有优秀信息技术素养，又有对农业事业热爱的科技人才队伍，为建设京津冀区域农业灾害预测预警平台提供技术支持，天津与河北作为平台使用的主要区域，不同区域的自然环境与种植结构有所不同，可由两地农业相关部门的农业专家组建农业专家组，根据当地实际情况提出需求，在需求情况下进行平台设计，基于实际生产条件下的灾害预测预警平台，将有力保障京津冀三地农业稳定，降低三地农业自然灾害发生几率，减少自然灾害引起的损失。

3. 实施农村金融保险平台工程

实施京津冀农村金融服务一体化战略，围绕行业对接与产业转移共同推进农村金融创新服务，京津冀建立沟通协调平台与对口联络机制，定期举行三地农村金融界交流活动，促进三地在人员、信息、业务方面的交流，发挥比较优势，互相开展业务培训；加强金融业务合作，围绕农村基础设施建设、新民居建设、农田水利基本建设、农业产业化、城镇基础设施建设、生态环境治理、文化旅游、交通运输、商贸物流，以及津冀承接北京产业转移、大型项目融资等方面，探索采取银团贷款、异地委托贷款、信贷资产转让等方式，共同拓展客户、创新产品，联合提供金融服务；共同组建债券承销网络，在债券承分销、现券买卖、债券交易、同业业务、票据业务等资金营运业务领域开展合作，提高投资收益和资金管理水平；借助农信银资金清算系统，开办对公客户通存业务，实现三方客户资金划转实时到账；实现银行卡跨行柜面业务互相通用和银行卡跨行费用减免，探索发行京津冀联名借记卡、贷记卡，推动建设京津冀农村金融服务统一品牌。打通三地郊区金融服务“最后一公里”，提升金融服务实体经济的深度、广度和持续性，构建覆盖三地的全面、立体化金融服务网络。

4. 建立京津冀农产品质量追溯监管平台

整合京津冀三地农产品质量追溯平台，组建跨区域农产品质量追溯监管平台，由三地涉农部门组建管理。在已有的蔬菜、肉鸡、水产品等较为成熟的农产品追溯体系前提下，扩大农产品追溯品种，依托骨干农产品流通企业，将农产品生产、加工、包装、仓储、运输、交易、配送等数据信息汇集到京津冀农产品质量追溯监管平台，组织开展数据分析，及时发布市场信息，引导生产流通；搭建完整农产品质量追溯安全体系，完善追溯流程，实现京津冀农产品质量安全检测结果互认，三地农产品质量等级化、包装标准化、标识规范化；为优秀农业企业开辟绿色通道，优先发展质量上乘的农产品，鼓励更多涉农企业参与到农产品安全生产中；消费者可以实时了解所购农产品产前、产中、运输过程信息，实现购的放心、食的安心。

第五节 本章小结

“互联网+”农村服务具有服务渠道多样化、服务内容多元化、服务内容定制化的特点，在京津冀区域农村信息服务发展过程中起到了重要作用。本章从“互联网+”在京津冀地区农业生产、农村生活两方面起到的重要作用出发，详细阐述京津冀区域农业生产、生活中互联网起到的角色和作用，展现互联网给农业生产和生活带来的变革，同时，对信息服务发展过程中出现的不足进行总结，提出京津冀协同发展具体路径。

（1）“互联网+农业生产服务”。本章从农业信息服务网络建设、信息进村入户、土地流转、农资监管、农机调度、作物病虫害防治、质量追溯 7 个方面，分析了互联网在京津冀地区农业生产方面具体建设内容和所取得的成效，揭示互联网发展为农业生产信息化快速发展提供了重要的技术支撑。

（2）“互联网+农村生活服务”。本章从农业金融保险、农村政务、远程教育培训、农村社保服务 4 个领域，列举互联网在京津冀农村生活方面具体建设内容与取得的成效，通过实例揭示互联网能够为农村生活提供快捷、方便的服务通道。

（3）农业发展落后于互联网发展速度。在互联网融入农业农村过程中，难免出现问题与不足，本章从信息服务平台功能、信息供需对接、农村信用评价体系、京津冀公共服务以及农产品质量安全 5 个方面提出“互联网+”与农业农村发展结合过程中出现的问题和需求，并根据问题和需求提出针对性建议。

（4）利用“互联网+”的手段，促进京津冀三地农业信息服务的协同创新发展。本章提出四大平台服务工程：组建京津冀区域农村流动人口信息服务中心、搭建京津冀区域农业灾害预测预警平台、实施农村金融保险平台工程、建立京津冀农产品质量追溯监管平台，为协同组织京津冀农业资源、加快京津冀区域发展农业农村信息化、缩短京津冀区域农村差距提供实施路径。

第八章　基于"互联网+数据"的京津冀现代农业协同创新发展路径

"互联网+数据"是提升农业发展效率、转变农业发展方式的重要手段，可以帮助解决区域农业生产中本底数据缺失、管理方式粗放等问题。本章首先界定了"互联网+数据"的内涵与特点，基于京津冀现代农业的需求调研数据，深入分析了"互联网+数据"在农业全产业链中的应用现状、问题和需求，最后结合京津冀三地资源禀赋条件，提出三地农业创新发展路径、方向及目标。

第一节　"互联网+数据"的内涵及特点

一、内涵

"互联网+数据"即使用互联网、移动互联网、物联网等技术，广泛采集农业生产、加工、流通、销售过程中产生的文字、图像、空间、时间等结构或非结构化数据，应用云计算、人工智能、数据挖掘等技术手段进行储存、清洗、分析等处理，最终达到转变农业生产生活方式、提高农业生产管理效率的目的。"互联网+数据"通过广泛采集异源异构数据，建立全面覆盖土壤、种植、育种、养殖等多领域的综合数据库，通过综合分析生产环境数据、生产管理数据、专家知识数据等，可为生产管理提供数据支持和决策支持。

二、特点

1. 数据来源广泛，综合覆盖面广

"互联网+数据"具有数据来源广泛，采集数据类型多样，覆盖农业产业链全面的特点。“互联网+数据”广泛采集来自生产基地物联网传感器、政府信息统计系统、企业应用信息系统、农产品批发市场电子系统等来源的数据，数据类型包括文本数据、图片数据、视频数据、传感器数据等多种类型，全面覆盖了农业生产、加工、流通、销售等多个环节，涉及设施种植、大田种植及水产、畜禽养殖等多种行业。

2. 数据总量巨大，信息处理高效

“互联网+数据”具有多来源、多类型特点，包含结构化数据、半结构化数据、非结构化数据，数据类型复杂，数据处理难度较高。“互联网+数据”广泛采集农业多环节、多产业数据，数据总量巨大，对数据的传输、处理、存储等能力要求也很高。

3. 数据应用综合，多领域交叉应用

“互联网+数据”在数据应用层面具有深度发掘、交叉应用的特点，农业生产、加工、流通、销售各个环节的数据在云计算、数据挖掘、人工智能等技术的支持下，相互串联、交叉验证、综合应用，可有效消除单一环节数据带来的信息误差，提高数据应用的时效性、准确性、综合性。

第二节　京津冀农业大数据发展现状

一、大数据基础建设

大数据基础平台等设施的建设运营，包括硬件架构设计、软件平台规划、资源的共享与各类接口的规范制定，直接关系到大数据应用能否超越传统的数据仓库方案，低成本实现海量数据处理和挖掘数据价值。目前，京津冀大数据应用大部分仍处于规模化部署运营初期，大数据在基础设施建设和运营方面基本是采取共建和共享的方式，以大型大数据中心的形式进行集约化建设与运营，推动数据中心整合利用，创建了一批京津冀大数据综合试验区，很好地发挥了规模集群优势。

1. 京津冀大数据研究中心

京津冀大数据研究中心于 2015 年 4 月成立，该中心由首都经济贸易大学北京市经济社会发展政策研究基地和龙信数据有限公司共同组建，运用大数据思维，对京津冀区域多纬全量数据进行深入挖掘分析。该中心主要是承载数据存储和处理职能，负责数据资源的集成整合、标准设计、发布共享，为用户提供基础硬件、软件、数据集成、平台建设以及数据分析、研究、咨询等一站式数据管理服务，为数据政府、数据工商、数据民政、数据农业等提供数据服务。

其中，数据农业解决方案围绕科学发展、和谐农业这一主题，以日常业务需求为基础，以数据为核心，以分析应用为目标，构建数据应用分析框架，形成“业务需求+数据+管理的数据分析”模式，采用先进的商业智能（BI）技术，利用数据仓库、联机分析处理、数据挖掘等技术对农业系统内部业务数据、宏观经济数据等进行综合分析处理，进行多层次、多角度、多种方式的分析和挖掘，为领导与业务分析人员提供决策支持。该中心的农业数据综合分析应用平台作为数据农业解决方案的重要组成部分，能够实现灵活在线分析、可视化展现、自动生成智能报告、监控预警体系、内嵌统计分析模型、完善的权限管理等功能，对于提高农业工作的质量和效率，挖掘农业数据价值，为农业相关部门提供决策支持，促进农业现代化发展提供了基础保障。

2. 张北县“京北云谷”大数据管理基地

京冀两地在张北县共建了“京北云谷”大数据管理基地，是河北和北京附近规模最大的云计算与数据中心产业基地，将承担对北京的数据存储和灾备服务的聚群。“京北云谷”大数据基地包含20栋大型数据中心机房楼、电力供应机房、运营管理中心、5万个标准机柜、容纳50万台服务器的云计算大数据中心。

目前，北京多家互联网企业已把他们的数据中心迁到该大数据基地，如阿里巴巴、赛尔、蓝汛、微软、惠普等国内外知名IT公司，这些企业的核心数据仍放在北京，海量非核心数据将存储在张北县的云计算基地，以此分担北京核心区存储压力。存储在张北县的数据可以通过光纤传输到北京，由于数据传输技术的保障，数据从张北到北京，所用时间和北京本地传输相比，基本相差无几。大数据基地属于高耗电产业，充沛稳定的电能是大数据应用设备正常运行的最重要条件，在张北县建云计算基地，既可以充分利用张北过剩的电能，又能为大数据应用提供必需的电能。张北县年平均气温仅2.6℃，可以通过自然冷却的方式，降低计算机高速运算所产生的大量废热，可以大幅减少大数据基础设备的运营成本，延长设备使用寿命。

3. 河北省廊坊市大数据产业园

河北廊坊建有2个国家级园区、39个省级园区，其中占地面积3.32km^{2}的大数据产业园，投资规模已近850亿元，数据中心面积达到190万m^2，机柜达到5 220个，服务器近10万台，已形成云存储、云服务、大数据存储加工及应用等功能相对完善的产业园区。汇集了富智康、京东方、中兴、华为等国际知名IT企业，京东电子商务产业园、廊坊空港保税物流园、中国邮政速递物流华北（廊坊）陆路邮件处理中心等一批大项目正在建设中；河北清华科技园、中科廊坊科技谷、肽谷—生物医药科技园等一批中试孵化基地已经建成运转；中国科学院理化所等14家中央所属科研机构落户廊坊。廊坊承接转移的大数据企业90%以上都来自京津，大数据人才95%以上来自京津，未来的服务应用对象也主要在京津。

大数据应用方面，廊坊将与北京、天津协同推动开展大数据便民惠民服务，围绕科技冬奥、环保、交通、健康、旅游、教育等重点领域，进行大数据创新应用、一体化服务协同和产业集聚。京津冀还将开展大数据交易流通试验探索，以数据交易服务推动数据资源资产化，建立健全大数据交易制度，推动形成京津冀一体化数据资产交易市场。

4. 京津冀大数据走廊

2015年，北京、天津和河北开始共建“京津冀大数据走廊”，该走廊由河北、中国科学院、中关村科技园等高端机构、产业园区和企业合作共建，立足京津冀各自特色和比较优势，以筑牢硬件基础，加快数据中心建设、加快大容量骨干网络设施建设和光缆铺设等一系列举措，统筹布局云计算基础设施，扩大基础设施物联网覆盖范围，形成了以“中关村数据研发—张北、承德、廊坊数据存储—天津数据装备制造”为主线的“京津冀大数据走廊”，推动乐京津冀云计算协同创新。

北京、河北和天津采取了“多点共筑走廊”方式进行建设，阿里巴巴在张家口张北云联数据中心项目数据机房已建成，并投入使用，建设容量10万台服务器；廊坊市规划了占地3. 32km^{2}的大数据产业园，润泽国际信息港、中国联通华北（廊坊）基地、中国人保北方信息中心、华为技术服务有限公司等大数据企业入驻，形成了云存储、云计算、云服务、大数据存储加工及应用等功能相对完善的产业园区。目前，园区投资规模近850亿元，数据中心面积达190万m^2，机柜5 220个，服务器近8万台。

二、农业生产大数据

在国家政策上，尽管京津冀政府相关部门已经将促进大数据技术在生产中应用提上议程，但由于在大数据科学研究和技术开发层面存在短板，大数据在生产中并未发挥应有的效果。但是，一些有实力的企业，如北京大北农、国家农业信息化工程技术研究中心，天津奥群牧业有限公司、惠康种猪育种有限公司通过自主研发将大数据技术成功地应用到了农业生产领域，有效提升了生产管理水平。

1. 大北农“猪联网”生猪产业大数据

随着猪服务、猪交易、猪金融等相关服务平台的广泛应用，各类企业生产数据、采购数据、养殖数据、生猪出栏数据、运输和调拨数据、屠宰数据、猪肉销售数据、价格数据、金融数据逐步积累。通过大数据的分析，猪联网将重构生猪产业生态体系，极大地改变生猪产业的生产管理方式、交易和运输方式 、金融服务方式等。

（1）疾病预警。通过猪管理所积累的数据，对不同地区未来的生猪疫情进行预测和预警，并为其制订相应的防控预案。

（2）智慧饲养。通过详细记录每头猪从出生、断奶、转舍、饲喂、发情、配种、妊娠、分娩、产仔、哺乳、销售、免疫、疾病等各种生产数据，按照科学的管理体系，对日常的生产进行智能提示和预警。

（3）价格预警。通过数据分析，加强生猪市场、屠宰监测和预警体系建设，强化生产和价格动态监测分析，发布生猪生产和市场价格信息，引导养殖场户科学调整生产结构，稳定养殖收益。

（4）安全追溯。通过猪服务数据的应用，可以帮助养殖企业建立生猪养殖档案，包括饲养管理、投入品控制、屠宰分割、肉品加工到餐桌等流程进行全程数字化有效的监控管理。

（5）精准营销。一方面，通过农信云积累的大数据，帮您在种类繁多的商品中，挑选出质量可靠，质优价廉的好产品，并可实现就近撮合。另一方面，通过对养殖企业数据的分析，可以精准的将养户所需的生产资料精准对接。

（6）建立信用体系。通过“猪管理”获取的生产经营数据和“猪交易”获取的交易数据，利用大数据技术建立模型，形成较强的信贷风险控制体系，为符合条件的用户提供不同层次的金融产品。

2. 金种子云平台为育种科研服务

农作物育种是一项复杂的系统工程，涉及种质资源鉴定与创新、新基因发掘、育种技术、品种培育、种子生产及其产业化等，现当代育种技术的发展，使得作物育种数据呈现了信息爆炸，产生了海量多种类型的数据。但是，我国育种领域数据孤岛与数据海洋问题严重，因此，需要构建作物育种相关数据库利用平台，致力创造大数据背景下的育种技术，可以平衡育种数据膨胀和育种需求产生的矛盾，从而实现育种数据数字化平台建设，也为广大育种工作者提供数据支撑。国家农业信息化工程技术研究中心研发的金种子育种云平台（作物育种信息管理平台）为商业化育种提供了完整的信息化解决方案，该平台集成应用计算机、人工智能等技术，通过大数据、物联网等现代信息技术与传统育种技术的融合创新，构建了“互联网+”商业化育种大数据平台，围绕新品种选育的实际过程，以性状数据采集和处理分析为核心，以育种过程管理为基础，实现对育种的信息化管理和数据的科学化分析，可以提供种质资源管理、试验规划、数据分析、基于 Android 系统/PAD 的性状数据采集系统、系谱和世代追溯系统、品种选育等育种全程可追溯服务、田间小区/株行电子标签（RFID）标识系统、二维条码种质资源管理系统，可有效解决育种材料数量多、测配组合规模庞大、试验基地分布区域广、性状数据海量等带来的工作繁重、效率不高等问题，实现了全面提高育种的管理水平和数据处理能力。

3. 天津农业生产物联网平台及生产经营智能平台建设

天津市物联网平台建立了基于云计算的虚拟化软硬件平台和云服务中心，可以提供超过 1PB 的存储环境以及超过 2 000个 CPU 核、万亿次的高性能计算环境，集成各类应用系统 138 个，基础数据资源数据库 17 个；移植行业物联网子平台等应用系统 44 个，为“放心菜”“放心肉鸡”质量安全追溯服务系统、病虫害远程诊断系统等 15 个应用系统提供基础技术支撑。应用服务不断拓展，建立企业应用、行业示范、创新研究、公共服务、生产支撑、资源中心、质量追溯、电子商务 8 个应用子平台，可为经营企业、园区基地、科研院所、政府部门提供个性化和公共全方位应用服务，用户达到 3 000余个，访问量达到 20 多万次。目前平台整体达国际先进水平，初步实现“可用”目标。

天津生产经营平台实施了农业生产经营物联网智能化控制与管理工程，建成核心试验基地 20 个，开展物联网技术与设备的试验、示范与集成应用。探索农业生产智能监控与管理、海水工厂化养殖等 6 类可复制、可推广的技术应用模式。现阶段已有水产养殖业 68 家、种植业 50 多家、规模化畜禽养殖场 40 余家，总数达 158 家应用单位。共示范应用设施蔬菜、种猪、鱼等 10 余种农产品，规模达到 160 栋节能温室及大棚、7 万 m^2 工厂化养殖车间、170 万 m^2 养殖水面，实现了有农业区县和主要菜篮子产品两个“全覆盖”。在应用平台、传感器、通讯协议、网络管理、智能机器人等领域取得了一些科技成果，自主创新能力稳步提升；同时以大顺园林、梦得奶牛、博汇瑞康为代表的一批企业，自主引进国外先进的物联网技术与设备，实现生产流程自动化、生产管理现代化。

4. 天津奥群牧业有限公司种羊大数据育种信息平台

天津奥群牧业有限公司自主投入 2 000多万研究开发了种羊大数据育种管理信息平台，并为每只羊佩戴了 RFID 耳标作为唯一的身份标识，通过对存栏、繁殖、胚胎、称重、品相、定级、防疫等信息的记录，实现了对种羊育种繁育全过程的精准记录，将耳标和平台结合起来。使用肉用种羊生产管理物联网技术平台，可以降低用工成本，提高工作效率，还可以更加精准的记录羊只有价值的遗传信息。在平台研发前，每名工作人员只能管理 1 000只羊的信息，且数据错误率在 5%左右，但是在采用平台进行数据记录后，平均每名工作人员可以管理 3 700只羊的信息，且正确率高达 99. 9%。同时羊舍配备了高清视频监控系统和羊舍环境监控系统等信息化设备。

5. 天津市惠康种猪育种有限公司种猪管理大数据平台

天津市惠康种猪育种有限公司建有种猪场管理大数据平台，围绕设施化畜禽养殖场生产和管理环节，平台集成养殖场环境信息采集、环境自动控制设备、饲料投喂控制设备、视频监控及指挥调度等系统，管理人员可通过手机、PDA、计算机等终端，实时掌握猪场环境信息，及时获取异常报警信息，并可以根据监测结果远程控制相应设备。养殖场通过应用种猪养殖模型数据分析，降低饲料消耗与增重比（即全群料肉比）0. 05。应用自动环境监控系统，改善了种猪与仔猪猪舍环境，降低仔猪非正常死亡率，提高生猪综合成活率约 5%。养殖场年可多提供出栏猪 500 头。种猪管理大数据平台的应用提高了猪场生产管理水平，28 栋养殖舍内环境信息的自动监测，积累了大量数据，结合种猪生长性能测定，为种猪育种优化提供了大数据基础。园区利用物联网技术实时监测动物的行为和健康状况，对动物的发情、疾病、疫情等进行监控和预警，生产能力得到较大提升，防疫能力大幅增强，增强了市场供种能力。

三、农业管理大数据

农业管理涉及农产品质量安全监管、农产品市场监测、动物疫病防控、农机管理、种子管理以及农药饲料管理等，国务院、国家农业部门以及地方政府一直重视农业管理信息化的建设，随着物联网、云计算和大数据等现代信息技术在农业领域的应用发展，农业管理信息化水平得到了跨越式发展。京津冀三地纷纷建设农业物联网工程，推动“互联网+”以及大数据在农业管理领域的应用，建设了多种农业管理数据平台和系统，有效提升了农业管理效率。其中，北京在农业资源管理、市场信息、行业监管方面建设已初具规模，正逐步开展涉农大数据应用试点，取得一定实效；天津基于农业物联网工程建设的基础，在农产品质量安全监管以及农产品产销数据建设方面已取得一定成效；河北作为农业大省，在农机管理大数据方面具有一定优势。

1. 农作物测土配方施肥数据实现标准化、规范化，提高了耕地质量管理效率

农业部按照“统一技术规程、统一数据标准、统一数据管理平台，统一配方肥追溯体系”的要求，研发了“县域测土配方施肥专家系统”工具软件，用于规范测土配方施肥数据管理和开发应用。全国各市县可依托测土配方施肥数据库和县域耕地资源管理信息系统，利用测土配方施肥专家系统工具软件，开发建设本地的县域测土配方施肥专家系统，开发基于手机短信、触摸屏、智能配肥机等信息设备的测土配方施肥专家系统信息发布平台，利用现代信息手段为农民提供直观、方便、快捷的施肥技术服务。2016年，农业部在全国选择500个县（取土化验县）重点开展测土配方施肥指导服务，在其中的200个县（减肥增效县）开展化肥减量增效示范，提高测土配方施肥技术覆盖率，加快测土配方施肥技术应用，减少化肥使用，提高化肥利用率。

北京自2006年启动测土配方施肥工程，为了全面掌握京郊耕地质量和土壤肥力状况，北京市土肥站共采集土壤样品5万个，化验37.8万项次，获得600多万个数据，同时与北京第二次土壤普查和30多年间京郊耕地质量长期定位监测所获得的大量数据进行整合，建成京郊最大的土壤数据库，将全市的土壤资源、耕地质量、土壤养分状况，以及耕地土壤的生产力、承载能力及肥料施用效益收录在内；并制定出粮食、蔬菜、果树等主要作物施肥指标体系，以及不同地区主要农作物基、追肥专用配方。为了便于农民应用测土配方施肥技术，开发出测土配方施肥信息管理与专家推荐系统，农民登录该系统后，只要将自家地块土壤养分含量、种植作物相关信息输入专家系统的表格内，然后按计算机提示点击相应“按钮”就可以得到相应作物测土配方施肥技术。2015年北京市土肥工作站开发了“配方施肥指导与产需对接服务系统”，将全市1980年以来全部土壤管理、肥料试验与质量监管、作物施肥等业务数据进行了系统数字化、规范化分类整理、入库，形成

包含21万个地块单元，450余万条次业务数据的土肥资源信息大数据，为配方制定提供了基础数据支撑，并且实现了全市耕地质量数据网格化管理，既达到了对外提供数据服务的目的，又防止了数据的泄密。

天津市从2006年开始承担农业部、财政部测土配方施肥补贴资金项目，项目实施以来，市农业主管部门在全市10个区县全面开展测土配方施肥技术，共推广配方肥61万t，培训农民达到64万人次。2015年7月，天津市静海县测土配方施肥数据在国家测土配方施肥数据管理平台发布。测土配方施肥根据土壤条件科学合理地进行肥料投入，纠正了以往农户盲目大量使用化肥的情况，减少了肥料使用量。另外，由于科学施肥还提高了粮菜果的亩产量，改善了品质和口感，增加了经济效益，其中包括西青区的沙窝萝卜、武清区黄花店的芹菜、滨海新区汉沽的玫瑰香葡萄等。天津测土配方施肥特别注重与社会主义新农村建设相结合，为土地复垦服务。随着新农村示范小城镇建设、生态居住区和工业小区建设的加快，天津许多地方启动了土地整理复垦项目。复垦土地统一流转经营，种植作物品种由原来的小麦、玉米向设施蔬菜、花卉、果树等高效作物转变。为了让复垦土地种植的高效农作物实现高产、优质，市土壤肥料工作站积极组织相关区县开展专项测土配方，提高了复垦土地的地力和肥力，实现了高产出。2016年，天津继续实施测土配方施肥补贴项目，计划安排资金450多万元，推广测土配方施肥技术600万亩以上，基本实现种植面积全覆盖；配方肥应用面积将达到200万亩以上，让更多的粮菜果吃上“营养配餐”。为了让京津冀广大农户采用节水节肥生态环保的种植方式，在国家农业部的大力支持下，天津市农业主管部门在玉米良种场兴建京津冀水土肥示范田，总面积达到3 700亩左右，发展生态、安全、优质、高效农业。

2. 农产品质量安全监管与农资监管大数据体系初步建成

近年来，京津冀以“互联网+”为抓手，充分利用大数据、物联网等现代信息技术，对农产品生长环节中的光照、湿度、土壤、化肥、农药、水源等进行实时追踪监测，积极构建农产品质量安全体系，建立了农资和农产品质量安全监测数据库，搭建了农产品质量安全追溯管理信息平台，有效提高了质量安全监管水平。

从2004年初至今，北京市开展了以蔬菜为主的农产品质量安全追溯体系的建设工作。目前，试点应用北京市追溯系统的企业共有140多家。2007年，北京市农业局推广应用北京市食用农产品质量安全追溯平台，借助信息化技术，建立了用于对北京市农产品生产单位生产履历信息统一管理的综合平台，该平台的履历中心记录了农产品的产地信息、生产者信息、田间记录、监测信息、产品流向信息，构成追溯管理的基础数据库，并在此基础上开发了食用农产品质量安全追溯系统。管理部门通过这个综合平台，可以随时查阅与食用农产品有关的生产、加工、销售、检测等各类信息，消费者可通过产品包装上的追溯标签，通过网站、超市触摸屏系统、手机短信、电话等方式查询农产品的生产履历信息。目前，北京市食用农产品质量安全追溯系统主要集中在蔬菜品种上，且追溯的农产品生产单位仅局限于部分企业和合作组织试点。未来，该套系统追溯的产品范围将由蔬菜产品向其他产品扩展，同时追溯管理将由本地追溯向外埠追溯扩展。大兴区农委网站显示，北京市大兴区在农产品质量安全监管方面一直走在全市前列，2012 年大兴区农委与北京农业科学院共同研发了“大兴区农产品质量安全监管系统”，该系统主要包括产地环境管理、投入品管理、生产基地管理和产品质量管理 4 个子系统，将产前、产中、产后全过程纳入监管体系，提供强大的查询统计功能和实时的决策参考功能，使监管部门能及时掌握各个环节的详细情况，从长效机制上实现可追溯，形成了一套“源头可追溯、流程可跟踪、信息可查询、责任可追究”的农产品安全监管体系。北京派得伟业科技发展有限公司与大兴区政府合作，开发了该套系统，其数据显示，纳入体系的管理对象包括：240 余个农资经营店、28 个兽药生产经营企业、60 余个饲料生产企业；140 个三品一标基地、170 个标准化生产基地、152 个养殖场；还包括土壤环境监测、农产品抽查检测等信息。目前已经在榆垡镇、青云店镇、长子营镇、庞各庄镇重点开展应用示范。通过应用农资大数据，农业监管部门能够有效监管农资流通、真伪等多个重要环节，同时，可以根据历年农资销售情况，预估农产品品类分布、农产品产量、病虫害预警与应对等多类应用，实现农资监管与农业生产管理交叉验证，互助应用。

天津市构建了统一的农产品质量安全追溯平台，初步实现了天津市农产品质量安全的集中追溯、分类监管、综合决策、统一服务。构建了放心菜质量安全保障体系，建设了市、区县、乡镇、基地相结合的 4 级监管网络，建成 10 个区县级监管站、72 个乡镇级监管站和 186 个“放心菜”基地，应用规模达到 35. 47 万亩，实现生产可控、安全可管、产品可溯。项目推广应用实现了蔬菜主产区和主栽品种的全覆盖；将环境、视频、农事、检测等多源信息无缝集成，形成一体化的多源生产履历，实现了关键环节的质量安全管控；集成异构数据构建统一数据库，实现了多方式的追溯查询；积累了农事操作信息 310 509条、包装信息 30 255条、检测信息 228 700条。

3. 农产品流通大数据不断完善，价格监测预警和产销服务进一步深入

针对传统农业流通方式产销信息不对称、供应链环节长、流通效率低下等问题，京津冀三地利用“互联网+”的“在线化、数据化”特点，在全省市范围内建立了覆盖生产、流通领域的农产品市场监测体系。依托骨干农产品流通企业，将农产品产地价格、销地价格以及供求信息等数据汇集到各地农产品市场信息采集系统和平台上，并组织开展数据分析，及时发布市场信息，引导生产流通，优化资源配置。

北京市农业局信息中心一直从事农产品价格监测工作，建立了北京农产品市场网（http：//www. ncpxx. com/Market/index. jsp#），网站覆盖农产品市场信息服务平台、农产品市场管理服务平台、京张蔬菜产销信息平台和京承蔬菜产销信息平台。农产品市场信息服务平台每天发布北京市朝阳区大洋路农副产品批发市场、锦绣大地批发市场、玉泉路粮油批发市场、昌平水屯批发市场、岳各庄批发市场、顺义石门批发市场、通州八里桥批发市场和新发地批发市场八大农产品批发市场以及国内、国际各类农产品价格指数。指数类别包括蔬菜类、水产类、粮油类、肉蛋类、水果类和综合指数，指数时期有日、周、旬、月、季、半年和年指数。农产品市场管理服务平台不定期提供各大批发市场的价格变化情况，及时做出预警，为公众提供全市农产品市场信息服务；此外，网站还实时发布北京市批发市场与张家口产地市场和承德产地市场的蔬菜平均价格（图 8-1）。

“十二五”期间，依托农业部定点批发市场、生产基地采集点、农资采集点及农产品田头信息采集点，天津市构建了从生产环节、流通环节和销售末端全覆盖的信息采集体系，研发应用了包含 15 家农业部定点批发市场和 4 个大型蔬菜生产基地的蔬菜价格、交易量、来源、销售去向等信息采集在内的农产品市场信息动态监测与预警系统，建立蔬菜产销价格信息数据中心，向全社会免费提供定点批发市场农产品批发价格查询服务，编制多种信息服务产品，并利用期刊、互联网、手机短信、手机 APP 等手段向社会公众服务。通过对不同时间段、不同地区、不同品种的价格以及上市量的信息分析及市场波动预测预警，全面掌握了产销信息，为农业生产经营科学决策提供了精准化服务。

4. 农机作业数据在线化、实时化，农机管理信息化程度不断提高

农业部建立全国农机化生产管理信息服务平台，管理、协调全国数十万台各类农业机械跨区作业中产生的农机作业进度和作业供需信息，并开发手机应用“农机通”。“农机通 APP”建有农机合作社、农机维修点等基础服

图 8-1 北京市农业局京承农产品产销信息平台

务数据库，测试填充相关数据；建有农机化作业进度采集与跨区作业证管理系统；以县级农机化作业进度采报体系为基础，开发基于智能手机客户端和互联网 PC 端的农机化作业进度采集与跨区作业证管理系统。该平台和系统 2014 年在北京、河北等 7 省（自治区）36 县试点运行并获得改进，2015 年在安徽、湖北两省深入推广，已有注册用户 36.3 万余个。

2014 年北京市启动“基于‘3S’的北京市农机作业供需服务及管理平台”项目，项目开发完成了农机作业供需服务系统、农机作业调度与监控系统、农机作业辅助决策系统三个子系统，通过两年时间在京郊各区县进行使用培训及试点安装应用，现已在密云、房山、通州等 6 个区县，包括北京河南寨农机服务专业合作社、河南寨镇平头机务队等 9 家农机服务组织进行系统应用，完成了 103 台农机作业终端的安装与部署，覆盖了约翰迪尔、雷沃、东方红等十多种品牌近 30 种型号农用机械，截至目前系统运行稳定，有效提高了农机作业监督管理力度和信息化管理水平。

河北省在全国率先建设了“河北省智慧农机决策管理信息平台（河北农机大数据平台）”，平台可实现对作业收割机的精准定位、计亩计产、紧急智能调配、高效维修服务、作业实施轨迹可视化展示以及供需双方有效对接等功能，大大提高了对机具的科学调度、有序转场。机手可以通过智能手机、电脑、车载GPS等多种方式加入平台。2016年河北省有140万台农机具投入夏收夏种作业，其中小麦联合收割机9.3万台，有近4 000台安装了智能终端设备。

四、农业服务大数据

北京借助其特殊的区位优势，利用互联网、物联网、云计算等信息技术，整合各类涉农信息资源，针对不同行业、不同产业和不同主体建设不同种类数据库和资源中心，在农业科研成果汇集、农业技术产品推广、农业生产经营管理以及农村生活服务、金融服务和征信服务方面汇聚了大量数据，为各类服务提供了决策基础，有效提升了各行业信息服务的能力和效率。天津以农业物联网工程建设为抓手，搭建了以云数据资源集成中心，以提供农业物联网感知信息，推动农业生产智能化为目标的农业物联网公共服务平台。

1. 农业科技大数据建设初具成效，以科技资源整合与科技服务引领现代农业

农业科技大数据涵盖各类农业科技资源、农业生产技术、农业信息技术、农业基地、农业人才资源等，是开展农业研究的基础资源和战略资源。加强农业科技大数据平台建设，强化数据积累，加强数据分析，能够为农业科技创新提供长期连续、全面翔实的基础数据。北京国家现代农业科技城根据“聚资源、搭平台、出成果”的宗旨，引导在京农业科技创新要素优化配置和高效集成。投入1 600多万元建成农科城云计算中心与网联全国农业科技园区的农科城农业云服务平台，建成具备6G光纤传输与块化数据存储系统，可实现高效、安全的网络数据复制、存储和分发，发布100余项互联网应用服务产品与解决方案，面向北京及全国农业龙头企业、科技园区、合作组织及消费者等开展了大规模应用。构建农科城农业科技数据源中心，网联汇聚并发布了涉农专家库，知识模型库、农产品行情库，视频资源库、技术成果库等26个科技数据资源库，总数据量超过55TB，包括8 000名涉农专家库，9个国家农村信息化示范省数据库，25个农业技术成果视频课件资源库，4个不同分辨率的全国遥感影像空间数据库，3个农作物新品种数据库共计9 998份作物形状数据等涉农数据资源，大大推进了科技资源的交流共享。云服务平台提供了信息服务所必备的软硬件基础设施、资源、产品、

知识成果及成果应用转化等，带动了信息要素与现代农业的融合创新。

全国首个作物商业化育种服务平台建成，为育种研发提供高效服务。针对商业化育种大数据需求，国家农业信息化工程技术研究中心在农业部、科技部、北京市科委的支持下率先研发了我国首个自主知识产权的面向育种过程管理的“金种子育种云平台”，并成功打造了隆平高科、山东圣丰种业等典型案例，为我国育种信息化的发展起到了引导和示范作用。平台提供的服务包括：种质资源管理、试验规划、性状采集 APP、品种选育、品种区试、系谱管理、数据分析、基于电子标签（RFID）的育种全程可追溯等。通过平台的推广应用，实现了育种全过程的数据存储和智能分析，大幅度提高了育种专家的育种考种效率。“金种子育种云平台”已累计开发出了面向种植业、养殖业、加工业农业企业的农业专家系统 200 多个，目前在全国各地应用。

2. 北京“221 信息平台”汇集生产经营管理等各类数据资源，促进了区县农业信息服务体系建设

2004 年，北京市政府启动实施了以摸清农业资源和市场需求两张底牌，搞好科技和资金两个支撑，搭建一个综合信息平台为主要内容的 221 行动计划。经过几年的实践探索，221 行动计划信息平台（简称 221 信息平台）取得了重大阶段性成果，初步整合了 2003 年以来的市级 15 个单位和 13 个郊区县的涉农信息，其中，仅农村经济基础数据库数据量达到 30 亿条，综合集成了多种信息技术和最新农业分析模型，面向消费者、生产者、经营者和管理者等不同群体，开发形成了信息查询、分析决策和综合服务等基本功能。“221 信息平台”被列入北京市重要政务信息系统。北京“221 信息平台”建立了覆盖社会经济、农业资源、遥感图像等多项信息的综合数据库，整合了北京 15 家市级共建共享单位农业资源数据 18 大类 238 项，涵盖了土壤、气象、水、地貌等自然资源条件和人口、经济发展状况等社会经济条件。整合了 13 个区县的农业资源和生产状况数据共五大类 252 项，涵盖了种植业、养殖业、林业、相关第二和第三产业，共计 23 大类、490 项数据，专题数据库超过 50GB，全市高分辨率影像数据库超过 6TB。在上述数据、模型、技术的支持下，开发了查询、决策、服务 3 种类型的 450 个模块，为都市型现代农业的管理者、生产者、消费者提供服务。可查询养殖业、农产品加工、民俗旅游村、农村社会经济等 240 余类信息，建有规划辅助、应急决策、管理决策、生产指导等决策支持功能 170 个模块，提供生产科技服务、市民消费服务等 40 余种服务。

3. 搭建农业物联网公共服务平台，为农业生产提供决策服务

2011年，北京市农委、北京市城乡经济信息中心开展了现代农业物联网应用试点示范建设，搭建了“北京221物联网监控平台”。随着农业物联网技术在北京农业领域的深化应用，结合新型农业经营主体的需求，城乡经济信息中心引入智慧农场云的功能和理念，并于2014年启动了“北京221物联网监控平台优化升级”项目，更名为北京“221物联网应用服务平台”。北京221物联网监控平台对在北京地区普遍种植的30余种作物建立了作物生长模型，农户只需在种植作物当日，将种植作物的种类信息录入平台，系统便会自动在作物生长模型库中进行匹配，测算出当前种植作物所需的生长时间、适宜环境以及常见病虫害发生条件等，并利用实时采集的环境数据与作物生长模型进行比对分析，向农户提供作物目前的生长状况、成熟度、病虫害监控告警、病虫害发生概率等信息，还可通过平台请农业专家查看视频图像进行远程诊疗，从而快速、准确的应对病虫害的发生，帮助农户科学管理，增产增收。

作为全国农业物联网区域试验工程试点省市之一，天津市围绕现代都市型农业发展实际，搭建了以云数据资源集成为中心，以提供农业物联网感知信息，推动农业生产智能化为目标的农业物联网公共服务平台。该平台主体由企业应用平台、行业示范平台、创新研究平台、公共服务平台、生产支撑平台、资源集成中心、质量安全追溯平台和农业电子商务平台8个模块组成。平台功能包括生产管理决策支持、加工仓储物流实时监控、农资农产品质量追溯、农产品电子商务、本体与环境智能监测、会商与决策指挥，以及资源集成与共享中心，涵盖农业生产管理、电子商务、质量追溯、决策会商等全过程，实现对水、种、肥、药、料，温、光、湿等环境与本体要素监测与调控，达到“安全、生态、优质、高效、高产”产业目标。在应用方面，集成了“放心菜基地信息管理系统”“市场价格监测预警系统”“设施农业物联网通用管理系统”“设施蔬菜智能识别与监测预警系统”“农药监管系统等应用系统”，分别为农业生产者、农业科研工作者、政府职能部门提供了生产信息、市场信息、农资监管信息等服务，拓宽了服务渠道，扩大了服务内容，有效提高了农村信息服务的效能。

第三节　基于“互联网+数据”的京津冀现代农业发展存在的问题和需求

一、京津冀三地数据共享机制薄弱，数据壁垒高

尽管近些年三地公共财政先后支持建设了多个规模不等、质量各异、应用程度不同的科学数据库，且基本覆盖了农业领域科技数据，初步形成了农业科学及应用数据中心雏形。然而，在数据共享方面仍存在一些问题与壁垒，部门及个人间共享机制薄弱，三地在数据建设过程中尚未形成有效的数据开放体系，农业部门的数据大多集中在课题组、科学家、科研单位、涉农政府、农业经营主体等组织及个人手中，涉农数据库往往局限于本部门、本单位使用，甚至个人专用，缺乏部门间的交流和沟通，更没有形成面向社会的科学数据开放共享。与此同时，三地政府各个部门大多建有独立的管理信息系统，采集、存储、处理本部门职权范围内的业务数据，但由于权责不同，管理内容不同，这些业务部门之间数据分享难度较大。这种数据壁垒主要由于以下两个原因造成的：一是数据潜在的商业价值导致不愿分享。京津冀三地，特别是位于北京的农业企业、农业合作社等经济单位大多也建有基本的数据采集系统，但农业企业、农业合作社由于自身商业秘密、商业利益等原因，不愿分享自身数据。京津冀三地的商业公司更是如此，数据的有无成为重要商业壁垒，用户即使愿意付费，也需要访问不同的网站去获取不同的数据，增加了用户的使用难度。二是三地行政分割导致数据难以融合。京津冀三地政府部门由于管辖权责的问题，不同的主管部门只建立了自己对口的数据分享平台，只发布自己拥有的数据，导致同一类型的数据，不同的发布平台覆盖类型、范围不同，用户需要访问多个平台才能有效获取大量数据。

二、北京、天津数据采集技术应用丰富，河北技术应用程度低

目前，三地因经营主体信息素养不一、产业发展基础不同、区域经济条件差异大等原因，导致三地在数据采集技术应用方面存在不协同现象。一是数据应用区域间存在差别，京津两地数据采集应用超前于河北地区。在数据

采集环节，因北京、天津部分合作社、农场信息化程度较高，加上经营主体具有一定的数据意识，能够应用数据指导实际农业生产，具有较强的数据采集、分析、应用能力，其数据技术应用较为丰富，部分信息通过物联网传感器、RFID、二维码等信息化手段进行直接采集。而对于河北而言，一方面，大多数合作社、农场、农户应用数据指导生产的能力不强，数据获取能力较弱、缺少专业的数据分析人员以及数据分析能力，对数据的使用还停留在较为初级的层面上；另一方面，目前关于数据建设及农业信息化应用方面大多为政府示范项目，其对于数据的应用及挖掘认知较浅，大部分农业信息多为人工采集、记录，导致数据出错、人为修改的可能性较大，降低了数据采集效率低、时效性差。二是数据应用行业间存在差别。在不同的行业，数据采集应用技术也不尽相同，针对水产、畜禽养殖，特别是种猪、种羊等高附加值的养殖行业，农企通过购买数据进行分析预测及排量生产的意愿较强，甚至愿意投入巨资进行个性化定制开发应用。而对于普通的蔬菜种植农企、合作社，对农业方面的数据信息及其应用需求较弱。京津冀三地部分信息化建设较好的合作社、企业具有一定生产管理、生产环境信息采集能力，但缺乏综合分析生产、环境、市场等信息进一步进行生产决策的能力。三是数据分析应用人才队伍存在差异。主要表现在津冀两地数据挖掘应用专用人才相比北京缺乏。北京拥有众多高校、科研机构聚集了最优质的信息化人才，北京的农场、合作社部分具有数据分析、应用人才队伍，但津冀两地多数合作社、农场现阶段主要财力、人力、物力还多投入到基础设施建设、扩大经营范围等工作上，对数据重视程度不高，缺少专业的数据分析、应用型人才，对于数据的应用多停留在简单的阈值报警等方面，缺少深入分析应用，利用数据指导生产、节本增效能力较弱。

三、京津冀三地缺少协同数据标准，数据融合难度大

统一协同的数据共享、数据传输标准是促使京津冀三地不同区域、不同行业的农业大数据相结合，进行跨省市、跨区县、跨部门、跨领域、跨系统的数据共享应用的核心，更是提高三地综合决策效率，提升京津冀区域协同效率的关键所在。但从京津冀"互联网+数据"来看，目前在数据标准方面仍存在一些问题。一是缺少三地统一的农业数据标准体系。主要表现在：缺少统一的农业大数据标准规范化数据表示、元数据类型和操作方式，缺少数据统一存储的基础，缺少分布式文件系统、数据仓库的相关标准，缺少多类

型数据可靠存储的基础。二是数据平台技术研发不成熟。主要表现在：面向服务的体系结构（SOA）、数据并行处理（MapReduce）等技术在农业领域标准化不成熟，缺少相应的接口规范，缺少为上层应用开发部署的操作性支撑，导致数据融合难度加大。三是数据处理技术及标准建设滞后。三地尚缺少和农业领域深度结合的农业大数据分析技术要求、分析过程模型、可视化分析工具等标准，农业大数据处理产品质量有待提高。四是数据应用标准不统一。京津冀三地在农产品、资源要素、农业技术、政府管理等方面缺少统一的数据指标、样本标准、分析模型、发布制度等体系标准，在数据开放、指标口径、分类目录、交换接口等关键指标方面缺少统一的共性标准，进一步加大了三地在农业大数据的融合共享。

四、天津、河北数据服务市场化发展缓慢，专业数据分析公司较少

数据服务市场化是实现农业大数据资源合理配置的重要手段，是推动“互联网+数据”改革的出发点和落脚点，是形成三地农业大数据统一运行机制与体系的关键。但从发展现状及水平来看，三地在数据服务市场化方面的进程存在较大差距。一是北京天然的科技优势加快了其数据服务市场化的发展。北京市因其科技资源优势，大量信息化公司、互联网企业、科研院所的高度聚集，有力推动了数据分析、数据处理、数据存贮、数据展示等多个领域专业化服务，市场数据服务质量明显比津冀两地高。而在天津、河北两地，农业大数据的处理应用深入程度不够，尚缺乏专业数据分析应用公司进行数据的深度挖掘服务，数据清洗、汇总、融合等专业化服务水平较低，导致目前两地的农业大数据只形成了数据而没大数据只是达到了量上的大，没有进行深度的融合，没有发挥大数据的交叉应用的效果，使大数据应用大而不强。二是在应用层面缺乏商业化的综合数据深度分析应用服务。目前三地多是在同一类型的数据中进行综合应用，缺少综合跨领域、跨部门的应用，更缺乏综合农业、气象、交通等多个部门的数据进行深度分析的应用。

第四节 基于“互联网+数据”的京津冀现代农业发展的路径选择

一、发展思路与目标

立足京津冀农业发展状况和产业发展阶段，以“互联网+”为推进三地协同创新的主要抓手，以农业大数据为三地协同创新的发展基础，结合三地不同产业发展格局、技术发展路径，明确三地农业大数据产业发展定位、优化农业大数据产业布局，通过农业大数据平台，汇集农田、气象、农产品价格等多种信息，通过数据挖掘、人工智能等技术进行深度分析、应用，实现农业大数据在三地的高效应用。

二、实施路径

1. 结合北京软件产业优势，建立农业大数据技术研发中心、应用推广中心

北京软件和信息服务业发展全国领先，具有高层次科技人才聚集优势，创新能力强，产业链优势环节突出，产业集聚效应显著。2015 年北京软件著作权登记量为 64 532件，占全国的 22.1%，有效发明专利数逐年增加，平均每家企业拥有 2.6 件。应发挥北京众多高校、科研单位的人才优势，结合软件和信息服务业产业优势，建立农业大数据技术研发中心，将人工智能、数据挖掘、深度学习等前沿技术与农业深度结合，推动大数据技术在农业领域的应用创新。北京现有上市企业约 140 家，年收入 10 亿元以上企业达到 82 家，在大数据领域有一大批优质创业公司，对大数据技术、大数据应用有着旺盛的需求。可在北京建立农业大数据应用推广中心，紧贴市场需求，创新技术应用，将农业大数据技术应用和市场需求紧密结合，推动农业大数据应用拓展。

可以依托北京研发能力与应用需求，从顶层入手，统筹协调京津冀三地农业部门，综合运用多种分析方法，自上而下的分析行业数据类别，建立京津冀三体协同的数据标准化体系。从两个层面进行行业数据分析：在逻辑层面上，按照行业标准和业务应用对数据进行建模；在物理层面上，针对数据

库结构进行实现，包括数据在数据库中的存储结构、数据之间的关系、属性、约束和数据操作，规范后的数据具有一致性、有效性和可扩展性等特点。另外，自下而上的提取基础数据、梳理业务流程、建立三地协同的农业大数据基础数据库设计结构标准，并以此结构汇集不同领域的数据，建立基础数据库，为京津冀三地农业大数据应用提供一个统一、标准、可靠的数据基础保障。

2. 结合天津硬件发展优势，建立设备生产基地、农业生产大数据平台

天津具有坚实的制造业基础，可优先发展农业大数据设备制造业，天津工信委也制订了《天津市建设全国先进制造研发基地实施方案（2015—2020年）》，意在将天津建设成先进技术、高端制造业的承接地。在物联网产业链方面发展迅速，覆盖传感器、RFID、嵌入式系统等多个领域，都聚集了一批全国有影响力的企业、科研机构。天津可以发挥制造业发展优势，结合农业大数据需求，大力发展与农业大数据相关的智能制造产业，包括空气温湿度、土壤温湿度等农业物联网传感器，RFID、二维码标签，服务器、路由器、存储器等信息化基础硬件，为京津冀农业大数据产业提供硬件制造支撑。

结合天津在设施农业、畜牧养殖方面信息化基础，建立京津冀农业生产大数据务平台，广泛汇集京津冀三地农业领域各个部门、农业相关的生产操作数据、生产环境数据、生产投入品数据，建立有效的数据模型、业务模型，结合数据挖掘技术、生产决策模型、人工智能等技术，深度分析京津冀三地数据背后的关联性，全面提升农业生产效率，统筹三地发展优势，协同三地发展趋势，促使三地在协调中创新，在创新中发展，由凭经验生产转变成凭借数据支持、专业知识指导的科学生产。

3. 利用河北资源优势，建立农业大数据存储基地

利用河北土地资源丰富、电力供应充足、平均气温较低等区位优势，在河北建立大数据存储基地。河北一些城市虽与北京、天津距离上百公里，但由于现阶段数据传输技术的保障，数据从河北到达北京、天津所用的时间与本地传输相比，基本相差无几，可以保证数据传输的效率。河北大数据存储基地，可以作为历史数据存储中心，存储大时间跨度的数据，互联网会实时产生海量信息，其中只有极少一部分是实时需求的动态数据，大多数数据为半静态、静态数据，特别是时间跨度较大的历史数据，访问频度不高，但占用存储空间极大，这样的数据就可存储在河北大数据存储基地，有效节省北京、天津有限的存储资源，也能大幅降低企业的运营成本。同时，河北还可以作为灾备中心，承担北京、天津政府部门、企事业单位数据异地备份的功

能，既保证了异地备份的安全性，又能有效提升数据备份、数据传输、数据恢复的效率。

4. 采集京津冀农产品流通、交易数据，建立农产品价格监测预警平台

应用物联网、移动互联网、智能穿戴设备，使农场生产信息、流通信息、交易信息采集工作智能化、移动化、实时化，综合汇集京津冀三地互联网农产品价格数据，超市、批发市场交易数据等价格数据，合作社、农场的生产品种、品质、供给量、预期价格数据，批发商、大宗商品采购商的需求品类、品质、数量、预期价格数据，应用大数据技术，构建大型智能模型系统，综合分析结构化数据和非结构化数据，高速处理实时信息采集生成的海量数据，发掘农产品生产、流通、交易等环节中的碎片信息，从凌乱纷繁的数据背后找到农产品生产、流通和消费的轨迹，精准识别农产品价格变化的最小相关数据集。搭建综合多维可视化模拟、标签云智能聚类、信息图表分析等功能的农产品价格监测预警平台，将农产品价格变动过程透明化，从根本上解决信息不对称问题，进行京津冀三地协同匹配供需双方，使销售能在京津冀三地协同开展，有效减少生产、流通、交易过程中存在的匹配误差。

第五节　本章小结

"互联网+数据"是提升农业发展效率、转变农业发展方式的重要手段，具有解决区域农业生产中本底数据缺失、管理方式粗放等问题。本章基于"互联网+"的视角，首先界定了"互联网+数据"的内涵与特点，基于京津冀现代农业的需求调研数据，深入分析了"互联网+数据"在农业全产业链中的应用现状、问题、需求进行深入分析，最后结合京津冀三地资源禀赋条件，提出三地农业创新发展路径、方向及目标。

（1）大数据在农业领域中应用包括基础建设、农业生产、农业管理和农业服务四个角度。京津冀大数据基础建设大部分仍处于规模化部署运营初期，基本采取共建和共享的方式，以大型大数据中心的形式进行集约化建设与运营，创建了一批京津冀大数据综合试验区。在农业大数据服务方面，北京借助其特殊的区位和科技优势，针对不同涉农主体、不同农业环节等开展了各种各样的大数据服务，为各类服务提供了决策基础；天津搭建了农业物联网公共服务平台，为天津市农业服务提供了涉农服务指导。

（2）提出了基于"互联网+数据"的京津冀现代农业发展存在的问题和需求。总体来说，存在以下问题和需求：京津冀三地数据共享机制薄弱，数

据壁垒高，北京、天津数据采集技术应用丰富，河北技术应用程度低；京津冀三地缺少协同数据标准，数据融合难度大；天津、河北数据服务市场化发展缓慢，专业数据分析公司较少 。

（3）提出了基于“互联网+数据”的京津冀现代农业协同创新发展的路径。立足京津冀“互联网+”在农业数据方面的建设和利用情况，提出了三地“互联网+数据”协同创新的思路和目标，并根据三地“互联网+”数据的发展现状，提出了北京、天津和河北三地的各自的发展侧重点。主要有结合北京软件产业优势，建立农业大数据技术研发中心、应用推广中心；天津结合硬件发展优势，建立设备生产基地、农业生产大数据平台；河北利用资源优势，建立农业大数据存储基地；京津冀三地方面，采集农产品流通、交易数据，建立农产品价格监测预警平台。

第九章 基于“互联网+流通”的京津冀现代农业协同创新发展路径

本章首先界定了“互联网+流通”的内涵与特点，基于京津冀现代农业发展的需求调研，深入分析了信息技术在流通领域的应用现状、问题和需求，最后结合京津冀三地区域优势和资源需求，提出了三地“互联网+流通”创新发展的思路、目标及实施路径。

第一节 内涵与特点

一、农产品流通

农产品流通的概念有广义与狭义之分，狭义的农产品流通是指农产品收购、运输、储存、销售等一系列过程。广义的农产品流通是农产品从供应地向接受地的实体流动中，将农产品生产、收购、运输、储存、加工、包装、配送、分销、信息处理、市场反馈等功能有机结合、优化管理来满足用户需求，并实现农产品价值增值的过程。本文是从广义角度使用农产品流通概念，这个环节是指农产品从生产者到批发商再到加工商、零售商，最后到消费者，消费者将消费信息依次反馈给零售商、批发商、加工商、最后到生产者，形成一个有序链条。农产品流通是农产品商流、物流、资金流和信息流的集合统一体，缺少任何一个部分都不能称其为农产品流通，物流是农产品流通的核心，是农产品流通的实物体现。没有物质实体流动的农产品流通毫无意义。物流同时也包括资金流和信息流。

二、农产品流通信息化

所谓农产品流通信息化，是指通过电子商务信息平台，将农产品的生产、加工、流通、消费等环节有机的结合起来。农产品生产者、供应商、经销商通过信息平台形成农产品产、供、销一体化运作，各个环节之间实现无缝衔接。农产品供应商根据电子商务信息平台上的需求信息，向其上游的农户发布生产信息，减少了农户在生产过程中的盲目性；消费者则可以通过信息平台的网络终端对所购买的农产品的质量安全进行查询，保证了消费者的权益；农产品的生产监管机构、检疫机构、市场监管机构等可以通过信息平台对农产品的生产加工、市场准入、质量安全直接进行监管，同时从信息平台上发布农产品最新的国际、国内标准来指导生产。

三、“互联网+流通”

所谓“互联网+流通”，是以云计算、物联网、大数据为代表的新一代信息技术与现代物流业的融合创新，它为发展壮大新兴业态、打造新的产业增长点、大众创业、万众创新提供环境，为物流业智能化提供支撑，并且为传统流通业的发展增强了新的经济发展动力，促进了国民经济体制增效升级。国务院高度重视互联网在流通领域的深度应用，出台了一系列政策文件，包括《国务院关于大力发展电子商务加快培育经济新动力的意见》（国发〔2015〕24号）、《国务院关于积极推进“互联网+”行动的指导意见》（国发〔2015〕40号）、《国务院办公厅关于推进线上线下互动加快商贸流通创新发展转型升级的意见》（国办发〔2015〕72号）、《关于深入实施“互联网+流通”行动计划的意见》（国办发〔2016〕24号）等。“互联网+流通”正在成为大众创业、万众创新最具活力的领域，成为经济社会实现创新、协调、绿色、开放、共享发展的重要途径。实施“互联网+流通”行动计划，有利于推进流通创新发展，推动实体商业转型升级，拓展消费新领域，促进创业就业，增强经济发展新动能。

第二节 基于“互联网+流通”的京津冀现代农业协同创新发展现状

一、京津冀农产品流通产业发展概况

1. 北京市农产品流通保障能力不断增强

特大型城市的建设为农产品流通发展提供了巨大需求，随着居民生活水平的不断提高，北京市当前较低的农产品自给率远远不能满足本市居民生活的需要，绝大多数品种依靠外地市场供给。北京市外地蔬菜来源地相对集中，根据北京市农业局对八大批发市场调研，河北、山东、北京、辽宁4省市对北京蔬菜市场的供应比例分别为27.9%、25.9%、10.1%和8.8%，总计占73%，其中，大宗的白菜、土豆、姜、蒜、黄瓜、番茄等消费品主要集中在河北、山东周边地区。初步形成以新发地为核心的“1+8”批发市场格局，其中，新发地是全北京交易规模最大的专业农产品批发市场，是北京市农产品流通的核心，此外岳各庄、中央批发市场、京西的锦绣大地，京东的大洋路、八里桥，京北的顺鑫门、水屯、回龙观等，以及809个连锁超市店铺、282家社区菜市场、310多家农贸市场、230多家社区菜店、2 500多家直配企业和商户共同组成的农产品流通体系，较好地保障了北京市城乡居民不同层次的需要。城市物流保障能力显著增强，北京市不断完善物流配送重点设施及配送网络，推广现代物流信息技术和管理技术，构建面向农产品生产者、农产品流通企业和消费者的城市物流配送体系，全面推进流通领域国家现代物流示范城市建设，提高城市运行服务保障能力。“十二五”期间，北京市建成了首农（北京）安全食品仓储、物流中心群、超市发生鲜配送中心等一批城市物流配送项目，并且按照农产品流通体系建设要求，加快农产品配送中心建设，提高了农产品检测、加工、包装、仓储、配送等设施条件和水平，试点推行了农产品物流全程跟踪、监控，城市农产品物流保障能力不断增强。国际物流发展空间不断拓展，北京市初步形成了以首都机场空港口岸为核心，北京西站铁路口岸、朝阳口岸、丰台口岸、北京平谷国际陆港为重要补充的布局合理、功能齐全的口岸体系。并且，“十二五”期间北京市加快了“大通关”建设，建设并投入使用了亦庄保税物流中心，进一步提高了口岸通关效率，提升了口岸服务水平，吸引了更多物流企业聚集，拉动了国际物流货量增长。

2. 天津市着重发展以“放心菜”“自贸区”“无水港”为特色的农产品流通

“放心菜”在保证天津本地居民消费的基础上外销北京等地，2012 年天津市启动放心菜基地建设计划，截至目前，全市已累计建成 234 个放心菜基地，覆盖天津市所有涉农区县的 90 个乡镇，年产放心菜超 260 万 t。本地蔬菜供给充足，天津市主产的叶菜类、白菜类、瓜菜类等蔬菜远远超过本地人均消费量，销往北京及全国各地。自贸区的建立为农产品流通产业的发展注入了新的活力，2015 年 4 月中国（天津）自由贸易试验区正式挂牌，成为中国北方唯一的自贸区。自贸区的建设有助于实现将天津建成发展菜篮子产品供给区、农业高新技术产业示范区、农产品物流中心区的现代都市型农业发展目标，也有助于农产品流通搭上自贸区设立贸易转型升级的快车，进一步促进农产品线上线下流通。农产品物流龙头企业相继落户天津为天津农产品流通的发展奠定了良好的基础，天津港散货物流中心、集装箱物流中心、保税物流园区、空港国际物流区、物流货运中心和邮政物流中心等 12 个重点物流园区作为全市物流发展的典型示范工程都已基本成型，发展势头良好，为发展农产品物流中心区起到了较好的引领示范作用；中通、韵达、圆通、顺丰 4 家物流龙头企业的华北区域总部完成注册，签署投资协议，已相继落户天津空港经济区；无水港新型通关模式于 2014 年正式落地于天津海吉星物流园区，现已建成北京朝阳、平谷，河北石家庄，山东德州，山西侯马等 23 座无水港。

3. 河北省现代农业物流发展比较优势突出但总体水平与京津尚有差距

农产品流通市场需求更加旺盛，河北省是我国重要的农业大省、粮食主产省，全省耕地面积保持在 8 980万亩以上，粮食综合生产能力稳定在 2 500万 t 以上。据《河北省粮食现代物流发展规划纲要》测算分析，年均商品粮总量 1 250万 t 左右，商品率约为 50%，其中小麦商品量为 500 万 t，占总商品量的 40%左右；玉米商品量为 600 万 t，占总商品量的 50%左右。全省常年粮食出省量达 400 万 t 以上，庞大的粮食产量需要健全的农产品流通体系、物流能力作支撑。此外，河北省扩大内需政策的实施、居民消费结构的快速升级以及绿色消费理念的加快普及，带动了农产品电子商务、网络购物、邮政快递、城乡配送等新兴农业物流市场需求，农产品生活性物流规模将进一步扩大。农产品流通比较优势相对突出，河北省与北京市和天津市毗邻，并且连接华北、东北、西北、中南四大经济区，汇集三大物流通道，良好的地理位置帮助河北省更加有效的集聚区域物流资源、对接全国物流网络、融入国际物流市场。随着京津冀一体化的相关政策出台，河北省地处物流密集区的区位优势更加突出，农产品物流桥头堡作用更加明显。作为京津的“菜篮子”和“米袋子”，顺应全球物流网络由沿海地区向内陆城市延伸的趋势，依托立体化交通运输网络的便利条件，近年来河北省的农产品流通逐步进行结构优化升级，重点建设了环渤海地区港口物流产业基地、首都经济圈物流服务基地、全国重要的大宗商品交易中心和物流中心，构建了独具河北特色的区域性物流发展格局。基础设施支撑能力显著增强，但在京津冀区域内总体水平仍然相对不高，河北省农产品流通固定资产投资力度不断加大，基础设施支撑能力显著增强，近年来河北省铁路、高速公路、机场、港口以及管道运输体系大幅扩能升级，高速公路通车里程达到 4 307km，铁路通车里程 5 409km，民用航空机场 4 个，航线 56 条，港口万吨泊位达到 97 个，初步形成海陆空一体、多种运输方式有效衔接的物流设施体系。物流技术装备水平明显提高，标准托盘、自动卸载、信息终端等技术装备得到推广应用。但是，在京津冀地区，与北京、天津相比，河北的基础设施建设水平相对落后，沿海港口优势发挥不充分，专业化水平不高，空间布局有待完善。

二、京津冀农产品流通信息化发展现状

1. *农产品流通基础设施建设初见成效*

中国的农产品供应链建立的相对较晚，但发展较快，改革开放以来，我国已经形成了完整的农产品产业链体系，并且形成了以批发市场、集贸市场为主的供应链体系。批发市场是我国农产品流通的重要中心环节，目前国内城市里 70%~80%的农产品都是通过批发市场流通，极大丰富了城市居民的菜篮子。但是，传统的农产品批发市场、集贸市场体系都存在供应链的环节较多、物流成本较高、管理困难等弊病，近年来京津冀地区大力开展农产品批发市场信息化建设，并取得了一定成效。

（1）北京市农产品电子信息结算系统的建立大大提高了流通管理效率。电子结算系统是通过计算机系统和传统电子称相结合完成交易的信息化结算系统，它是批发市场信息化系统的核心，直接影响到批发市场的经营效益和市场管理，也将对市场的发展和壮大起到关键性的作用，同时也为食品安全以及溯源提供的数据支持。电子结算系统解决了批发市场资金圈存、商家现

金收付、无法加入融资渠道等问题，改进了传统交易方式，通过电子结算系统实现交易电子化，市场交易无现金，提高批发市场的交易效率和管理质量，同时保证交易的公平公正，为批发市场提供了一条新型的商业模式。当前，农产品批发市场电子结算模式可以分为“银行划转”和“市场划转”两种，在“银行划转”模式下，批发市场与合作银行共同发行联名卡，结算时由批发市场结算系统向银行系统实时发送结算指令，将资金直接由买方账户划转至卖方账户；在“市场划转”模式下，由市场发卡，通过场内封闭的交易中心实现资金预存和结算，买方入场时提前充值，卖方离场时到结算中心办理取现或将资金转至银行账户（也可以在结算中心暂存）。

在北京市，以新发地市场为中心，目前已经建成了大洋路农副产品批发市场、八里桥农产品中心批发市场、城北回龙观商品交易市场等多个有电子结算功能的综合性市场，对猪肉交、水果、蔬菜等品种应用电子结算交易。2010 年 3 月成立的北京新发地农产品电子交易中心有限公司依托新发地农贸市场强大的现货基础，结合首都优势以及新发地的农产品集散地的特点，为农产品流通提供信息互动、电子交易、资金结算、物流配送、政府监管、质量安全追溯六大解决方案，形成全国性农产品大生产、大供应、大流通格局。批发市场电子结算中心的建立，有效的实现了电子结算的精细化管理，为准确采集价格和交易量等信息提供了有利条件，向客户提供了个性化服务，杜绝了因赊账问题产生的纠纷。北京市八里桥农产品中心批发市场建有 66 座规范化交易厅、棚，并投入巨资建设了现代化电子结算系统、电子监控系统、先进的农产品质量检测中心、智能 IC 卡管理系统、废弃物处理中心，还有专为商户设立的网络服务站和其他服务设施，建立了市场网站和市场管理信息系统，使市场基本实现了管理信息化和收费电子化，极大地提高了工作和服务效率。2015 年，市场交易量实现 14. 5 亿 kg，交易额实现 96. 7 亿元，是京东最大的综合性农副产品批发市场。

（2）天津市成功搭建遍布全市的农产品流通质量安全追溯系统。农产品质量安全追溯系统是以二维条码为载体，构建农产品质量安全追溯系统。通过在生产基地应用便携式农事信息采集系统，实现生产履历信息的快速采集与实时上传；通过在生产企业应用农产品安全生产管理系统，实现有机生产的产前提示、产中预警和产后检测；通过将各生产企业数据汇集到园区管理部门，构建追溯平台数据库，实现上网、二维条码扫描、短信和触摸屏等方式的追溯，从而保障农产品质量。农产品质量安全追溯系统包括畜禽产品追溯子系统、果蔬产品追溯子系统和水产品追溯子系统三大子系统。

中共天津市委在《关于印发天津市2012年20项民心工程的通知》文件中明确提出“加强食品安全监督管理和‘放心菜基地’等食品安全工程”，将农产品质量安全检测信息化和追溯信息化放到了政府工作的首要位置。并且围绕全市的无公害蔬菜质量安全，针对农产品监管、流通、销售等环节存在的主要问题和实际需求，将环境感知、RFID等物联网技术集成应用在农产品质量安全监管与追溯上，以“放心农产品”基地工程建设为依托，大力推进了农产品质量安全追溯工程建设，通过种养规模化、生产标准化、管理制度化、监管信息化为“四化标准”，实现了农产品质量安全的全面提升。果蔬产品信息化追溯系统建设方面，天津市无公害农产品（种植业）管理中心、天津市农业信息中心联同北京农业信息技术研究中心依托“放心菜”基地信息管理平台，共同研发了覆盖3个环节的应用系统、构建4级监管体系、提供4种追溯方式的天津市放心菜质量安全监管系统，实现了全市“放心菜”基地生产决策、政府监管和消费者全程追溯功能。截至2015年年底该系统在天津10个区县级72个乡镇级应用，覆盖所有涉农区县，全市214家基地应用，实现了平均亩增效益1 461.6元，累计新增收入5.18亿元等经济效益。其中，蔬菜推广覆盖面积高达35.47万亩（未计辐射），放心菜基地年产量180万t以上，占全市总产量31.03%。畜禽产品信息化追溯系统建设方面，天津市建立了肉鸡电子信息档案，全面记录肉鸡生产从进雏、饲料兽药投入品使用、防疫、质量监测、产地和屠宰检疫到产品包装标识等重要信息，实现出厂肉鸡产品质量安全及信息可追溯。目前天津已经面向100个养殖基地，3个屠宰厂实现了政府检验检疫、统计、抽检与质量安全预警、肉鸡养殖疫情预警和追溯，其中在年产600万只肉鸡的天津市武清区大孟庄镇新农肉鸡专业合作社进行了示范。水产品信息化追溯系统建设方面，天津市按照水产品生产流程，提取消费者关心的养殖、加工、包装、检验、运输、销售等作为供应链的追溯环节，对水产品供应链全过程的每个节点进行有效的标识，以实施跟踪与溯源。目前天津已有29家优势水产品养殖示范园区，实施了从产地环境、养殖过程、卫生管理、病害防治、投入品控制、产品检测的全程质量安全控制与监管。

（3）河北省以粮食物流信息网建设为重点完善京津冀地区的粮食物流通道。河北省高度重视信息技术在研发设计、生产经营、节能减排、创新发展等方面的应用，不断加强对现代粮食流通信息化建设的示范和引导，重点支持大型公益性数据库和电子信息服务网络的建设，建立社会化信息资源服务平台，以提高粮食流通基础信息的规范化程度和集约化水平。在农产品流通信息化基础设施建设方面，河北省建成了以石家庄粮食现代物流基地为中心，以秦皇岛粮食现代物流中心、冀西北粮食现代物流中心、沧州粮食现代物流中心、廊坊粮食现代物流中心和邯郸粮食现代物流中心为支撑的农产品流通网络布局，形成覆盖全省、辐射周边、通达全国、链接国际的粮食流通结点网络。其中，石家庄粮食现代物流基地依托区位、交通、流通资源综合优势和良好的商贸流通基础，整合相关粮食企业资源，在石家庄市建设河北省粮食现代流通的储备中心、转运中心、加工中心、批发中心、配送中心、检测认证中心和信息中心，形成布局合理、配置高效、功能齐全的粮食现代流通体系，使其成为带动冀中南、覆盖河北省、辐射全国乃至世界的粮食现代流通基地。在农产品流通信息化技术装备方面，河北省通过无线传感网络技术、三网融合技术等信息化技术，便携式农事信息采集装备、流通配送车载监控装备、溯源电子秤、农产品冷链运输监管云装备等信息化装备，实现了从生产到流通全过程的农产品质量、流通温湿度、在途车辆位置等信息监控，也为省内生鲜或加工类农产品生产企业、批发企业、超市等提供对第三方冷链流通车辆的在线监控服务。在农产品流通信息化平台建设方面，河北省以粮油信息中心为依托，采用电子数据交换、电子商务、地理信息系统等信息技术和网络技术，搭建粮食流通信息网络平台，并不断完善服务功能，扩大覆盖范围，目标建设成为华北地区乃至全国的粮食流通公共信息平台。平台的建设推进了河北省公共信息平台与粮食购销、储存、加工企业及粮食流通相关部门的互联互通，实现了资源共享，促进京津冀区域共同发展。重点培育省政府确定的十大粮食批发市场，扶持一批产粮大县的粮食批发市场，建立和完善全省粮食批发市场公共信息网络平台、粮食批发市场信息管理系统和粮食检验检测系统，使其初步具备区域性交易中心、价格中心、信息中心和质量检验检测中心的功能，基本形成以省粮油批发交易中心为龙头，区域性粮食批发市场为骨干，地方性粮食批发市场为基础的全省粮食批发市场信息网络体系。

2. 农产品电子商务服务体系稳步推进

自2014年以来，中国农村电商开始了如火如荼的发展，农产品电商市场作为农村电商的最重要市场，是“互联网+”农产品流通发展的关键。农产品电子商务的稳步发展是“互联网+”农业流通在农村地区的具体体现，帮助城乡之间实现了农业资源要素的流动，开拓了新的低成本、跨区域销售渠道，创造了大量就业机会，实现了“互联网+”、大数据、云计算等新型农业信息技术与农村的时代对接，从而大大改变了农村生产和生活状况。

"十二五"期间，京津冀地区农产品电子商务的发展经过不断的理论研究和实践探索，已经呈现多个平台、多种模式、示范点多样化的发展的协同发展阶段，成为京津冀地区鲜活农产品销售新兴力量。

（1）成功搭建了农产品电子商务销售平台。为实现"互联网+"等现代信息技术与农业生产、流通、服务各领域深度融合渗透，京津冀三地分别成功搭建了集技术创新、产业培育、市场应用和服务推广于一体的农业物联网基础应用平台、技术支撑平台、推广服务平台三大支撑平台，充分利用现有的设施和条件，推进"互联网+"农产品流通建设。以天津市为例，全市基本实现了村级网络销售平台全覆盖，市级以上现代农业龙头企业、合作社和有规模的农业大户全部"触网"，并形成了5个年销售额在1亿元以上的本地电商龙头企业、3个农产品重点物流配送中心和20个年销售额在5 000万元以上的行业龙头企业，培育了50个网上销售本地知名产品品牌，网上销售产品达到2 000种，交易额突破100亿元。此外，针对农民买种子、化肥、农药、农膜、小型生产加工机械的困难，天津市结合农业部信息进村入户的载体——益农信息社，建立了线上线下相结合的村级信息服务站，方便村民生产、生活。

（2）逐步探索出适合本地发展特色的农产品电子商务模式。京津冀地区充分发挥区域内北京、天津的科研、技术优势和河北省的生产基地优势，逐步探索出具有本地特色的O2O、B2C、B2B2C、O2O+B2B2C、O2O+B2C等农产品电子商务发展模式。O2O模式（Online to Offline）是指将线下的商务机会与互联网结合，让互联网成为线下交易前台的一种模式，也是在京津冀地区应用最广泛的农产品电子商务模式，手机微信销售平台、手机APP、阿里巴巴B2B网店、京东、我买网等知名电商纷纷入驻京津冀地区，积极推动区域内农产品电子商务的发展。B2C模式（Business to Customer）是指企业通过互联网为消费者提供一个新型的购物环境——网上商店，消费者通过网络在网上购物、支付。天津亿网通达网络技术有限公司的"食管家"就是一个典型的农产品电子商务平台，公司通过与产品质量过关、信誉良好的农业生产基地、合作社签订合同，将天津本土的品牌农产品放到网上销售，在方便市民在网上选择农产品的同时，将本土特色农产品推向市场，为农民解决了销售难的问题。B2B2C模式（Business to Business to Customer）是一种新型的网络通信销售方式，第一个B指广义的卖方（即成品、半成品、材料提供商等），第二个B指交易平台，即提供卖方与买方的联系平台，同时提供优质的附加服务，C即指买方。以天津傲绿农集团有限公司为例，傲绿集团自身旗下设4个全资子公司，拥有6个自营超市、两座农副产品加工厂和百余家傲绿社区菜店，并发起了一家农民专业合作社，自身就是产品的供应方。并于2013年筹备了天猫商城的官方旗舰店，组建了摄像团队、策划团队、电商团队和客服团队，在2014年2月正式开店营业，在线上为广大的消费者提供销售服务。除以上3种主体模式之外，还有O2O+B2C模式、O2O+B2B2C模式等综合模式，在京津冀地区形成了产销一体化的“互联网+”农产品流通模式。

（3）为城乡“大众创业，万众创新”提供了有效平台。在中央一号文件的政策支持下，在“互联网+”国家战略推动下，作为农业流通领域的“最后一片蓝海”，各大涉农中小企业纷纷加入农产品电商大军中。在京津冀地区巨大的需求缺口以及广阔的市场空间驱使下，京津冀地区也培育出了一批具有重要影响力的中小型农业电子商务企业和品牌，以及具有典型带动作用的农村电子商务示范合作社，电子商务在农产品和农业生产资料流通中的比重明显上升，对完善农产品和农业生产资料市场流通体系、实现农产品优质优价、提升消费需求、繁荣城乡经济作用显著。位于北京密云县的密农人家，成立于2012年，是大学生返乡创业建立的一家专门经营北京市密云县土特产的农产品电商，经营4年来陆续被北京市授予农业信息化龙头企业，北京市农业农村信息化示范基地和最受北京农民喜爱的十大农业电商，是京津冀地区农产品电商企业的典型代表。密农人家针对密云县及周边的特色农产品、时令农产品，采取B2C的经营模式，从密云区标准化园区直采蔬果、肉蛋禽类产品，依托电商大数据，将产品通过网上销售平台销往包括北京、天津、河北在内的全国的各地。2012年以来，销售额保持在年均150%以上的增长率，拥有稳定客户群2万余个，2015年销售收入超过1 000万元。在服务广大消费者的同时，在密农人家的带动作用下，周边十里八乡50多个合作社得到了蓬勃的发展，农民销售增收达30%，改变了传统的京郊农产品价值的实现形式，探索出了农产品电子商务发展新路径。此外，以任我在线、北菜园、天安农业、新发地为代表的一批农民专业合作社、企业积极参与农产品电子商务，将信息化与第一、第二、第三产业进行融合，引导生产从“以产定销”向“以销定产”逐步转变，拓展了市场空间，减少了流通环节，促进农产品优质优价。

3. 冷链物流信息化的发展推动了“互联网+”农产品流通的发展

由于农产品具有销售周期短、易腐蚀性强等特点，储存不当极易造成初级农产品的大量损耗。农产品冷链物流信息化可以在农产品冷链物流的基础上，借助互联网、传感器等科技技术，增加冷链物流所涉及的品类、时空、贮运、3T（时间、温度、品质）参数，推动传统产业实现农产品冷链物流数据的电子化和单元化，并利用数据去证明产品安全、减少企业风险、管控供应者的诚信度，最终形成农产品冷链物流信息化供应链。

（1）先进的信息化技术在京津冀冷链流通的发展发挥着日益重要的作用。在现代流通信息化的发展过程中，冷库仓储发挥着越来越重要的作用。在农产品冷库仓储管理过程中可以采用的信息采集手段主要包括条形码技术、RFID技术和出入库信息管理系统，其中，条形码技术是将宽度不等的多个黑条和空白，按照一定的编码规则排列，用以表达一组信息的图形标识符技术，它的优点在于对环境要求低，整个过程无须人工干预；RFID技术又称无线射频识别，是一种通信技术，可通过无线电讯号识别特定目标并读写相关数据，而无须识别系统与特定目标之间建立机械或光学接触的技术，RFID电子标签对环境温度和湿度的适应能力更强，可重复使用但很难伪造，因此可以为农产品的安全存储提供保障。

（2）冷库和冷链物流园的兴建为京津冀农产品流通的发展奠定了基础。在冷库建设方面，京津冀地区2014年相继开展了万吨级以上新增冷库项目的建设，北京启动了新发地12万t冷库项目，天津启动了红旗农贸批发市场冷库项目、南太平洋（天津）渔业有限公司南太平洋渔业基地项目等5个冷库项目，河北启动了太古冷链物流（廊坊）有限公司、沧州华信现代农业物流配送中心等5个冷库项目，在未来项目建成时京津冀地区的新增冷库容积可达84.2万t。同时，在冷库建设区域内对先进的信息化设施建设做了详细规划，建成后将成为国内一流的仓储基地。在冷链物流园建设方面，京津冀地区在整合冷链基础设施和第三方冷链物流企业的基础上，近年来区域内逐步建成了北京新发地、河北厚朴冷链物流园区和河北高碑店冷链物流园区等农产品物流园区。其中，河北厚朴冷链物流园占地95亩，投资7.1亿元巨资兴建。首期投资1.9亿元人民币，建成建筑面积34 000m^2，仓容65 000t。园区采用国际最先进的德国比泽尔制冷主机，螺杆并联机组以及氟利昂制冷剂，安全、节能、环保，是华北地区规模最大，设施最先进，管理最完善的冷链仓储基地。

（3）全程信息化自营配送模式为“互联网+”流通提供了探索。自营配送模式是指在配送系统中生产企业、批发企业及零售企业自己从事冷链配送业务，不外包第三方企业。由于自营配送模式对配送能力的要求较高、耗费较大，目前京津冀区域内应用该模式的还相对较少，其中，爱孚瑞（天津）

农业科技发展有限公司的应用相对成熟。为了实时监控冷库的仓储温度，爱孚瑞公司从日本采购了价值3 000元左右的信息化温控传感器安装在冷库内部，并为冷库配备了无线摄像头，摄像头一方面能读取温控传感器的温度数据，另一方面通过互联网技术与温控传感器相连接，能够精准的将读取的温度数据上传到手机APP应用系统上上，方便工作人员实时监控冷库室内仓储温度。此外，在全程冷链配送方面，为解决“冷链流通最后一公里”断链难题，爱孚瑞参照世界先进的日本冷链物流技术，专门定制“冷藏配送箱”并设定入户温度标准，通过装有GPS定位等信息化装备的冷链配送车辆直接配送到客户家中。爱孚瑞自营的“全程冷链、宅配入户”经营模式，通过互联网技术与冷链配送的结合，保证了整个链条温度的可追溯、可监控，实现了食材从产地采购、贮藏、包转、分拣、运输、宅配全程冷链运输，保证了食材的品质和安全（图9-1）。

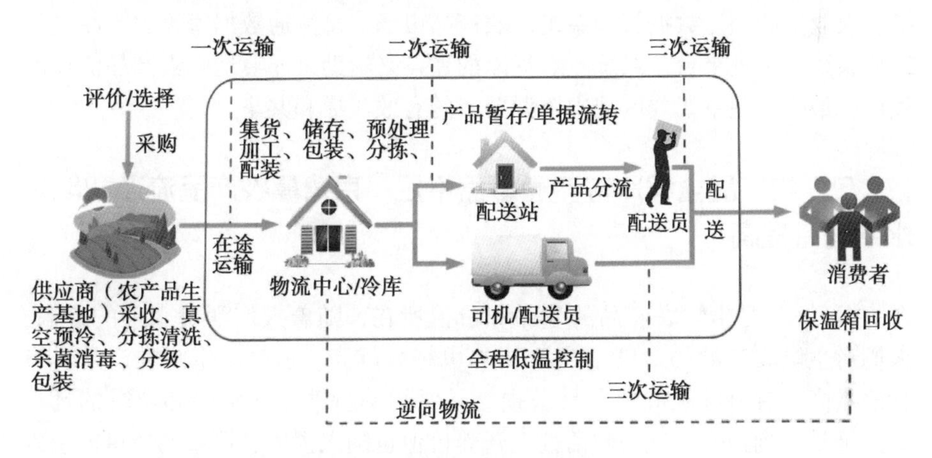

图9-1　爱孚瑞冷链配送模式

第三节　基于“互联网+流通”的京津冀现代农业协同创新发展存在的问题与需求

一、农产品流通基础设施建设区域发展不平衡，流通信息化示范推广力度有待加强

基础设施是农产品流通的载体，是“互联网+”农产品流通的重要组成

部分，加强农产品流通的基础设施建设对于发展京津冀“互联网+”农产品流通，实现区域内信息资源、要素资源、产品资源、资金资源共享意义重大。“十二五”期间，在北京市、天津市、河北省三地政府及相关部门的不懈努力下，京津冀区域内的农产品流通设施建设取得了一定的进展，农产品流通市场格局初步形成，城市流通保障能力显著增强，农产品流通O2O线上线下空间拓展能力不断增强。但是，农产品流通信息化水平在区域间发展不平衡，特别是河北省粮食流通企业规模普遍偏小，经营管理方式粗放，设施设备陈旧，信息化技术水平低下，从而引起京津冀区域内市场竞争力弱、交易效率低下、运行机制落后等问题。

因此，在京津冀地区内部，亟须扩大农产品流通基础设施建设的广度，弥合河北与京津省市之间、省内城乡之间的差距，并加强农产品流通信息化设备应用的示范、推广力度，通过物联网生产管理系统、智慧农业管理系统、农业生产经营数据管理系统、农产品市场信息流通数据库、农产品电子结算系统等一批平台、系统、数据库的建设来辅助京津冀地区农产品流通的发展，最终实现京津冀区域内资源要素的有效流通和共享。

二、农产品全程冷链流通覆盖不足，京津冀农产品流通智能化水平有待提高

“新鲜”是生鲜农产品的生命和价值所在，随着人们消费水平的提高，人们对生鲜农产品的“鲜活度”要求也越来越高。但是，生鲜农产品具有含水量高、有氧呼吸旺盛、易破损、易腐烂的特性，在常温和裸露的环境下，极易受到损伤，丧失鲜活性，营养价值也随之损失，严重的还可能引发食品质量安全问题。因此，对于生鲜农产品而言，从采摘到送达消费者的整个流通环节都对农产品流通的要求极高，其流通成本也相应较高。当前，在京津冀区域内，经过各方面的共同努力，农产品物流配送设施和配送网络在不断完善，一批现代化的农业物流园已经完成了一期建设规划内容，RFID等先进的农产品物流技术不断被研发等，已经取得了一定的成就。但是，随着信息技术的发展进步，农产品物流网络信息系统、GPS等货物跟踪系统，电子数据交换系统、存货管理信息系统在京津冀地区的应用还不够广泛，生鲜农产品全程冷链覆盖率还相对较低，生鲜农产品高损耗的问题依然存在。

“十三五”期间，应当继续加大CFD技术、新型隔热材料等新型制冷、保鲜方式的科研力度，加强条形码技术、RFID技术、GPS技术和出入库信

息管理系统的农产品流通信息化技术在京津冀区域内的广泛应用，运用“互联网+”、大数据、云计算等先进的信息化技术建立数据库，加大全程冷链的配送力度，提高了农产品检测、加工、包装、仓储、配送水平，不断优化“互联网+”环境下农产品流通的配送模式，实现供应商、配送车辆、网店、用户等各环节信息的精准对接，提升农产品流通的智能化水平，从而提高配送效率，降低流通成本，减小生鲜农产品的流通损耗。

三、农产品电子商务标准化水平有待提高，需要搭建大数据平台实现区域协同

农产品电子商务的本质是通过互联网获得目标客户，并实现线上农产品销售，帮助农民拓宽销售渠道，获得收入。相关数据显示，2015 年全国 3 000家平台型农产品电商实现盈利的只有 1%，可见绝大部分的生鲜电商都在亏损，甚至有 7%的电商企业呈巨额亏损状态。究其原因，除了前文提到的农产品物流配送要求高、成本高的因素外，农产品电商的标准化程度不高、网上产品信息不健全、销售过程中环节不透明从而造成的商家与消费者信息不对称，进而引发消费者对商家的不信任也是其主要原因之一。以天津著名的地标产品“沙窝萝卜”为例，沙窝萝卜以其健康绿色的种植方式、甘甜的味道、脆嫩的口感吸引了广大的消费者，成为了天津市本地电商平台上最畅销的农产品之一，在扩大自身线上销售规模的同时，也提高了电商平台的知名度，实现了农产品销售与电商推广“双赢”。但是，近年来网络上出现了沙窝萝卜品质、口感参差不齐，包装、重量、规格大小差别较大，甚至有普通萝卜冒充沙窝萝卜在网上销售的情况。

与工业产成品不同，农产品品种繁杂，种植方式、养殖方式、捕捞方式等不同生产方式划分差别大，标准化难度大。因此，需要采用“互联网+”、大数据等先进的信息化技术手段，具体分析农产品在品质、工艺、规格等方面的差异程度，建立相关数据库，制定农产品电子商务标准化规范，并建立配套网上产品评价、信息监管系统，搭建京津冀区域内农产品电子商务大数据监管平台，增加区域内农产品网上销售的透明度，减少农产品电子商务过程中商家与消费者之间的信息不对称，进一步增加农产品电子商务销售量，提高区域农民收入水平，实现京津冀区域协同发展。

第四节　基于“互联网+流通”的京津冀现代农业协同创新发展路径选择

一、基于“互联网+流通”的京津冀现代农业协同创新发展目标

立足京津冀农产品流通信息化的发展现状，以互联网、物联网、大数据等信息技术为支撑，以“创新、协调、绿色、开放、共享”为发展理念，有效整合京津冀三地的技术、产品、流通资源，加强三地的流通改造、创新、共享。经过3~5年的建设发展，将京津冀区域内的农产品流通建设成为资源共享、运转高效、管理科学、透明精准的智能流通，实现京津冀农产品流通管理服务质量和效率的全面提升，为全国的“互联网+农产品流通”做好示范。

二、基于“互联网+流通”的京津冀现代农业协同创新发展路径选择

1. 开展京津冀农产品批发市场信息化基础设施改造，加快市场转型升级

批发市场不是简单的商品中转站，从世界发达国家的批发市场发展趋势来看，批发市场要具备商品集散、中心结算、信息传播和形成价格、加工配送等功能。因此，京津冀区域内农产品批发市场的发展要围绕上述功能的实现来进行完善，借助互联网、大数据、云计算等信息手段，加快农产品批发市场转型升级，拓展物流配送等服务功能，逐步把批发市场建设成为集商品集散中心、信息中心、价格形成中心、统一结算中心和加工配送中心为一体的综合化市场，实现京津冀区域内资源要素的有效流通和共享。

（1）重点开展京津冀农产品批发市场基础设施的标准化建设。基础设施是农产品流通的基础和物质载体，在京津冀现有的农产品批发市场上要不断加强监测设施的标准化，信息设施的标准化、预冷和保鲜设施的标准化、储运设施的标准化以及管理设施的标准化，对农产品的质量、等级、计量、运输、储运、追溯等进行全方位标准化规范。

（2）加快京津冀农产品批发市场信息化系统的建设。分别从市场业务运行平台、市场信息采集发布平台、市场信息大数据分析平台等方面加强信息化建设。农产品批发市场业务运行平台涵盖了电子结算系统、电子监控系统、电子商务系统、物流配送系统、车辆管理系统、综合管理系统等一系列信息综合系统，能够为消费者、批发商、以及市场管理人员分别提供便捷交易、信息查询、销售管理、流通监管等服务，并探索发展拍卖、中远期等现代交易方式，提高农产品流通水平，逐步与国际上先进的电子交易、拍卖交易、代理交易等交易形式接轨。市场信息采集发布系统包括数据交换系统、互联网信息发布系统、门户网站信息采集发布系统等，为消费者和农业生产者、销售者提供及时准确的信息发布、展示、查询、统计、监管服务。市场信息大数据分析平台涵盖大数据处理系统、云计算分析系统、网络及安全管理系统等信息化系统，对农产品的批发市场流通数据进行采集、分析、发布，借助于“互联网+”的技术手段，不断强化京津冀农产品批发市场的信息资源整合、共享能力。

（3）加大京津冀农产品批发市场检验检测系统升级改造力度。构建基于网站、手机短信、手机扫描二维码和追溯触摸屏等方式的多样化批发市场农产品质量追溯系统，包括畜禽产品追溯子系统、果蔬产品追溯子系统、水产品追溯子系统三大类追溯系统，实现多种手段下产地信息、生产信息、检测信息等信息的追溯查询。

2. 加快京津冀农产品电子商务模式创新

“互联网+”的实质是一种智能连接方式，具有去中心化、降低信息不对称、重构组织结构、社会结构和关系结构的功能，真正实现了分布式、零距离、关系的建构与连接，代表了一种新的社会形态。农产品电子商务是“互联网+”与农产品流通结合后形成的一种农产品销售的新业态。京津冀地区有丰富的产品供给、便捷的流通渠道、广阔的需求市场，是农产品电子商务发展的沃土。

（1）不断推进农产品电子商务标准化建设。随着京津冀区域内部农产品电子商务交易额不断加大，农产品电子商务逐渐步入成熟化、规范化、标准化的发展道路，因此，要针对农产品繁多的品种建立相应的大数据库，制定农产品电子商务标准化规范制度，建立配套监管体系，扩大农产品“三品一标”产品占整个的电子商务市场的交易比例，加大对农产品电子商务标准化进程的推动力度。

（2）不断丰富京津冀农产品电子商务创新模式。分别从功能拓展、渠道开拓、销售模式等方向来创新具有京津冀地域发展特征的电子商务的模式。在功能上，进一步开拓电商平台的展示功能、交易功能、信息发布功能、融资功能等，在发展电商平台的通知，丰富农户的生产、生活体验；在渠道上，进一步加强网上渠道与网下渠道的相互融合，鼓励京津冀区域内的农户、合作社、农业企业开展平台、自营、平台+自营等多样的模式创新，发展社区体验店、智能菜柜等电子商务新兴业态；在销售模式上，不断加强地域电商品牌推广，探索开展网上订单预售、大宗农产品交易、网上农产品期货交易，推动农产品电子商务的品牌化、定制化，配送的精准化、智能化、系统化模式发展；在冷链物流上，不断探索、研发冷链新技术、新产品，重点加强“开始1公里”和“最后1公里”的产地预冷、终端冷藏建设，逐步构建“环京津1小时鲜活农产品物流圈”，最终实现农产品电子商务的低成本、高效率、高品质、高利润，进一步推动京津冀农业一体化的融合发展。

3. 开展农产品供应链的透明化、精准化建设

在京津冀区域内，应主动发挥北京的技术优势、市场优势，天津的无公害农产品渠道优势，河北的农产品产地供给优势，从透明化、精准化、智能化等方面建设具有京津冀地域特色的农产品供应链。

（1）供应链的透明化建设。主要是加强农产品供应链中关于农产品质量安全追溯系统的建设，保证农作物从生产、加工、到流通、销售、配送的数据可查询，并利用4G网络、GPRS网络、WIFI网络、ZIGBEE网络等物联网与RFID技术相结合，通过构建生产模块、加工追溯模块和仓储运输模块，最终实现京津冀农产品全过程供应链的信息的融合、查询与监控。

（2）供应链的精准化建设。主要是加强地理信息系统在农产品供应链中的应用，基于数据库管理系统（DBMS）的分析和管理空间对象的信息系统，以地理空间数据为操作对象，运用GIS的数据采集与编辑功能、制图功能、空间数据库管理功能和空间分析功能，集成配送车辆的线路模型、最短路径、网络物流模型等，掌握配送车辆的实时定位、追踪显示、线路规划，实现京津冀农产品供应链物流过程中的无缝连接、精准调度、可视化监控管理。

（3）供应链的智能化建设。主要是运用三网融合、物联网、大数据、云计算等网络技术与仓储管理、库存控制等农产品物流管理技术相结合，集成农产品物流的软件技术与基础数据管理平台，实现农产品仓储物流系统的调度与优化，以此加快农产品流通供应链的反应速度、降低服务成本、拓展

供应服务，最终实现京津冀农产品供应链的便捷化和低碳化。

第五节　本章小结

“互联网+流通”就是以云计算、物联网、大数据为代表的新一代信息技术与现代物流业的融合创新，发展壮大新兴业态，打造新的产业增长点，为大众创业、万众创新提供环境，为物流业智能化提供支撑，增强新的经济发展动力，促进国民经济体制增效升级。本章在梳理内涵特点和实地调研的基础上，深入分析了京津冀农产品流通产业发展的概况以及农产品流通信息化发展的现状，分别从基础设施、电子商务、全程冷链 3 个方向出发，揭示了京津冀在农产品流通方面存在的主要问题，并提出了路径选择为京津冀农产品流通今后的发展提供政策参考。

（1）京津冀三地的农产品流通产业和流通信息化发展稳步推进，并因地制宜呈现出各自的发展特色。在京津冀农产品流通产业的发展状况方面，北京作为特大型城市，在自身农产品流通体系日益完善、初步形成以新发地为核心的“1+8”批发市场格局的同时，为京津冀农产品流通发展提供了巨大的需求空间和城市物流保障；天津利用自身“自贸区”和“无水港”的优势吸引了大批农产品物流龙头企业，为其奠定了良好的物流基础，同时天津着重发展“放心菜”基地建设，保证了京津冀充足的蔬菜供给；河北由于其相对突出的农产品生产比较优势，表现出旺盛的农产品流通需求，但是相较与京津两地其基础设施支撑能力略现不足。在京津冀农产品流通信息化建设方面，三地的信息化建设工作稳步推进，基础设施建设初见成效，农产品电商服务体系有序推进，冷链物流信息化的发展更是为农产品流通保驾护航。

（2）提出了基于“互联网+流通”的京津冀现代农业发展存在的主要问题与需求。针对京津冀的农产品流通信息化水平区域间发展不平衡、交易效率低下、市场竞争力弱等问题，本章认为京津冀需要借助互联网、大数据、云计算等信息手段，加快农产品批发市场转型升级，拓展物流配送等服务功能；针对京津冀生鲜农产品运输损耗大、全程冷链覆盖率还相对较低的问题，本章认为京津冀需要主动发挥北京的技术优势、市场优势，天津的无公害农产品渠道优势，河北的农产品产地供给优势，从透明化、精准化、智能化等方面建设具有京津冀地域特色的农产品供应链；针对京津冀农产品电子商务标准化水平不高的问题，本章认为京津冀需要制定农产品电子商务标准化规范制度，建立配套监管体系，加大对农产品电子商务标准化进程的推动力度。

（3）提出了基于“互联网+流通”的京津冀现代农业协同发展新目标和路径选择。本章立足京津冀农产品流通信息化的发展现状，提出要开展京津冀农产品批发市场信息化基础设施改造、加快京津冀农产品电子商务模式创新、开展农产品供应链的透明化和精准化建设的路径选择，以此来有效整合京津冀三地的技术、产品、流通资源，加强三地的流通改造、创新、共享，实现京津冀农产品流通管理服务质量和效率的全面提升，为全国的“互联网+农产品流通”做好示范。

第十章　基于“互联网+”的京津冀现代农业协同创新发展的思路与对策

京津冀三地政治地位特殊，经济体量巨大，社会结构独特，其对现代农业具有不同的现实需求。伴随云计算、大数据、物联网、移动互联网等新一代信息技术为核心的新一轮科技革命和产业革命的发展，以跨界融合为特征的“互联网+”正逐步渗透现代农业科技创新与发展领域，成为区域农业协同创新活动的重要手段，驱动着京津冀农业的“跨越发展”。探索基于“互联网+”的京津冀现代农业协同创新发展路径，对于保障区域内农业农村领域可持续发展、增强区域空间承载能力、抢占全球现代农业价值链高端，打造我国具有国际竞争力的城市群具有重要意义。

第一节　发展思路

坚持“创新、协调、绿色、开放、共享”发展理念，围绕京津冀现代农业的建设需求，以科技为依托，以市场为导向，以企业为主导，以创业农民为主体，以信息技术驱动区域农业协同发展为主线，充分发挥“互联网+”对资源、科技、产业、金融、市场、生态等农业生产要素配置的优化作用，积极调动三地各级政府部门、新型农业经营主体、互联网企业、高校科研院所等主体的积极性和创造性，加快推进京津冀现代农业行业的在线化和数据化，探索基于“互联网+”的农业生产、农村服务、农业数据、农业流通等协同创新机制与模式，重点建设农业科技推动、农业信息化驱动、农业工业化带动的京津冀现代农业产业链，着力构建京津冀“信息化支撑、一二三产业融合，科技协同创新、农业可持续发展”的区域现代农业协同创新发展模式，成为引领京津冀乃至全国现代农业建设的发展极，不断推动区域农业农村信息化市场化，努力走出一条中国特色的区域农业协同发展道路。

第二节 “十三五”发展重点

一、科技研发

1. 农业传感器与仪器仪表关键技术研发专项

针对国产农用传感器可靠性低、稳定性差、精准度低，以及植物本体感知领域专业传感器缺乏等问题，建议发挥京津两地科技优势，重点开展环境信息感知和生命信息感知传感设备和关键技术研发。

（1）在农业生态环境监测方面。开发基于近红外光谱、介电频谱等精细分析技术的传感器，获得高精度的土壤含水量、土壤成分、空气质量、水质等信息，研发利用多种传感器组成的监测网络；针对二氧化硫、氮氧化物等大气污染物，开展大气环境关键污染物的监测等关键技术研究，研制农田大气污染物感知设备。

（2）在动植物生命信息传感器方面。利用电磁学、光电技术、生物化学技术，开发实时获取植物生长过程中生命信息的传感器设备，用以检测或连续监测植物的生长过程；开发基于超声、生化、纳米技术的动物生命信息传感器，实时获取动物的营养状况、生命力、体重、脂肪含量等生命信息参数。

（3）在农产品安全检测与溯源方面。利用光谱、超声、阻抗频谱等技术，研发农产品组分、品质信息传感器。

2. 农业灾害与突发事件应急处理关键技术研发专项

针对农业生产安全缺乏科学分析手段、重大灾害事故快速响应能力不足等问题，建议以农业气象与病虫害及外来生物入侵等自然灾害、动植物重大疫病、农机和渔业安全事故和农产品、食品公共安全等农业突发事件为研究对象，重点围绕灾害与突发事件的及时准确感知和应急处置决策支持，开展农业灾害与突发事件现场信息快速感知技术，多源信息快速无缝采集与传输，应急处置及协同指挥决策分析，处置过程远程监控与指挥调度等技术，构建农业灾害和突发事件及环境背景信息采集与传输、应急处置决策分析和协同指挥为一体的网络体系，研制开发集网络地理信息技术、现代通信技术和智能装备技术等为一体的农业灾害与突发事件应急处理系统，为农业灾害与突发事件的防控、应急处置决策与实施提供支撑。

3. “互联网+”农产品质量安全监管与溯源关键技术研发专项

针对当前农产品生产管理粗放、储运物流不足、市场监管不利、市场营销落后等关键问题，建议面向果蔬产品、畜禽产品、水产品等农产品及其初加工产品，综合运用条码、二维码、RFID、无线传感器网络、地理信息系统、光谱等技术，突破农产品产地标识与防伪技术、农产品溯源信息快速采集技术、农产品储运信息实时监测技术、农产品交易过程信息快速获取技术和多平台溯源关键技术，研究开发农产品安全生产过程质量控制系统、农产品加工过程质量安全监测系统、绿色储运监测与管理系统、阳光交易管理系统，构建农产品质量安全全程监管与溯源平台。

4. 田间高通量规模化商业育种信息获取技术

针对规模化育种生产普遍存在的海量数据获取人力成本高、效率低、准确度差、数据处理/分析方法落后等问题，建议开展田间高通量规模化商业育种信息获取装备和关键技术研发：

（1）基于地面和遥感两种平台。开发可见光、近红外、多/高光谱、热成像、三维激光、叶绿素荧光等技术的作物高通量育种信息精准获取技术装备，实现作物形态、组分及抗性信息的精准、快速、无损获取。

（2）作物育种信息高通量获取技术。针对育种信息获取过程中人工调查精度不统一、空间不能全覆盖、时效性差以及缺乏第三方客观评价依据等问题，加快推进基于无人机遥感技术的作物育种表型信息高通量获取技术研发。

（3）解决规模化作物育种过程中遥感信息动态、高效、高分辨率获取问题。研究形成面向作物生长全程育种空间、纹理、温度及光谱等综合信息高通量精准获取与决策方法理论。

（4）高通量育种信息精确处理/分析方面。开发数据处理算法和模型，分析作物形态、组分及抗性信息，将作物育种数据与作物生长状况、环境参数、时空尺度变化及管理策略相结合，深度挖掘作物表型组学数据表达，实现大规模作物育种信息的快速、精细监测和筛选，为规模化商业育种提供平台和技术支撑。

5. 农业智能机器人

针对劳动力成本攀升、人口老龄化严重等问题，建议重点开展农业机器人关键技术研发，在农业领域重演“机器换人”革命，从而大幅降低农业劳动强度、填补农业劳动力缺口。

（1）在农作物估产和病害预警方面。重点开展以深度学习和自主导航为代表的农业机器人理论和技术研究，探索适合农作物估产、病害预警需求的图像特征提取和机器学习网络构建方法、建立满足田间长航程巡逻需求的自主导航方法体系，以实现农业机器人对作物产量预估和病害预警的高频（以时、日、周为单位）、精确数据更新，减少灾害损失、提高经济效益。

（2）重点开展以人机协同为代表的农业机器人理论和技术研究。探索将人类智慧与机器人执行能力进行优势互补的协同作业模式，充分发挥人工在农产品识别定位、精细处理方面的经验和灵活性优势，结合机器人负重能力强、重复性作业精度高等特点，研发农田自主搬运机器人、果实采摘辅助智能外骨格等典型人机协同作业装备，从而大幅降低农作采收作业劳动强度、提高农业劳动生产效率。

二、平台建设

1. 京津冀农业农村大数据平台

立足京津冀都市型现代农业现实需要，建立现代农业大数据分析与服务信息共享平台，助力京津冀重点农业产业升级。利用大数据、云计算等信息技术，切实推进三地涉农数据共享开放、开发利用，开展农业生物、农业环境、动植物疫病虫害防控、农产品质量安全追溯、农产品交易、农业科技推广培训等信息的数据存储和高性能计算，深入挖掘和分析京津冀都市型现代农业多维全量数据，打造联通三地农业生产、流通与服务系统的大数据平台，面向设施蔬菜、畜禽养殖等产业领域提供决策服务，推动形成覆盖全面、业务协同、上下贯通、众筹共享的京津冀农业大数据发展格局。

2. 京津冀菜篮子互联网产销对接平台

依托农业部定点农产品批发市场，统筹三地重要农产品流通基础设施布局、功能定位，加大对主要农产品批发市场信息系统和检验检测系统的升级改造，加强农产品生产加工基地和市场流通体系建设，搭建京津冀菜篮子互联网产销对接平台，重点加强三地蔬菜产销合作、农产品质量安全监管等方面的务实交流和合作，推进京津冀农产品流通的扁平化、透明化，实现“环京津1小时鲜活农产品物流圈”和京津冀主要农产品产销精准对接，展示京津冀农产品品牌形象，初步形成政府引导、企业主体、市场运作、多方参与的农业市场区域合作格局。

3. 京津冀农产品质量安全监管联动平台

打破区域间行政壁垒，探索建立京津冀农产品公共信息共享服务平台，选取“三品一标”产品开展试点，将农产品生产、加工、包装、仓储、运输、交易、配送等数据信息汇集到京津冀农产品公共信息平台，运用“互联网+”融合大数据方法，组织开展数据分析，及时发布市场信息，建立三地安全食品溯源体系和企业产品信用管理体系。通过建立农产品质量安全监管联盟等形式，探索联合检测、合作执法、信息预警、舆情监测、追溯管理等工作机制，推动有条件的地方创建国家农产品质量安全县，实现三地农产品质量安全联动监管。

三、试点示范

1. 京津冀菜篮子物联网生产基地

依托国家级以上现代农业示范区、国家级农业产业化示范基地、国家级农业科技园区、省级以上农业产业化龙头企业以及重要农产品供给保障基地，以“提升农业智能化生产能力，确保农产品质量安全，培育京津冀农产品品牌”为目标，集成示范物联网感知、传输、决策及应用相关技术和设备，率先在“三品一标”产品基地建设供京津冀“菜篮子”物联网生产标准化基地，推动京津冀“菜篮子”物联网生产技术交流和示范基地建设一体化，协同推进重要供京津冀菜篮子基地集约化、标准化、规模化、智能化生产，全面升级供京津冀菜篮子产品和服务品质。在三地省级农业厅（局）建设农业物联网综合服务平台，搭建京津冀农业物联网公共服务平台，协同推进面向三地菜篮子物联网生产基地的农业资源规划与管理、生产过程精准管理、农产品质量安全溯源等领域的共性服务，促进农业物联网普及应用。

2. 智慧农产品绿色供应链应用示范

针对京津冀农产品运输和储存的腐损率高、不易保鲜以及产销信息不对称等问题，立足京津冀现有基础，结合建“环京津 1 小时鲜活农产品物流圈”建设，以“三品一标”农产品基地、国家级产业化龙头企业、骨干物流企业、农业电子商务企业为载体，促进物联网、大数据、云计算、智慧物流、农产品溯源与农业生产、加工、流通、销售环节的业务深度融合，加快建设京津冀中心城市为主导的农产品物流信息服务平台，强化农产品基地标准化、产地安全数字化预警、城市全程智慧配送、农产品电子商务等技术、管理、模式创新，加快物联网、二维码、无线射频识别等信息技术在生产加工和流通销售环节的推广应用，统一标准，规范认证，建立便捷通畅的农产品“绿色通道”，建立区域性的生鲜农产品质量安全全程监控系统平台，推进安全生产可追溯化、产品采购信息化、加工包装标准化、物流配送的智慧化、市场交易网络化、检验检测有效化、市场监管透明化，最终实现农产品“生产基地-加工物流-电子商务”扁平化的智慧农产品供应链标准化管理。

3. 信息进村入户示范

为解决城乡公共服务不均等、城乡数字鸿沟大、农村基层政府管理效率低等问题，以农业部信息进村入户为切入点，广泛依托现有各类“三农”服务网络体系，以农村社区服务、电子政务、电子商务、电子化金融服务、远程教育、转移就业、远程可视化诊疗、信息化辅导与应用培训、平安乡村等为重点，在已有的京津地区益农社示范工程取得的成效下，继续扩大益农信息社建设力度，加强进村入户基础资源信息和服务支撑体系建设，率先在京津两地实现益农社全面覆盖到所有村级；同时，河北应该借鉴北京、天津成功的运作模式，结合信息进村入户基础，因地制宜，推广适合本地发展的益农社服务模式，在都市近郊区率先建设一批信息进村入户示范工程，重点推进政策法规、实用技术、农产品市场行情等专业类信息服务资源，电信、银行、保险、供销、交通、邮政、医院、水电气等便民服务上线，实现村镇农产品、农业生资料和消费在线销售，实现“互联网+”促进农民生产生活信息服务便捷化。协作开展智慧美丽乡村改革试验区建设，强化“互联网+”提升农村便民服务效能。

第三节　基于“互联网+”的京津冀现代农业协同创新发展的对策

一、建设京津冀“互联网+”现代农业协同创新发展宏观战略部署

1. 搭建京津冀“互联网+”现代农业协同创新发展合作机制

建议依托由中央牵头成立的京津冀协同发展领导小组，制订京津冀“互联网+”现代农业协同发展行动计划，统筹基于“互联网+”的区域现代农业协同发展的战略决策，确定区域协同发展的目标、原则和重点，明确三地在“互联网+”现代农业协同发展过程中的功能定位、产业布局、要素对流等重大问题。如在区域农产品市场建设方面，可建立健全京津冀农产品

准出、准入互认机制，破除区域内农产品市场自由流通的行政规章限制，增进省际间、部门间信息互通，加强农产品市场形势预警分析。建立基于互联网平台的沟通协调机制，强化"互联网+"在解决现代农业协同创新中的平台作用，积极利用"三微一端"等互联网平台，定期协调会商区域农业协同发展面临的重大问题，并从财政政策、投融资政策、政绩考核等方面形成具体措施。

2. 探索基于"互联网+"的京津冀现代农业产业融合升级模式

注重发挥区域比较优势，加快打造具有区域特色的农业主导产品、支柱产业，以"一村一品"为切入点，发挥"互联网+"对农村产业融合的创新带动作用，推进京津冀生鲜农产品领域"互联网+"业态创新，推进互联网与生鲜农产品营销、加工物流、科技创新、农业服务、休闲农业等多产业融合发展，鼓励开展众筹、农产品个性化定制服务、农村电商帮扶，探索京津冀地区的基于"互联网+"的融合模式，推进信息服务引领农村产业融合发展新模式，打造具有较强影响力的京津冀农产品优质品牌。

3. 搭建基于"互联网+"的京津冀城乡一体化协同发展机制

巩固农村信息化基础设施建设，加快实施京津冀三地农村地区"宽带中国"战略，建立京津冀一体化网络基础设施，夯实"互联网+"现代农业发展基础；以"互联网+"促进京津冀农业生产要素市场、城乡公共服务一体化为目标，加快探索建立京津冀区域统一的城乡要素市场网络共享平台，实现金融投资、产权交易、技术研发、创业就业等要素在三地之间的互联共享、有效对接和自由流动，提高区域内城乡资源要素的共享水平，加速三地在"互联网+"现代农业领域的协调决策、统一行动；鼓励社会资本进入公共服务领域投资运营，引导私人企业、非营利组织、公共组织等参与，探索建立京津冀城乡公共服务信息互联、跨区域、跨机构的信息共享机制和公众满意的信息反馈机制，整合各类公共服务信息，搭建区域性公共服务信息平台，促进在京津冀三地在城乡医疗、社保、养老等公共服务信息方面的共享与对接，扩大公共服务的供给面和供给水平，形成有效的区域信息流。

二、搭建京津冀"互联网+"现代农业科技创新体系

1. 把握京津冀"互联网+"都市现代农业科技创新的重点方向

尊重现代农业与信息化发展规律，以市场为导向，积极利用物联网、移动互联网、大数据等新一代信息技术，在农产品加工业、休闲农业、会展农

业、循环农业等多种业态中导入“互联网+”元素，突出“互联网+”与京津冀都市现代农业的融合。其中，京津都市现代农业圈重点发展农业信息服务业、农业智能装备产业、农业物联网、农产品冷链物流等以农业先进生产要素聚集的农业高新技术产业，以及“互联网+”休闲农业、农产品电子商务、农业个性化定制等新型业态，尤其在籽种产业方面重点加强京津冀农作物区试审定与市场监管信息化平台，开展三地品种审定机制和品种区试的一体化和籽种行业的联合执法，促进京津冀种业协同发展。在河北高产高效生态农业区则突出高产高效、加工物流、生态涵养三大功能，加强农业资源生态实时监测预警和保护，促进农业生态环境数据开放共享，大力发展特色农业电子商务和特色乡村旅游景区资源和服务的在线化。着力构建以农业技术推广服务体系、动植物疫病防控服务体系、农产品质量安全服务体系、农业信息化服务体系、农村金融服务体系为核心的京津冀“互联网+”社会化服务体系，推动京津冀现代农业服务业协同发展。

2. 搭建基于“互联网+”现代农业区域协同创新平台

以京津冀协同发展为契机，发挥各方比较优势，以推进创新资源共享、产学研对接、成果转化共享为核心，鼓励各类创新主体充分利用互联网，建立网络协同、云设计、众创众设等京津冀农业合作交流平台，构建基于互联网的京津冀农业科技资源共享服务平台和农业科技成果转化应用新通道，通过资源共享、资本融合、风险共担、联合攻关、成果转化等方式实现知识创新、技术创新、科技成果孵化及转移等的创新协作过程，以此提高三地创新资源共享水平，实现跨区域、跨领域的农业技术协同创新和成果转化。建立京津冀技术交易网络服务平台，重点推动京津科技成果到河北省孵化转化，大力推进基于“互联网+”的现代农业信息科技创新、现代农业技术装备创新、现代农业生产技术创新、现代农业服务业创新等方面的农业科技创新的大协作。

3. 探索京津冀新型农业信息科技服务模式

引导社会力量广泛参与农业技术推广服务，逐步建立国家扶持与市场引导机制相结合、公益性服务与市场性经营相结合、主体多元化、组织网络化、功能社会化、运作市场化的新型农业科技服务模式。健全完善京津冀统一的12316工作体系，全面对接三地种植业、畜牧业、渔业、农机、种业、农产品质量安全等行业信息平台，提升服务能力。整合三地农业部门信息资源，实现政策法规、农业科教、农产品市场行情等信息服务资源率先在平台上线，加快推进三地涉农信息服务在平台上实现共享。以实现农业的生产、生活、生态等多种功能为着力点，探索发展惠及民生的农业信息科技服务业，支持京津冀地区农村集体经济组织、农民专业合作组织，开展新品种种子种苗供应、病虫害专业化防治、农业生产资料、农机作业与维修、农产品加工营销、农业休闲观光、农村金融保险等信息服务，推进农村信息服务的便捷化。

三、创新区域农业协同发展财政合作机制

1. 创新跨区域农业融资方式

支持京津冀三地政府通过资本金注入和税费减免等方式，建设三地互通互认的政策性农业融资担保平台，开展本地涉农业务担保和跨区域的异地融资担保，推进区域内农业金融产品和服务创新。

2. 探索区域内特色农业保险

强化保险部门与信贷部门合作，试点生产性小额信贷保证保险。探索将区域内籽种、畜牧、果蔬、水产品、小杂粮等特色农产品纳入农业政策性保险覆盖范围，扩大基本蔬菜品种（叶菜）、大蒜、牛奶、生猪、中药材等农产品目标价格指数保险范围，发展农机、渔业、信息化装备等合作互助保险，建立农业风险补偿基金，对部分与市民生活关系密切，不耐贮藏、保鲜期短，价格波动幅度大而频繁的蔬菜生产品种进行农民收入补偿试点，探索建立农业巨灾保险协同分散机制。

3. 建立京津冀现代农业协同发展专项基金

发挥三地政府联合沟通的作用，跨行业统筹安排京津冀现代农业协同发展资金的使用，建立协同发展专项基金，支持京津冀合作开展跨区域现代农业信息科技研发、成果转化、产业转移接续等平台建设，重点针对三地现代农业示范园区、农业产业化示范基地、规模化种养基地等“互联网+”现代农业协同创新应用示范项目，以及新型农业经营主体互联网技能培训项目进行专项基金扶持，推进“互联网+”京津冀农业协同创新进程。

四、推进京津冀都市农业人才协同发展

1. 加快推进新型职业农民培育

进一步完善现有农民教育培训体系，充分发挥京津高校众多的优势，利用学历教育、继续教育等多种途径和方式，将农业物联网人才、农产品电子

商务人才纳入新型职业农民培育计划。在区域内建设一批农业农村信息化实用技术人才实训基地，培育一批以家庭农场主、合作社、农业生产企业、专业大户为主，具备互联网思维和应用能力的农业信息化示范型“新农人”，争取每个家庭农场至少有一人会使用计算机并能利用农业信息网络查询，培养信息型职业农民队伍，发挥农户需求驱动潜力，促进农业信息健康发展。

2. 大力发展“互联网+”农技推广

发挥三地农技推广机构主导作用，分级分层开展农业信息推广及农技信息人才培训工作。鼓励和引导大专院校、科研院所、互联网企业等发挥优势，尤其发挥京津农业信息化科技的资源优势，探索建立京津冀农技推广大数据平台，将三地资深农业专家、镇农技干部和县聘农民技术员通过“互联网+”的形式，与种植大户、合作社和农民群众有效链接，协同开展远程教育、专家咨询、视频诊断、微（短）信指导服务等多种形式的信息化科技服务，切实解决农技服务“最后一公里”的难题，提高三地农业信息服务效能。

3. 加强区域间的人才交流

联合三地涉农业科学研究院所、大专院校建立京津冀农业人才智库互联网平台，定期发布区域高层次人才、急需紧缺人才智力供需情况，促进三地智库资源联动，为三地现代农业协同发展提供理论创新、咨政建言、舆论引导、社会服务等咨询服务，推进形成京津冀农业科学创新共同体，为实现三地人才与产业的精准对接提供支撑。建立包括政府、学者、企业、行业组织等在内的多层次创新主体网络共享交流平台，共同研究建立京津冀现代农业协同发展重大项目、重大工程、重大政策数据库，并建立京津冀农业协同发展专家远程会商系统，实现京津冀现代农业协同发展的线上交流合作。探索实施三地农业人才智力共享协议，统一资格认定标准，促进人才在三地的合理流动。

第四节　本章小结

京津冀现代农业协同发展是一个复合系统，其建设涉及城乡、产业、科技、生态、政策等方方面面。伴随新一代信息技术的快速发展，如何利用“互联网+”在线化、数据化特征及其带来的资源汇聚、在线传播、信息分享、成果普惠等便利，加快京津冀现代农业协同创新发展，不仅是加快推进现代化成果更公平地惠及京津冀农民群体的重要手段，更是贯彻落实京津冀协同发展重大国家战略的重要方面，对三地形成有效的现代农业合作长效机制具有重要意义。本章依据前述章节的研究结论，结合“十三五”时期京津冀现代农业协同发展面临的关键问题，提出了相关发展思路、发展重点及发展对策。研究表明：

（1）“十三五”时期利用“互联网+”加快推进京津冀现代农业协同创新。需要深度把握基于“互联网+”的农业生产、农村服务、农业数据、农业流通等方面的协同路径，加快京津冀地区建设成为引领全国区域现代农业协同创新发展的典范，这一目标的实现关键在于构建“信息化支撑、一二三产业融合，科技协同创新、农业可持续发展”的区域现代农业协同创新发展模式，不断推动区域农业农村信息化市场化。

（2）“十三五”时期基于“互联网+”的京津冀现代农业协同创新的发展重点。在于关键技术研发、重要平台建设及试点示范三个方面。其中，科技研发重点在农业传感器与仪器仪表、区域农业灾害与突发事件应急处理、“互联网+”农产品质量安全监管与溯源、田间高通量规模化商业育种信息获取技术、农业智能机器人等五大方面取得产学研协同创新的突破；在平台建设方面，应将重点落实在京津冀农业农村大数据平台、京津冀菜篮子互联网产销对接平台以及京津冀农产品质量安全监管联动平台三大信息化共享平台建设方面；在试点示范上抓好京津冀“菜篮子”物联网生产基地建设、智慧农产品绿色供应链应用示范及信息进村入户示范三大工程示范。

（3）结合相关研究提出发展对策。本章从建设京津冀“互联网+”现代农业协同创新发展宏观战略部署、搭建京津冀“互联网+”现代农业科技创新体系、创新区域农业协同发展财政合作机制以及推进京津冀都市农业人才协同发展 4 个方面提出了相关发展对策，为相关科研工作者及政府部门提供参考。

参考文献

毕娟.2015.论京津冀协同创新中的科技资源协同［J］.中国市场（31）：87-91.

陈昌曙.2001.保持技术哲学研究的生命力［J］.科学技术与辩证法（3）.：43-45.

陈劲，阳银娟.2012.协同创新的理论基础与内涵［J］.科学学研究（2）：161-164.

陈劲，阳银娟.2012.协同创新的理论基础与内涵［J］.科学学研究（30）：161-164.

窦丽琛，程桂荣，陈晓永.2015.京津冀区域创新资源整合的路径研究［J］.经济与管理（06）：13-17.

杜云飞，连建新，张爱国，等.2014.京津冀区域一体化视阈下的农业产业协同创新研究［J］.河北工业大学学报（社会科学版）（4）：9-13，38.

高伟，缪协兴，吕涛，等.2012.基于区际产业联动的协同创新过程研究［J］.科学学研究（2）：175-185，212.

戈特哈德·贝蒂·俄林.2008.区域贸易和国际贸易［M］.北京：华夏出版社.

官建文，李黎丹.2015."互联网+"：重新构造的力量［J］.现代传播（6）：1-6.

郭斌，许庆瑞.1997.企业组合创新研究［J］.科学学研究（3）：12-18.

郭佳.2014.天津市农业物联网发展现状调研报告［J］.天津农林科技（5）.

何玲，贾启建，王军.2010.京津冀农业区域协调度评价［J］.安徽农业科学（34）：19733-19735.

湖北电视新闻中心.让雷军告诉你："互联网+"加的是什么.http：//

www.stutimes.com/toutiao/a4083247283/.

姜云生，姜杉，焦杰，等.2016.京津冀科技资源共享的障碍及对策［J].价值工程（36）：216-220.

解学梅，曾赛星.2009.创新集群跨区域协同创新网络研究述评［J].研究与发展管理（1）：9-17.

解宗方.1999.农业科技创新特征与创新战略［J].科技进步与对策（4）：8-10.

京津冀晋蒙建立农机安全监管联控机制［J].农业机械，2015（2）：17.

鞠建东，林毅夫.2004.要素禀赋、专业化分工、贸易的理论与实证：与杨小凯、张永生商榷［J］经济学（1）：27-51.

李鹤虎，段万春.2010.梯度推移理论创新：虹吸理论［J].经济问题探索（11）：55-61.

李宏贵.2007.中国企业借鉴协同战略理论研究［J］现代经济（01）：118-121.

李金海，崔杰，刘雷.2013.基于协同创新的概念性结构模型研究［J].河北工业大学学报（1）：112-118.

李敏.2015.浅析“互联网+农业”视角下的现代农业特征［J].智富时代（9）：6-7.

林毅夫，李永军.2001.中心金融机构发展与中小企业融资［J].经济研究（1）：10-17.

母爱英，何恬.2014.京津冀循环农业生态产业链的构建与思考［J].河北经贸大学学报（6）：120-123.

农业物联网促天津水产养殖提质增效［N].中国渔业报，2014-07-21（4）.

欧金荣，张俊飚.2012.农业知识源头协同创新的理论构建及对策研究：以农业院校为例［J].科技进步与对策（16）：55-59.

庞洁，韩梦杰，胡宝贵.2015.农业企业协同创新的政策研究［J].农业经济（2）：3-6.

彭纪生，吴林海.2000.论技术协同创新模式及建构［J].研究与发展管理（10）：12-14.

彭纪生.2000.中国技术协同创新论［M].北京：中国经济出版社：90-95.

彭新航，王开义，王晓锋，等.2014.基于 Android 智能移动终端的农资安全监管系统设计与实现［J］.黑龙江八一农垦大学学报（1）：79-84.
蒲应龚，李玉红，吕晓英.2012.农村金融对北京农村经济发展的适应性研究［J］.北京农学院学报（3）：32-35.
秦静，周立群，贾凤伶.2015.京津冀协同发展下生态保护与经济发展的困境：基于天津生态红线的思考［J］.理论与现代化（5）：25-30.
宋雯雯，韩天富.2013.国家大豆产业技术体系协同创新机制的探索与实践［J］.科技管理研究（17）：11-15.
宋岩，侯铁珊.2005.关税同盟理论的发展与福利效应评析［J］.首都经济贸易大学学报（2）：54-59.
孙芳，刘明河，刘立波.2015.京津冀农业协同发展区域比较优势分析［J］.中国农业资源与区划（1）：63-70.
王德海，孙素芬，谢咏才等.2005.开展农村远程信息服务的策略分析：以北京远程信息服务模式为例［J］.中国远程教育（9）：51-53.
王海红.2015.产学研协同创新的信息化运作模式研究［J］.中州学刊（2）：34-36.
王军，李逸波，何玲.2010.基于生态补偿机制的京津冀农业合作模式探讨［J］.河北经贸大学学报（3）：74-78.
王秀玲.2015.京津冀科技协同创新发展路径研究［J］.河北经贸大学学报（06）：118-120.
魏敏，李国平，陈宁.2004.我国区域梯度推移粘性因素分析［J］.人文杂志（1）：72-75.
熊晓元.2007.多功能协同农业信息服务网站的构建［J］.农业网络信息（2）：67-70.
胥彦玲，苗润莲，张敏，等.2015.京津冀区域现代农业协作现状与思考［J］.天津农业科学（3）：40-44.
许强，应翔君.2012.核心企业主导下传统产业集群和高技术产业集群协同创新网络比较：基于多案例研究［J］.软科学（6）：10-15.
许庆瑞，吴晓波.1991.技术创新、劳动生产率与产业结构［J］.中国工业经济研究（12）：9-15.
杨封科，樊廷录，张正英，等.2014.健全体制机制推动产学研协同创新的思考［J］.农业科技管理（2）：19-22，26.
张钢，陈劲，许庆瑞.1997.技术、组织与文化的协同创新模式研究［J］.科学学研究（6）：56-61.

张乐柱，于卉兰.2008.需求导向的多元竞争性农村金融体系重构研究［J］.华南农业大学学报（社会科学版）（4）：56-62.

张敏，苗润莲，卢凤君，等.2015.基于产业链升级的京津冀农业协作模式探析［J］.农业现代化研究（3）：407-411.

张亚明，刘海鸥.2014.协同创新博弈观的京津冀科技资源共享模型与策略［J］.中国科技论坛（1）：34-41.

张振华，黄俊，张超.2014.基于三螺旋理论的农业科技协同创新实践探索［J］.农业科技管理（1）：24-28.

中国新闻网：李彦宏谈互联网与传统产业结合：化腐朽为神奇 http：//www.chinanews.com/gn/2015/03-11/7118892.shtml.

朱祖平.1998.企业协同创新机制与管理再造［J］.管理与效益（1）：35-37.

Barbaroux P. 2012. Identifying collaborative innovation capabilities within knowledge-intensive environments ［J］. European Journal of Innovation Management，15（2）：232-258.

Burns T.and Stalker G.M.1961.The Management of Innovation ［M］.Tavistock.

Freeman.1974.The Economics of Industrial Innovation ［M］.Penguin Books.

Fusfeld H I，Haklisch C S.1985.Cooperative R&D for competitors ［J］.Harvard Business Review，14（11）：60-76.

Gesner G H.2015.Cross-border E-commerce and Logistics Mode Innovation ［J］.Transportation Business & Management，12（3）：21-35.

Gesner G H.2015.Cross-border E-commerce and Logistics Mode Innovation ［J］.Transportation Business & Management，12（3）：21-35.

H.Igor Ansoff，Edward J.McDonnell.1988.TheNew Corporate Strategy ［M］.Revised Version.Wiley：58-59.

Hermann · Haken.1987.激光理论［M］.西安：陕西科学技术出版社：23-25.

Igor · Ansoff.1979.战略管理［M］.邵冲译.北京：机械工业出版社：56-58.

J.P. Corbett. 1959. Innovation and Philosophy ［J］. Mind：A Quar-terly Review Psychology and Philosophy：289-308.

Lambiotte R，Panzarasa P.2009.Communities，knowledge creation，and information diffusion [J].Journal of Informetrics, 3 (3): 180-190.

Miotti L, Sachwalsd F.2003.Cooperative R&D: Whyand with whom? An integrated framework of analysis [J]. Research Policy, 32 (6): 1481-1499.

Pierre. 2012. Identifying Collabotative Innovation Capabilities Within Knowledge-Intensive Environments: Insights From the APPANET Project [J].European Journal of Innovation Management, 15 (2): 232-258.

Raymond Vernon.1966.International Investment and International Trade in the Product Cycle [J]. The Quarterly Journal of Economics (5), Vol.80, No.2: 190-207.

Rosenberg. 1976. Perspectives on Technology [M]. Cambridge University Press.

Theodore W.Schultz.2006.改造传统农业 [M].北京：商务印书馆.